森林資源を活かした
「グリーンリカバリー」

地域循環共生、
新しいコモンズの構築

竹林征雄　編著

化学工業日報社

推薦の言葉

「田舎には何もない」というのは、よく聞く言葉ですね。何もないというのは、どういう状態なのでしょうか。

ネットの地図を航空写真表示にして、東京の都心と田舎を同じスケールで比べると、東京が灰色のビルで埋まっているのに対し、田舎では緑の山や農地の間にぽつぽつ建物があります。「ビルは価値があるけれど、緑の山や農地はあってもないようなもの」というのが今の日本人の発想なのですね。

どこまでもビルが続く景色に価値を感じる感性が、世界の常識からどれだけ外れていることか。

伐っても伐っても山に木が生えてきて、野生のシカだのイノシシだの、場所によってはクマやサルだのがどんどん増えているのは、人口が1,000万人を超えている国の中では日本だけでしょう。それだけの降水と日照があり肥えた土地があるからで、この列島は正に地球上に稀に見る天恵の地なのです。

山の木は、降り注ぐ太陽エネルギーを蓄積するタンクのようなもので、日本が自給できる貴重な燃料資源です。しかも植林して手入れすれば、永遠に再生できます。ペレット化して室内で使う、ガス化発電で集落の電気とお湯をまかなうなど、エネルギー利用効率の高い新技術が、今世紀になってどんどん進化していることを、輸入化石燃料に頼りっきりの都会人は知っているのでしょうか。もちろんいきなり燃やすのはもったいない。建材や土木構造物や新素材の原料としても、木の用途はどんどん拡大しています。使った後に最後は燃やせる、究極のエコ素材・木材を産む宝の山が、田舎にはあるのです。

「日本中の木を燃料利用しても、得られるエネルギーは必要量のほんの一部だ」と訳知り顔に語る人がいます。ですが「幾ら自分が畑仕事をしても、できる作物は日本の必要量の何百万分の一だ」と言って

やめてしまった農家、というのは聞いたことがありません。農作物も
エネルギーも、田舎を選んだ人がまず自給できて、余れば売ればいい
のです。化石燃料に頼り地球を温暖化させ続ける都会と、水と食料と
燃料をいざというときには自給できる田舎、どちらも選べる日本にな
ればいいのです。そのうえで後者を選ぶ人が、少しずつでも増えてい
けば。

　そんなことは考えてもいなかったという方。ぜひこの本を読んで、
木に恵まれた日本に暮らす我々が、「こんなことも、あんなこともで
きるのだ」と知ってください。太古からある森×最新の技術進歩がも
たらす、「懐かしい未来」に希望を持ってください。そしていつか気
が向いたらあなたも、身の回りのできるところから実践してみてはい
かがですか。この本はそんな、豊かな世界への扉なのです。

日本総合研究所 主席研究員

藻谷 浩介

はじめに

　今、地球という家に、「大地震・大火山噴火、生態系破壊や地球温暖化」そして「新型コロナウイルス」という「ブラックエレファント」を抱え込んでいる。これは明白で、見逃しようのない高リスクで、大きな「経済損失・災害被害・細菌での世界混乱」がいつか起きる脅威を指す。それが分かっていながら、この問題を無視、見捨て、放置し、備えや対処をしてこなかった。

　1945年以前を「完新世」とし、人類最初の核爆発トリニティ実験をはじめとしたこの年以降を「人新世（ひとしんせい）」と称している。「新世」とは、『人新世の「資本論」』の著者斎藤幸平は、分かりやすく「人間たちの多くの活動の痕跡が、地球の表面を覆いつくした年代」としている。痕跡とは、人為的なさまざまな行動・開発の要因による「森林や都市開発、人工物質、大量生産・大量消費、放射性原子核、地球温暖化、コレラ禍、マイクロプラスチック」などが挙がる。

　この悪しき状況の打開、改革の大きな力となる一つは、「化石資源から森林資源への転換活用…グリーンリカバリー、ここではグリーンインフラといっても良い」のではないか。グリーンリカバリーを本書では、地域特性を活かし、森林が持つ多様な機能や生態系を回復・保全・活用し、持続可能な脱炭素地域コミュニティ形成を賢く構築し、お金も地域内で回るとした。そしてこの様なことが、環境の劇的な破壊を改める一助となる時代としたい。

　現代社会は不幸なことに、未だに化石資源利用が主流の時代である。

　それによる弊害の解決には、一歩でもわずかでも「油、鉄、セメントから木質バイオマス」に戻すウッド・チェンジへの世界だろう。

　なぜなら化石資源には大きな欠点がある。一つは温暖化の元凶 CO_2 排出、次に有限枯渇性、今後の価格高騰の三つである。

　化石エネルギー資源利用の歴史はわずか300年、そしてこの半世紀

に膨れあがった経済社会の中でエネルギー起源 CO_2 ガスが急激に増大した。今も世界の電力構成の三分の一が安価な石炭を使い、日本ですら 2030 年の電源構成の四分の三を化石燃料としている。

地球温暖化ガスは地球の環境許容量を超える寸前となり、結果極端気象を至る所で招き、災害、生物多様性の毀損を起こし、巨額の社会的・経済的損失を出している。もう後戻りのできない、人類を含めた種の絶滅への道を歩み始め、世界の混迷と崩壊への幕を上げてしまった。

対して森林資源利用は 15 万年も続いており、適切な維持管理と持続循環利用により、炭素中立で、エネルギーや素材、化学品の原料となり、グリーンな世界が見える。

日本は世界でも希な国土面積の約 7 割が森林で、その蓄積量は 52 億 m^3、年間木材成長量約 1 億 m^3 と海洋資源と並ぶ大資源大国である。今、ここに「森の復権」の時を迎えたのだ。

この復権へ向けて、次の四つのグリーンビジネスが考えられる。

「熱と電気」の生産、コンクリートと鉄による構造物から木造「低中層ビル、橋など」、そして分散エネルギー、木造構築物、AI、IT、DX を導入した「みどり溢れる自立分散型地域スマートコミュニティ」づくり、少し先だが「化石資源代替の新素材、化学品」である。

無論、山林業がそのすべての出発点であり、SDGs、ESG、サプライチエーン、バイオマスエコノミーあるいはサーキュラーエコノミーの観点から、2050 年までにこの分野が、大きく革新的にスマート（賢い）な一大産業化するとその先での明かりも見えてくる。

「利益優先」から距離を置き、まず便益、公共性を考え森林を主軸とした事業の早期開発実現が、持続的環境、循環経済、炭素ネットゼロ社会への一つの道となろう。

ゆくゆくは世界全体で森林資源のみならず、有機性のさまざまな資源や、廃棄物までを含めてすべてを活用し尽くすソフト、ハードのリ・イノベーションが、再生持続可能なバイオマス社会への転換となる。

だがしっかりと認識しておくことはすべてが化石資源にとって代わ

れるものではない。森はすぐには育たぬ時間軸の長い、継続的に手間を要する資源だからだ。

少しでも早く可能な限りカーボンネットゼロへ最大限の努力をするのは当前で、豊富な森林資源を持つ少なくとも日本の半分の自治体や企業や市民がゼロカーボンを目指し挑戦して欲しい。

森林由来のエネルギーや素材利用は、地域振興にとり大変理に適い導入しやすいが、大規模大量生産型の大都市には合いにくいといえる。

この瞬間にも若者達は「ぼくらの未来は壊れている」と叫んでいる。

これは、「地球という住家を自らの手で破壊し続けていいのか」といっているのだ。この少女グレタ・トゥーンベリの「気候変動ストライキ」に応える方策として、森林資源の活用拡大を進め、若者や未来の人々へ少しでも「負の財産、付けを残さない」ことが、我々の責務であろう。

また、「地球温暖化は政治的な危機問題で、そうしたのは、ほかならぬ人間自身の生活スタイルだ」ともウルグアイのムヒカ元大統領はいっている。これを胸に行動を始めなければいけない。

最早温暖化状況を元へ戻す術もなく、食い止める、あるいはどう適応し、新しい社会と経済をどう構築するのかという時代だ。

これは、当然「**地域で・地域による・地域のため**」の地域興しであり、単に経済などの話ではなく、「**人の行動、人の幸せ、人の健康**」を守る公共・公益性に軸足がある。まず良い環境があり、ついで経済も回すことだ。

本書では、地球温暖化による災害実態を知り、日本の宝といえる森林資源を理解し、その適切な活用には意義があり、便益はどうなるかを述べる。次に、暮らしと生業に欠かせぬ熱と電気を同時に生産する「自立分散木質バイオマスガス化熱電併給技術（以降熱電併給と称する）」、その「燃料や運転・保守・熱利用での注意点」について、豊富な実務経験から述べる。

今後コンクリートと鉄の構造体は木造の低中層建築、橋などへ変わる先例を紹介し、木質エネルギーがコミュニティに導入されると、暮らしとまちづくりがどのようなものかを述べた。

　そこでは、地域の暮らしと生業にも AI、IT、DX の影響が及び、テレワークが普通に日常に入り、移住者も増える。そうなると、ある程度の規範のもと森里川海の自然公共財との上手な関わり方が必須となるので、「現代に望まれるコモンズ」とはどのようなものかを述べた。また、エネルギー利用を図る七つの具体事例、その幾つかでの地域内乗数効果による経済循環と、オーストリアの森林行政や業界の仕組みとシュタットベルケも紹介する。そして SDGs、ESG 金融と森林、まちの関連性も探った。

　最後は、森林を基軸にした「**暮らし、環境、経済、まち**」を俯瞰し、中井環境省事務次官から「環境・温暖化問題と生物多様性、地域循環共生」について、「森林と木質エネルギーと建築」については長野林野庁木材利用課長、そして「まちとグリーン・エコインダストリアルパーク」という総合的見地から藤田東京大学大学院教授による鼎談である。

　ここ 50 年の世界は「生物種の一種にしか過ぎぬ人間」が、生態系や共生を蔑ろにし、地球の至る所で開発・経済活動に走り、急激に陸や海の資源を大きく毀損させた。特に地下資源の開発利用により地球温暖化が進んだ。さらに人も「多くの物を持ちながら、無駄な消費と贅沢」をなんとも思わず過ごしている。企業は、今も地球の隅々まで資源を漁っている。もう、幻影的な「永久的経済の拡大発展」に絡め取られた考えを捨てる時だ。

　この辺で、古来より受け継いできた森林と地域文化を見直し、この煩悩の社会を変えなければいけない。

　グリーンリカバリーの中のほんの一部かもしれないが、全体との調

和を図りながら森林資源の拡大と循環活用により、利益ではなく便益、公益性を軸に、グローバルな地球温暖化を押しとどめ、社会全体を持続可能なものとする新時代としたい。そう、貧困と格差の拡大再生産を内包する成長主義のグローバル化との決別を決意し、思うだけ、言うだけ、振りをするだけではなく行動実行するかどうかだ。2030 年 CO_2 半減、2050 年 CO_2 ゼロの達成を他人事、あなたや国任せではなく、自分事として行動変容しなければいけない。

　森林保全による美しい森を維持し、林業クラスターが成立し、地域コミュニティ内でお金が回り、成長より誰一人残さない、貧困、格差、疫病などに怯えることのない安全、安心、安定した心豊かなコミュニティの展開を図ることがまちや暮らし改革というものだろう。

　目指すはこの書が未来世代へ、グリーンでスマートなより良き「人新世」となるような営みの痕跡を残すことへの足がかりとなるなら望外の喜びである。

目　次

推薦の言葉　日本総合研究所　藻谷浩介
はじめに

第1章 地球温暖化と災害、負のサイクル
～原因は人間自身に～ …………………………… 1

1.1　日本の異常気象と災害 ……………………………… 3
　　（1）2018年の事例 ……………………………………… 3
　　（2）2019年の事例 ……………………………………… 4
　　（3）2020年の事例 ……………………………………… 5
1.2　米国などでのハリケーンと森林火災 ……………… 6
1.3　地球温暖化による社会損失 ………………………… 8
1.4　新型ウイルスと昆虫大量絶滅 …………………… 10
1.5　後がないCO_2排出許容量と地球温暖化の負の循環 …… 13

第2章 日本の森林と森林資源の
持続可能性 ……………………………… 19

2.1　森林資源推移とそれを取り巻く社会 …………… 21
　　（1）針葉樹林とその利用 …………………………… 21
　　（2）広葉樹林の特徴と里山社会 …………………… 22
2.2　明治から現代までの森林資源 …………………… 24
　　（1）森林資源の推移と利用 ………………………… 24
　　（2）針葉樹の植林、育成 …………………………… 30
　　（3）針葉樹林における林業の持続性 ……………… 31

2.3　持続可能な林業を目指す施策 ································ 32
　　(1)林業従事者を増やす ································ 32
　　(2)超長期産業である林業への社会的な認知························ 33
　　(3)木材の新たな出口開拓 ································ 35
2.4　森の「恵み・人類・地球・そして持続可能性」 ··············· 39
　　(1)森の恵み、森林の生態系サービス・多面的機能 ··········· 39
　　(2)森林をめぐる水・鉄(養分)の動き·················· 41
2.5　水と炭酸ガスの地球循環と植林 ····················· 44
　　(1)水の循環 ································· 44
　　(2)炭酸ガス循環と植林 ····················· 49
　　(3)植林と森林システムの課題····················· 51

第3章　エネルギーの現状と自立分散木質熱電併給システムの役割 ·············· 53

3.1　エネルギーの変遷と社会 ························· 55
3.2　日本のエネルギー状況 ························· 60
3.3　温暖化に対する社会改革の兆し ·············· 65
3.4　自立・分散木質ガス化熱電併給の役割················· 67
3.5　分散木質ガス化熱電併給の便益 ·············· 72

第4章　自立分散木質熱電併給システム〜技術・燃料・運転・保守〜 ················ 77

4.1　木質ガス化発電の種類と特長 ··············· 79
4.2　熱電併給の原理および方式と特長 ··············· 82
4.3　規格に適合した燃料が稼働の命 ··············· 87
4.4　運転および保守に関する注意点 ··············· 91

第5章 木質ガス化による熱と電気の利用 ………………… 97

5.1 熱供給での特長 ……………………………………… 99
5.2 熱需要での特長 ……………………………………… 101
5.3 熱供給システムの事例 ……………………………… 103
　（1）基本事項 ……………………………………………… 104
　（2）熱供給システム ……………………………………… 107
5.4 化石燃料からの代替率向上 ………………………… 115
5.5 電力供給 ……………………………………………… 118
　（1）売電を目的 ………………………………………… 118
　（2）自家消費を目的 …………………………………… 119
　（3）レジリエンス電源としての役割 ………………… 120
5.6 経済性と炭酸ガス削減 ……………………………… 123
　（1）FIT制度を利用した場合 ………………………… 123
　（2）電力の自家消費を行った場合 …………………… 126
　（3）炭酸ガス削減量 …………………………………… 130

第6章 木材による構造物と中高層建築 ………………… 133

6.1 木造建築のこれまでと現在 ………………………… 135
　（1）我が国の持続可能な木造建築・木造構造物 ……… 135
　（2）木を除いて日本文化を語ることはできない ……… 139
　（3）第二次世界大戦後の我が国の木造建築 …………… 140
6.2 「見直された」木の建築・構造物と
　　低中層建築物の展開 ………………………………… 142
　（1）高知県梼原町の木の建築、木の構造物 …………… 142
　（2）木材需要拡大とそのイノベーションによる実践事例 ……… 146
　（3）医療施設事例 ……………………………………… 154
　（4）中高層木造建築事例 ……………………………… 156
　（5）取り戻したい木との暮らし、最近の木造住宅の事例 ……… 161

6.3　ウッドチェンジによる世界と日本の低炭素化 ·············· 162
　　(1)世界の建物建設時のCO_2排出量の傾向と
　　　森林資源の状況 ·· 162
　　(2)日本の「建設部門」のCO_2排出量の傾向と
　　　木材化の効果 ·· 164
6.4　森と都市の共生 ·· 168

第7章　**森林資源の社会的活用と
コモンズ** ························· 171

7.1　コモンズの概念——定義と分類 ······················ 173
　　(1)コモンズの概念とその拡張 ······················ 173
　　(2)コモンズの定義と分類 ·························· 175
7.2　コモンズの再定義——「ニュー・コモンズ」の提起 ······ 176
　　(1)コモンズのルール ······························ 176
　　(2)コモンズのルールとしての入会慣行 ············ 178
　　(3)コモンズの原理 ······························ 180
　　(4)「ニュー・コモンズ」とその社会像 ·············· 183
7.3　ニュー・コモンズの実践——高山市における
　　木質バイオマス利活用の取り組みに即して ·············· 184
　　(1)高山市の森林・林業の現状 ·················· 184
　　(2)新エネルギービジョンの策定 ················ 186
　　(3)自然エネルギーによるまちづくりの提言 ········ 187
　　(4)飛騨高山しぶきの湯バイオマス発電所の建設・運用 ········ 188
　　(5)高山市木の駅プロジェクトの運営 ············ 191
　　(6)生物多様性ひだたかやま戦略 ·················· 194
7.4　コモンズの再生に向けて——「地域循環共生圏」の
　　創造のために ·· 195

第8章	**コモンズの変遷と木質分散型 エネルギーの導入事例**	199

8.1 **森林資源とコモンズの変遷** …………………………… 201
(1)コモンズの始まりは江戸時代から ……………………… 201
(2)江戸時代のコモンズ ……………………………………… 202
(3)明治維新以降のコモンズ ………………………………… 204
8.2 **事例紹介にあたり** ……………………………………… 208
8.3 **愛媛県内子町バイオマス発電所** ……………………… 210
(1)愛媛県内子町の現状と経緯 ……………………………… 210
(2)内子町バイオマス発電所・木質ペレット燃料工場の概要 … 212
(3)環境・経済・社会の地域循環システム …………………… 213
(4)8.3項のまとめと今後の課題 ……………………………… 215
8.4 **群馬県上野村バイオマス発電** ………………………… 216
(1)群馬県上野村の現状と経緯 ……………………………… 216
(2)木質ペレット工場、木質熱電併給システムの概要 ……… 218
(3)環境・経済・社会の地域循環システム …………………… 219
(4)8.4項のまとめと今後の課題 ……………………………… 222
8.5 **宮崎県串間市大生黒潮バイオマス発電所** …………… 223
(1)宮崎県串間市、南那珂森林組合の現状と経緯 ………… 223
(2)大生黒潮バイオマス発電所の概要 ……………………… 225
(3)環境・経済・社会の地域循環システム …………………… 226
(4)8.5項のまとめと今後の課題 ……………………………… 227
8.6 **集合住宅や病院における自立分散型木質ガス化 熱電併給設備導入事例** ………………………………… 228
(1)集合住宅における事例 …………………………………… 228
(2)病院における事例 ………………………………………… 230
8.7 **自立分散木質ガス化熱電供給以外の事例 ——青森県平川市と香川県東かがわ市五名地区** … 232
(1)青森県平川市・津軽バイオマスエナジー平川発電所 …… 232
(2)香川県東かがわ市五名地区の「里山を地域資源とした 薪の製造・販売による地域循環システム」 ……………… 235
8.8 **事例のまとめ** …………………………………………… 240

（1）国内導入事例のまとめ ……………………… 240
（2）環境・経済・社会を統合、つなぎあわせ森林資源を中核とする
　　ローカル・コモンズの形成 ……………… 242
（3）ローカル・コモンズとリージョナル・コモンズが地域で
　　担う役割 ………………………………… 247

第9章　オーストリアと日本の森林活用比較
～山林業・エネルギー・地域づくり～ …… 249

9.1　森林・木材の利活用比較 ………………………… 251
　（1）両国の森林・木材の利活用 ……………………… 251
9.2　木質エネルギーの活用比較 ……………………… 257
9.3　オーストリアの地域熱供給 ……………………… 259
9.4　草の根的な取り組みを可能にしたしくみ・組織 ………… 264
9.5　社会的共通資本と森林と農業の在り方 …………… 269
9.6　森林、農産業を中心とした新たな地域づくり ………… 272

第10章　森林資源と地域創造型循環
スマートコミュニティ …………… 275

10.1　ドイツのシュタットベルケ …………………… 277
　（1）シュタットベルケは半行政セクター ……………… 277
　（2）日本版シュタットベルケとしての群馬県上野村 ………… 279
10.2　木造建築と木質熱電併給を活用した
　　　循環型スマートコミュニティ …………………… 280
　（1）データを活用した人中心の都市・まちづくり ………… 280
　（2）知育循環型スマートシティ ……………………… 282
10.3　集住化住宅の森林資源供給元から総需要端までの
　　　電力・熱エクセルギー消費フローと快適性 ………… 287
　（1）一の橋バイオビレッジ集住化住宅 ………………… 287

（2）一の橋木造集住化住宅と札幌RC造住宅との
断熱性比較 ………………………………………… 289
（3）川上から川下までのフローで見えてくるライフスタイルと
ウッドチェンジ ………………………………………… 292
（4）分離の病と専門家の役割 …………………………… 296

**第11章 森林資源における
SDGs・ESG投資の社会** ………… 299

11.1　SDGsについて ………………………………… 301
11.2　SDGs構成と社会 ……………………………… 303
11.3　ESG投資とサーキュラーエコノミー ……………… 307
11.4　森林資源と気候変動対応とSDGs ……………… 311
11.5　森林資源における地域活性化とSDGs …………… 312

［鼎談］

森林活用による持続可能な社会 …………………………… 318

環境省事務次官 **中井徳太郎**氏
×
林野庁木材利用課長 **長野麻子**氏
×
東京大学教授 **藤田　壮**氏

まとめ

〜無限の経済成長より、まず安心安全な暮らしから〜 ……… 343

（1）グリーンリカバリー──「環境・社会・経済」からの整理 ………… 343
（2）今後の課題 ………………………………………… 345
（3）目指す森林資源による地域社会 …………………… 346

謝辞

第1章

地球温暖化と災害、負のサイクル

～原因は人間自身に～

1.1　日本の異常気象と災害

　日本の主な自然災害はこの50年間で大地震22回、風水害豪雪21件と世界有数の災害列島といえ、多くの人命と生活や社会の基盤が失われてきた。

　台風や野分は俳句歳時記の二百十日の実りのころ、初秋の風物詩的な季語であったが、現在はそれどころの話ではなくなった。

　人はガソリンや灯油には金を払うが、目に見えぬ温暖化ガスの排出、削減、処理、再利用には金を払わない。目に見える個体廃棄物の再生処理には金を払っている。廃棄物も排ガスもゼロエミッション化しなければいけないことは同じことである。また、将来はCO_2ガスも、いずれメタンガスやエタノール燃料化し再利用されるといわれているのだが。

　つまり人は掴めず見えないゴミである温暖化ガスの空への放出には汚染者負担の原則を守らない。地球温暖化へ強烈な悪影響を及ぼすこの環境負荷に知らぬふりをし、著名な東大名誉教授、経済学者の故宇沢弘文氏の外部不経済、社会的費用に耳を塞ぎ目を瞑ってきた。結果、極端気象による壊滅的な打撃、巨額の損失という形で逆襲されている。近年は地球温暖化の影響による大洪水、台風災害が地震災害規模より大きく、件数も多くなった。

① 2018年の事例

　6月末から7月初旬にかけ10日間も居座った西日本集中豪雨は、河川の氾濫や浸水、土砂災害を引き起こし、死者数は245人、負傷者430人、被害家屋は約5万戸を超え、土石流・土砂崩れ、泥流が5,000カ所以上で発生し、断水も約26万戸、停電は中国、四国電力管内で約8万戸に及んだ。

　また、7月中旬から8月にかけ熱中症により緊急搬送された人は8.3

万人、死者は133人を数えた。

　9月の台風21号は徳島と兵庫を襲い、最大瞬間風速は58m/s、約2.2万戸の家屋に被害を与え、停電は大阪、京都、滋賀、奈良、和歌山、兵庫、福井と三重県の8府県にもまたがり、延べ約225万戸だった。関西国際空港は飛行機の欠航は無論、滑走路の全域と到着ロビーや地下の機械室などが浸水し、第1ターミナル全体が停電した。さらに強風にあおられたタンカーが関西国際空港連絡橋に衝突し橋は損傷し、鉄道と自動車道のすべてが不通となり、空港は孤立し閉鎖された。利用客と職員の約5,000人も空港で一晩を過ごす大混乱が生じた。

　残念ながらこの年は、大阪北部地震と史上初のブラックアウトの言葉が周知となった北海道胆振東部地震とが重なっている。

(2) 2019年の事例

　8月末には佐賀、福岡、長崎で、観測史上第1位の豪雨量となった「令和元年8月豪雨」が、そして9月初旬には千葉県へ15号台風「令和元年房総半島台風」が襲来した。最大瞬間風速約58m/s、伊豆の天城山では1日で441mmと最大級の暴風雨に見舞われ、千葉での交通被害は、倒木などの影響で鉄道104路線と高速バスも運休などの交通麻痺状態が長く続いた。電柱や鉄骨構造の送電塔の倒壊などにより停電が93万戸、断水は14万戸、浸水を含めた建物被害も千葉県を中心に約9.5万戸に及び、1年近く経っても未修繕工事が4割もあり、屋根のブルーシートが目を引く。

　続いて千葉は10月に、19号「令和元年東日本台風」にも襲われ、15号と併せ被害がさらに拡大した。

　19号は東京と13県に及ぶ異例の広域なものとなり、東京や千葉、神奈川などで驚異的な約460万人に避難指示・勧告が出された。箱根でも24時間降雨量1,000㎜を記録する超記録的な大雨となり、最大瞬間風速も約44m/s、寸断された箱根登山鉄道は廃線の危機から、約10カ月を掛けようやく再開された。死者は約90名を数え、142カ所

の河川の堤防決壊により浸水区域面積約8万ha、特に阿武隈川と千曲川は共に約2万haという広範囲なものとなった。2020年8月、国交省の発表した住宅被害は一部破損を含め約2万戸、床下床上併せて浸水被害は約8万棟、停電戸数は約52万戸、断水約13万戸、土石流災害407件、地滑り44件、がけ崩れ501件となった。被害額は約1兆8,600億円と統計開始以来の最大となった。

　農林水産業への被害総額は、長野県のリンゴ栽培被害など含めて約3,442億円と巨額なものとなった。気象庁は台風の発生順に番号をつけるが、特に大規模台風には別途命名し、15号と19号は42年ぶりの命名となった。また8月の台風とともに激甚災害にも指定された。

　英ロンドンの国際援助団体「クリスチャン・エイド（Christian Aid）」報告書では、19号は、はっきりと気候変動に起因しているとしている。

⑶ 2020年の事例

　7月3日から31日にかけ、死者84名、住家被害約1万棟、浸水7,000棟の災害が九州全土に、西日本から東日本の広範に渡る長期間の大雨は「令和2年7月豪雨」と名付けられる激甚災害となった。中でも熊本県球磨川などの河川氾濫や土砂災害による悲惨な被害が起きた。なお、東京の7月の晴天は1日だけであった。

　8月には一転して全国は1カ月間炎暑に見舞われ、東京は毎日平均34℃を超え、30℃以下は23日の1日のみだった。

　実は陸上のみならず海も温暖化でますます熱くなる一方で、北海道近辺の海水温は最大5℃上昇した。これは大気温度が15℃上昇したことと同じといわれ、この海域には居ないはずのマンボウ、ブリ、シイラが水揚げされ、逆に産卵のために河川への遡上が叶わず鮭漁は1割に、イカやサンマも大幅減となった。今では日本近海は海面水温30℃以上となった海域もある。海水温上昇は海水蒸発量の増大となり「水蒸気による温暖化、長雨、豪雨」のリスクがいっそう増え、至る

所で豪雨災害が引き起こされているのだ。海は温暖化ガスが持つ熱エネルギーの9割と排出 CO_2 ガスの5割を吸収し、大気温度上昇をやわらげる役割を担ってきた。しかしこの海による CO_2 吸収が進むことで海中の酸素濃度の減少と酸性化が始まり、海の生態系も乱れ始め、プランクトンの減少、イカ、サンマ、サケなどの魚の分布変動、珊瑚の白化が起き、さらに海水面上昇も問題となる状況だ。

そこで海藻、海草、植物プランクトンなどや潮間帯に形成される生態系を育むマングローブ林による CO_2 吸収量が多いことから、これらをブルーカーボンと呼び、その生息地を増やし、大幅に炭素固定量を増やす動きもある。

🌳 1.2　米国などでのハリケーンと森林火災

2005年の米国ルイジアナとニューオリンズ州（2州で日本本土とほぼ同面積）を襲った世界最大のハリケーン・カトリーナでは約100万人がアリゾナから他州へ避難し、経済的損失は1,250億 \$（13.7兆円：110円/\$換算）に上った。

2017年のハリケーン・ハロルドはカリブ海諸国から米国のテキサス、ルイジアナ州に及び、8月中旬から末まで猛威を振るった。最大風速59m/s、雨量は1,539mmを記録し、被害総額は米国だけで、13.75兆円と推計され、108人の死者、約35万戸の停電、30万戸以上の建物と50万台の車両が被害・破壊され、NASA（アメリカ航空宇宙局）ジョンソン宇宙センターも閉鎖された。そしてこの年のカリフォルニアの山火事は9,000件にも達した。

2018年11月にはカリフォルニア州で、「キャンプファイヤー」と命名された山火事が発生。火災面積は東京都区部面積に相当する約6.2万haで、死者85名、被害は約1.4兆円、「史上初、最悪」の言葉が紙面に頻発した。

2019年はさらに大規模な三つの山林火災がカリフォルニア州で起

きた。火災は長期化し威力を増し4万ha（ほぼ横浜市面積）もの広範囲へ災害をもたらし、その被害総額は250億＄（約2.7兆円）と報告されている。

その原因は過去100年間で、カリフォルニア州の夏の気温は世界平均より高く1.4℃上昇したこと、暖かい乾燥空気により山脈の積雪量が減り、春の雪解け水の減少で植物や土へ必要な水分が届かず木々や草原を乾燥させて燃えやすい状況となっていた。そこへ、最大瞬間風速35m/sの突風が襲い掛かったからだといわれている。因みに2020年8月にはカリフォルニア州デスバレーでは54.4℃を記録し、2020年9月のカリフォルニア山林火災は東京都の7倍の面積を燃やし尽くしている。

2019年9月から翌年2月まで森林炎上が続いたオーストラリアでも、カリフォルニア山火事の約250倍というとんでもない面積の約1000万haもの森林が延焼消失、小動物30億匹が犠牲となった。これは、2019年1月から11月まで続いたアマゾン森林火災の約1.5倍、ポルトガルの面積を上回り、日本の人工林面積、あるいは日本の国土面積の四分の一強に相当する広大なものだ。コアラやカンガルーをはじめとした動植物の多様性が失われ、生態系へ大きな影響を及ぼすことは間違いない。火災原因は、ここでも観測史上最高の平年より気温が1.52℃上昇し、年平均降雨量も40%減少していたことによる。その状況へ「ドライトニング」と呼ばれる雨を伴わない乾いた雷が森林へ落ち火災となったと横浜国立大学の森章准教授は考えている。

森林火災は北極圏近くでも最近多く発生し始めた。世界気象機関報告書によると、コペルニクス大気モニタリングサービス（CAMS）は2019年6月に入ってから北極圏で100件以上の激しく長期間に渡る山火事を追跡し、その1カ月間だけでも50Mt（約0.5億t）のCO_2を放出したと報告。それが2020年6月には約20%増の59Mtとなっており、スウェーデンの年間CO_2総排出量にほぼ匹敵と発表した。

アラスカでは2019年6月に気温32℃を記録し、北極圏沿いのユー

コン川沿いを含む州内で森林火災を誘発した。同様に2020年7月のシベリアでは、冬季の氷点下67.8度を記録した1,300人のベルホヤンスクで38度を記録し、北極の高温化が大きな原因と考えられている。

　北半球は経済活動が活発で温室効果ガスを南半球より多く排出し地球全体よりも速く温暖化し、その熱は森林を乾燥させ炎上しやすくしている。その煙の粒子は雪や氷上に付着し、太陽光を吸収し、北極の温暖化をさらに加速し森林の炎上熱との両面から永久凍土を融解させ、永久凍土中のメタンハイドレートから強力な温室効果ガスであるメタンや他の炭化水素を大気に放出して世界の温暖化を激化加速化させている。

　一方インドネシアなどでも、プランテーション開発などの土地壊変により泥炭が露出し、それが泥炭火災となり、泥炭に数千年貯め込んできたCO_2やメタンガスが放出されている。このように、世界の至る所で、森林火災などが引き起こされ、温暖化ガスが加速放出され、森林の吸収が間に合わず温暖化をいっそう加速させる負のサイクルが始まっている。

🌳 1.3　地球温暖化による社会損失

　アメリカ気象学会は、異常気象の約7割が気候変動と緊密な関係にあるとし、日本の気象庁も「2018年7月の西日本豪雨と7月以降の記録的高温」「2020年7月の九州豪雨」は地球温暖化による可能性が大きいと発表した。

　IPCC（国連気候変動に関する政府間パネル）第5次評価報告書でも、炭酸ガス排出量と地球の気温上昇とは比例することが科学的にほぼ判明したと記述している。これらにより気候温暖化問題は非科学的ななことではなく、「気候変動と災害の間」には明確な因果関係があり災害になることが疑う余地の無いものとなった。そして気候変動の予測も科学的に正確に予測されている。すべて人為的起源によるものであ

ることを胸に刻み、人は、すべての行動を変えることが求められている。

　1998年から20年間の世界での自然災害による人的損失は、死亡130万人、負傷者、ホームレス、避難民の総数は44億人と驚くほどの数字だ。被害上位10カ国の経済的損失総額は320兆円の直接経済損失をもたらし、気候関連だけでも247兆円に、その前の1978年からの20年間の統計では、全損失額は約145兆円、現在ではその額は2倍強になった。

　注意すべきは、この国連報告書には開発途上国などの記録不備や災害による過去の資料消失などがあり、実際はもっと膨大な数字となると書かれている。世界銀行の最近の調査では、災害経済損失額は何と毎年52兆円にのぼるとしている。

　2019年の世界の気候変動に起因した自然災害は、10億＄（約1,050億円）を超えたものが15件、そのなかで1兆円を超えたのは7件と前出の「クリスチャン・エイド」は発表。その内の一つが日本の19号台風であった。

　直近の2018年7月の台風7号の11府県損壊額は、内閣府政策統括官等による資料に、ストックは約1.3兆円フロー額1,700億円と合わせて被害総額約1.5兆円と記されている。そして、令和元年年版防災白書付属資料での人的損害は、洪水による被害者は約150万人、熱波被害者は約5万人と出ている。

　2015年からのわずか5年間での日本の激甚災害指定は17件にも及び、この中で熊本地震を除いた残りの16件は台風、洪水などによるもので、台風が巨大化、速度の緩慢（滞留）化などが、より災害を大きくしている。

　2018年の土木学会報告書には、表紙に「国難」の文字があり、近い将来三大都市圏での高潮と洪水による想定死者数約3,000人、経済被害推計は165兆円とし、その額は日本の総生産額の約3割にも相当する。加えて南海トラフと首都直下型の巨大地震による被害推計額は国家予算の20年分の約2,000兆円になるとしている。この二つの地

震は、30年以内に、発生確率70％で列島を襲う恐れもあり、かつこれが気象災害と重なる恐れもあるのだ。正にブラックエレファントと成らぬよう対策をせねばならない。

　参考までに2011年の東日本大震災はマグニチュード9.0、最大震度7、宮古市での最大遡上高40mの津波などにより、被害総額約17兆円、人的被害2万2,000人（震災関連死を含む）を超えたとの内閣府報告書推計値も付記しておく。

　令和元年版防災白書には、世界の主な自然災害件数は、1900年から1950年までが50件、その後の2018年までが2倍強の113件とある。

　その中には、1931年中国長江等沿岸の洪水により、死者行方不明者はなんと370万人と出ている。環境ビジネスオンライン記事では、中国政府の2020年7月発表によると、長江等の河川流域に6億人が生活し、豪雨氾濫により被災者2,736万人、農作物被災面積約248万ha被害総額約1兆1,325億円とあり、食糧難になる可能性が出ている。さらに上流の三峡ダム決壊の恐れも報道されているが、そうならないことを願うばかりである。

 ## 1.4　新型ウイルスと昆虫大量絶滅

　ここまで延々と災害被害を述べたのは、人類の凄まじいさまざまな飽くなき開発行為が世界へ禍をもたらしている。まさに「因果応報ではないか」といいたい。そして今また新たに加わったのが新型コロナウイルス禍である。今後、世界は「ウイルスパンデミック」とどう対応してゆくのか。目に見えぬ細菌とウイルスは人だけではなく、牛、豚、鶏などの命をも奪っている。パンデミックは世界に地球危機への警報を出したのだ。14世紀の黒死病（ペスト）死者約8,000万人、1817年以降6回の世界的流行した腸チフスで1858年の江戸だけで約11万人死亡、1918年のスペイン風邪による死者4,000万人の歴史がある。

　そしてわずか30年間ほどの間でも、ネズミ、コウモリ、ハクビシン、

ひとこぶラクダ、センザンコウなどを介しての HI ウイルス（病名は
エイズ）、SARS コロナウイルス、MERS コロナウイルス、インフル
エンザウイルス、ノロウイルス、2019 年末よりの新型コロナウイルス、
所謂感染症の増加拡大が人命を奪い、恐怖を与え、ウイルスとは交渉
も講和もできず、全世界を大混乱へと導いている。2021 年 1 月 22 日
現在コロナ感染者数は約 1 億人、死者は約 210 万人となっている。

　「物質エネルギー文明」は、大量にモノを生産し、人とモノが自由、
広範囲、高速で移動交流し、それがさらにエネルギー多消費社会を招
き温暖化となり、それと付随し猛烈なスピードで感染は拡大、災禍と
なった。細菌やウイルスは、人類の活発な活動と温暖化に歩調を合わ
せざるを得ずというか、土壌中や森林深くに留まっていたものが、宿
主の動物により引きずり出され、止む無く人間社会へ出没し、人の移
動とともに瞬時に拡散した。

　これは熱帯雨林や温帯の地帯だけの話ではない。ツンドラ地帯の永
久とされた凍土の融解により重さ 6t にも及ぶ氷漬けの大型ケナガマ
ンモスなどの化石が現れた。マンモスの絶滅は、狩猟説などいろいろ
だが、一説では当時の温暖化による細菌、ウイルスによるという説も
ある。既に永久凍土から古代病原菌の一種の「モリウイルス」も目覚
め、世に出てきた。それは 12 時間で 1,000 万倍に増殖し細胞を急激
に死滅させる。

　地震は局地的なものだが、細菌とウイルスは一瞬の間に広がりパン
デミックとなり世界制覇する。それは、人類による膨大な自然生態系
破壊やさまざまな科学や経済開発に対して反旗を翻している。それを
人類はいかに受け止め感染症との全面戦争をどう止め、調和、折り合
いをつけながら共存するのか。そして、これらの事柄は、今後頻繁に
繰り返し起きるのではないか。

　フォーブスジャパン誌には、米国民主党は新型コロナウイルス危機
への対応計画に気候変動対策を加え、ESG 投資の観点も含めてと思
われる全米の 3,000 万棟の屋根に太陽光発電を設置する資金提供を考

えるのも宜なるかなである。EUはコロナ禍からの復興費として、グリーンニューディールで120兆円を投じる。

このウイルスや地球温暖化の二つの攻撃は、先進国、開発途上国の区別なく、善人悪人、貧富を問わず襲い掛かってくるのだ。

また、学術誌「米国科学アカデミー紀要」は近年「バグポカリプス（昆虫大量絶滅）」が起きていると報告している。

昆虫減少の原因は、温暖化の影響と推測され、プエルトリコのルキリョ熱帯雨林では、過去40年間に平均気温が2.2度上昇していた。昆虫は熱の影響で産卵を止め、体内でも化学変化が起こり、その数を減らしている可能性があるという。また、干ばつあるいは降水量の減少が大きな影響を与えているという指摘もある。

人間も同様に熱中症での死者数の増加は間違いなく、大都市のコンクリートジャングルは昼間の熱をコンクリートが吸収し貯め込み、夜は放熱で気温が下がるはずが外気温も高いため下がらず寝たまま深部体温が上がり臓器機能不全の熱中症となり、重症化し心臓発作で亡くなる。木造であれば、それも大きく緩和できる。

欧州の報告では、網による無脊椎動物の捕獲数は1970年代の四分の一から八分の一に減少し、罠による捕獲率は六〇分の一まで減少した。その結果、昆虫を食べる鳥やカエル、トカゲ、食虫植物の減少も明らかになった。生物種全体の三分の二を占める昆虫の個体数は4割減少し、昆虫は絶滅の危機に晒され、人間も同様な道筋を辿るのではと思わざるを得ない。

昆虫減少はドイツの自然保護区域でも見られ、過去数十年間で飛行する昆虫が四分の三に、カブトムシやミツバチの減少も確認され、この状況をニュースサイト「NZ Herald」は「昆虫の大量絶滅、バグポカリプス」だと評している。ナショナル・ジオグラフックス誌記事には、昆虫の受粉に頼っている「世界の食料供給の三分の一以上を生み出す作物」が、大きな影響を受けるという。昆虫が絶滅すると食料も得られず、生態系も崩壊し、この両面から食物連鎖の頂点にいる人間

の存続にも危機が訪れる連鎖が始まっていると考える。気温が 1℃上がると穀物収穫量は 10% 下がるといわれ、米国穀倉地帯は地下水の枯渇と併せ北へ移動しているが、それも追いつかない。

また気候異常が引き金で、東アフリカの辺りからのサバクトビバッタの大発生は東のインド、ネパールへ、西は西アフリカへと及び、農作物への大規模蝗害が起き、食糧危機の恐れが出た。

生物種に依存して生存し、その種の中のたった 1 種類にしか過ぎない人間という動物の活動が、諸悪の根源となり、自ら蒔いた災いが我が身にブーメランの如く襲い掛かり、そればかりか、子孫の将来を奪う事態になり始めた。

🌳 1.5 後がないCO₂排出許容量と 地球温暖化の負の循環

1970 年頃の人口は約 40 億人、今は約 80 億人とこの 50 年で 2 倍の人口となり、1 次エネルギー消費量は石油換算約 50 億 t、2019 年は約 140 億 t で約 3 倍となった。温暖化阻止に大きく影響する「経済成長と CO_2 排出量」は相関関係があり、IMF（国際通貨基金）による世界 GDP 数値は約 11 兆 $ が 2018 年は約 84 兆 $ と約 8 倍に膨らみ、それらが地球環境許容収容力の激減につながっている。今後開発途上国の人々が日本と同水準の生活をするには、食料、エネルギー、資源などを膨大に必要とし、面積換算では地球がほぼ 2.5 個なければ人類は生存できないとされている。

地球温暖化による気候変動と災害、バグポカリプス、新型ウイルス禍などは局地的なものではなく、全世界へ及び地球の破壊、生物種の破滅に直結している。

危機的状況のすべての源はこれまでの人間の生活様式、産業活動によるもので、この阻止、改革には、地球上の全活動のリ・デザイン（再設計）リ・イノベーション（再革新）を行うしかない。その一環がグ

13

リーンリカバリーであり、とりわけ日本は豊富な森林に注力することだ。エネルギー、低中層木造建築、素材などによるグリーンインフラ導入による地域社会を形成しなければいけない。この誰もが分かる単純明白なことができず、情けない動物が人間だ。ブラックエレファント状況、人新世でも痕跡を消す必死の行動実行がいる。

CO_2 ガスはすぐには分解消滅せず、数十年どころか数世紀にも渡る。今、削減行動を起こすなら排出量が幾らまで許容可能（予算）かを確認し対応、行動をせねばならず、待ったなしの状況だ。**図1-1**に示すように、産業革命以来今日まで排出された CO_2 の約2兆tは成層圏にロックイン（人工衛星いぶきなどで確認）され、地球平均気温は1℃（0.8〜1.2℃ 日本は既に1.24℃）上昇した。

2015年の第21回国連気候変動枠組条約締結国会議（COP21）の「パリ協定での気温上昇を2℃以下に」は、直ぐ実質1.5℃以内に抑制となった。1.5℃ケースでは世界の温暖化ガス許容排出量（カーボンバジェット）は残り約0.6兆tしかない。

世界の化石系燃料資源保有企業は CO_2 換算で約2.8兆tの可採資源

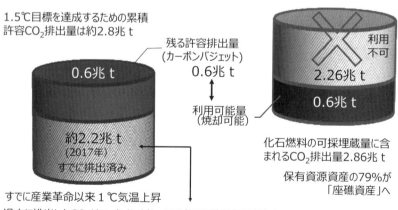

図1-1　今後のCO₂排出許容量（カーボンバジェット）

出所:IPCC Special Report　:　Global Warming of 1.5℃,Figure2.3より 竹林作成

埋蔵量を持っているが、1.5℃ケースではその内の約2.2兆t、約8割の埋蔵資産が利用不可能（座礁資産）と推測される。米金融大手シティグループは、世界の「座礁資産」は100兆＄に上ると予測している。

2019年に世界が排出した温暖化ガスは約590億t-CO2/年（この約70％を15カ国が排出）、このまま排出し続けると、2030年には許容排出量を使い切り、国連環境計画（UNEP）発表では、今の排出ペースでは今世紀末の気温は産業革命前と比べ3.2℃以上の温度上昇である。今後排出温暖化ガス排出量が減り350億t-CO2/年平均としても2046年には1.5℃を越えていく。

このような事態が分かっていながら、パリ協定批准の法的義務を持つ137カ国が策定した「削減目標と国内対応書」による削減目標量をすべて足しても1.5℃どころか2℃達成にも届かない。

さらに2020年3月の欧州環境庁発表では、今後CO2削減対策の既存及び新計画政策措置を完全に遂行しても、2030年までの排出削減目標30％は達成できないとし、すべてのセクターは2018年以降の排出削減速度を、ほぼ2倍としなければならないといっている。先進欧州ですらこのありさまで目標、掛け声は良いが、2050年CO2ネットゼロも絵に描いた餅となりそうである。そこで、国連グテーレス事務総長は2020年12月「気候非常事態宣言」を世界に要請した。それに応じ2030年までに、EU27カ国は温室効果ガスの排出量を1990年比55％削減と表明、中国はGDP当たりのCO2排出量を2005年比65％削減とした。バイデン米大統領は協定復帰し、2050年CO2ゼロを目指す。問題は表明通りとなるか、具体的行動施策はどうか、掛け声、宣言倒れも想定される。

今は、**図１－２**に示す生活と産業活動が引き金となり、地球温暖化へとつながり、自然環境の破壊へ、それが人間社会へ影響し世界レベルでの水と食糧を奪い合う紛争へ、そして世界全面戦争へと拡大するかもしれぬ危機認識を共通認識とし、負の循環事象を食い止めねばならない。

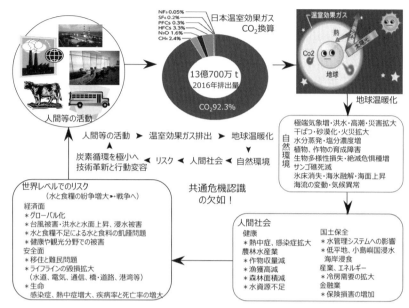

図1−2　人間等の活動と地球温暖化影響関連図

出所:竹林作成

　世界は「炭素の社会的コスト」を支払う覚悟が必要である。そこで政策は、EV駐車場代金無料化、CO_2排出量取引、炭素税、CO_2排出量の多い輸入品に課税する「国境炭素税」などの温暖化ガスへ値付け（カーボンプライシング）するなど、いろいろな動きが出てきた。しかし、これも現段階では世界各国はさまざまな事情を抱え、温暖化ガス削減への道もバラバラな状況と言わざるを得ない。特に人口増大が急激な開発途上国の人々が、先進国と同様な便利で、豊かな社会を望み、安価な化石燃料の多消費社会の道を辿るとどうなるか。当然先進国はそれを止めることはできない、となれば全世界が化石燃料よりも安く入手しやすい自然エネルギーへの転換を達成しなければ化石エネルギー消費の増大は避けられないだろう。

　このように、「経済発展と排出量削減」を同時に成し遂げる方策を見つけ出すことは、全く容易なことではない。この深刻にして厳しい

現実を解決するには、自然エネルギーや再生可能エネルギーの低価格化、安全と見られている小型（数万 kW 規模）原子力発電、実現は厳しく先だが CO_2 を原料としたエタノール化などの導入量の拡大、2050 年頃以降ともいわれる水素社会化を急ぐことしかないのか。これでは、環境と経済の両立は幻となるかもしれない。

すでに世界は、温暖化による気温上昇がもたらす過激で後戻りできぬ最悪のシナリオへの道を歩み始めている。それを常に頭に入れ、繰り返すが諸悪の根源は人間による気候温暖化であるという当事者意識を持つことがまず大事で、少しでも改善へ家庭も企業も立ち向かう義務、責任がある。炭素循環プロセスの温暖化ガスネットゼロにする議論や交渉ではなく、人類自身の努力と行動に鍵がある。

森林と密接な生態系・生物多様性に支えられた自然は、現代社会の基盤を形成し、その豊かな生態系サービスを提供し、その恩恵を受けて人類は生きている。生物多様性、自然生態系サービスの価値は、WWF（世界自然保護基金）発行の「生きている地球レポート 2018」によれば、年間約 125 兆米 $ で、世界 GDP の約 1.5 倍と推定されている。そして、自然は、生物多様性の恩恵をもたらす家とも書かれ、人間がその住まいを壊しているのだ。この家の修復、改築は重要な事業で、日本で、手掛けて効果が上がるのは、「屋根置き太陽光、洋上風力、地熱、木質、海洋」などのエネルギーの大量導入であろう。浮体式洋上風力発電は、海に囲まれた日本向きで、京都大学内藤克彦特任教授によれば 500GW（50 億 kW）の発電設備容量に相当する潜在資源量があるという。海洋では、英国の 6MW 潮流発電の稼働、五島列島での 500kW 実証も始まる。さらに波力発電、海水の表面と深海との温度差を利用する発電などが期待される。また、太陽光では、ソーラーシェアリング（営農型太陽光発電）はまだ導入余地があるが、新しくはフイルム型太陽光発電によるビル壁面やガラス窓、電気自動車屋根、自動販売機、スマートフォン、衣服、カーテンなどに設置可能なものが出てきた。薄く透明で軽く曲げられ、シリコン製の二分の一

と安価で、20%近い高発電効率である。

　次は、木造による建築や構造物導入を急ぎ、化石代替の新素材と化学品開発生産を行い、自然と共生しAI、IT導入のまちづくりであり、あとは大幅な省エネ、加えて石炭火力発電の停止改修への移行ではないか。日本は上記の実践ビジネスモデルを確立し、開発途上国向けに「省エネルギー化と自然エネルギーと木質エネルギー導入、木質関連事業の利用拡大」をセットで普及貢献を目指さねばならない。

　そして個人的には、自分自身が変わらねばならない。身近では、家の断熱効果を高め、太陽光発電、蓄電池の設置、雨水の利用、家庭内エネルギーマネージメントを進め、可能ならEV車に替え、努力面では歩く、自転車活用、1時間早く寝る等何でも良いので試してみる。そして笑われるが、生産現場のロボット化などによるすべての企業人が毎日リモートワークになるなら、地方に住み自然のなかで暮らし、陽が昇るとともに起き、陽が落ちるとともに寝る、遠い将来こんなことになっていないだろうか？

　健全な地球なしには、自然と人間の健全な営みも取り戻せない。手始めに、多くの地方自治体にある豊富な森林資源を地域内で「エネルギー、公共構造物、まちづくり」に利活用する「地産地消」は、地域間競争を生まず、優れた地域循環経済活性策となる。また再生可能エネルギーを可能な限り生産し、余ったエネルギーを提携都市へ渡すような仕組みが双方のカーボンネットゼロ達成となる。なお、すでに2025年にRE100達成を宣言した北九州市をはじめに、カーボンネットゼロの2050年達成表明をした国内自治体は、現在約290に及ぶが、いっそう加速させねばならない。

　世界の3大メガトレンドは、「健康と人口構造、資源とエネルギー、地球温暖化」と考える。このすべてに森林資源は関係しているのだ。

第 2 章

日本の森林と
森林資源の
持続可能性

2.1　森林資源推移とそれを取り巻く社会

　まず森林資源の現在の数量データ（**表2−1**参照）を示す。

　日本は樹木の種類も多く、それぞれ生育可能な降水量・気温などの
条件が異なる。降水量が豊富な上に、南北に列島が伸びて気温差が大
きいため、多様な樹種と生態系が生育する森林が成立する、という大
きな特徴がある。

表2−1　森林資源データ

国土面積	森林面積
3780万ha 23%	2500万ha 67%

→

| 針葉樹 1250万ha 50% |
| 広葉樹 1100万ha 44% |
| その他 150万ha 6% |

| 国有林 30% |

→

| 天然林 1350万ha 54% |
| 人工林 1000万ha 40% |
| その他 150万ha 6% |

| 公有林 12% |

→

| 広葉樹 80% |
| 杉・檜 90% |

| 民有林 58% |

樹種：常緑広葉樹・落葉広葉樹・常緑針葉樹・落葉針葉樹など多様で豊富
材積（蓄積量）：52億m³　成長量：1億m³/年

　木は用材と燃料材に大別され、用材は柱や板や紙として使う場合を
指し、マテリアル利用ともいわれる。燃料材は薪や木炭、近年ではチッ
プや木質ペレットの形で使われ、エネルギー利用といわれる。

（1）針葉樹林とその利用

　針葉樹の多くは、植林に適した土地と精鋭樹の苗木選定が重要であ
る。尾根付近の乾燥しやすい土地には松林を仕立て、谷部の湿潤地は
スギを育て、その中間の斜面ではヒノキを育てるという、適地適木の
原則があった。

　日本の固有種のスギは、北海道の南部から九州の屋久島まで分布し、
縄文時代から利用されていた。半陽性（多少日陰でも育つ樹木）で分
布が広く、植えやすいことから、室町時代の天竜流域や奈良県川上地
区で植林が始まった。

　針葉樹の特徴は病害に強く、成長速度が速く、軽量・柔軟で加工し

やすく、樹幹形状は曲がりが少なく、樹上に向け樹幹の細りが穏やかである。鎌倉時代末期から、建物、家具、桶類、舟などと多く利用された。主要部は建材に使い、伐り残された伐根は屋根葺き材の柿（薄板）として、葉や枝は焚き付けに、皮は屋根や腰板に用いた。さらに江戸時代から、軽く使いやすいスギ樽が、肥料となる糞尿の循環活用に使われ、循環型社会形成の一助ともなった。このように、余すところなく使い切り、日本人には不可欠な用材であった。

(2) 広葉樹林の特徴と里山社会

　広葉樹は人工林がほとんどなく、自然萌芽更新で植栽などの労働力は不要である。その特徴は重く固くどちらかというと成長も遅く、枝分かれが多く、横に広がり、曲がり、水分も多い。そのため建築用材とするには、歩留まりが悪く経営的には不利である。しかし、一部は強度もあり家具、道具にも利用されてきた。また燃料材として、10～20年前後で伐採・利用できることから、クヌギ・カシ・ナラ材は良質の薪炭を生産することができた。また里山での落葉は、栄養豊富な循環肥料として使われた。

　江戸期から終戦後頃までは、里山から内側に向かい野辺入会の空間（茅場など）があり、その内側に「野良」つまり畑地や牧草地が広がり、最も内側の里には家や庭がある。里山の外側の奥山は、人間社会の勝手な欲求で自然に手を付けてはいけない領域で、そこに立ち入り木材や獲物を得るためには、まず神意を尊重せねばならなかった。

　江戸時代初期は急速に耕地を拡大し、人間は穀物や野菜を餌にする野生獣とせめぎあったが、「奥山は獣の世界、広葉樹の多い里山から下は人間の世界」という棲み分けがしっかりとできていた。「動物たちは山奥に棲むもの」という常識は、近世300年あまりの歳月を通して、当時の人々が野生動物を山間部へと押し上げ、封じ込めに成功した結果であると田口洋美は総括している[1]。

　時代は移り、ブナの森は、それまで建築用材になりにくく経済的に

価値がないとされ、拡大造林政策によって伐採されてきた。それが、1980年代になって、雪や水を蓄える天然のダムといわれ（水源涵養機能）、鉄砲水や地滑りを防ぐ一方、土壌が濾過装置となってその水を浄化し、それらによって、陸海の多くの種類の微生物や昆虫、植物、鳥類、人を含めた動物などの生態系を育んでいると永田弘太郎は指摘している[2]。それらを目当てに、多くの動物などが集まり、いっそう生物多様性が維持され、森林資源は生態系維持の母体といえるほど、重要な役割を持つことが認識されるようになった。

　しかし1980年代からの経済のさらなる隆盛は、都市への人口流出や専業農家の減少、過疎化、高齢化、農業の機械化と農薬使用を招き里山での循環肥料は不要に、エネルギー転換で薪炭も生産されなくなり、戦後の広葉樹林は無用の成林と化した。

　森の人為擾乱がない里山は、総じて生態遷移が進行し、里山の象徴のコナラやクヌギは大木となり、現在それが幽玄な深い森となり奥山化した。営々と築いてきた雑木林は、野生動物にとって安全で、食べ物である果実や若芽のある、低木や草木などが多い里山へと変わり、狩猟も行われないことから、クマ、イノシシ、シカなどが増加し、里山、農地、人家に接近するようにもなった。

　このような事態にも関わらず、地縁・血縁を基にした地域共同体は弱体化し、集落は農地や森林空間を実質的に管理できず、利活用も不可能な事態へ追い込まれた。それにつれ、さらに獣害も増えた。高槻成紀の指摘では、植林した苗木や、保水性の良い落葉や枝が堆積したリター層が、シカに食べられることによって、森林の正常な保水機能が失われて、洪水の可能性を高めた[3]。またシカなどが下草や灌木を過食し、絶滅危惧種など貴重な動植物をまさに絶滅寸前にまで追い込む[4]事態も、招いている。

1）田口洋美：クマ問題を考える、山と渓谷社、116、2017
2）永田弘太郎：日本の山はすごい！「山の日」に考える豊かな国土、山と渓谷社、99-100、2015
3）高槻成紀：シカ問題を考える、山と渓谷社、75、2015

2.2 明治から現代までの森林資源

(1) 森林資源の推移と利用

　明治初頭から中期にかけ、人口の急増、近代産業の勃興、都市の発達により、木材用途は建築以外に鉄道用枕木、造船用と広がり、エネルギー源としても家庭用の煮炊き、軽工業でも薪炭が多く使われた[4]。そのため建設資材と燃料などの需要拡大につれ、伐採圧力がいっそう高まり、限界を超えて森林が収奪された結果、森林が最も劣化・荒廃した時期だったと推定されている。

　それにより、早くも明治中期には水害が全国で多発し、1896年（明治29年）に治水三法の河川法・森林法・砂防法が成立した。これを契機に、森林資源はようやく回復に向かった。また同時に実施された国有林の大規模造林政策は、里山薪炭林などにスギ、ヒノキ、マツなどを植栽して資源の充実を図る「資源政策」で、これが、奥山天然林の大面積を皆伐して跡地を人工林化する、戦後の「拡大造林」政策へとつながっている[5]。

　明治維新後まもない1880年のエネルギー源は85％が薪炭材であり、1890年まで薪炭材がエネルギー源のトップを占め、それは主に熱の利用であった。煮炊き、暖を取る他、茶や生糸の生産には大量の熱エネルギーを必要とした。その理由は、製茶では生茶葉を煎茶にする過程で、養蚕では養蚕室の暖房と繭を煮て生糸をとる段階で、薪炭が多く消費された。ちなみに、その当時の輸出の多くは木材、茶、生糸であった[6]。

---

4) 太田猛彦：森林飽和 国土の変貌を考える、NHK出版、230、2012
5) 虫明功臣・太田猛彦：ダムと緑のダム 狂暴化する水災害にいどむ流域マネジメント、日経BP、101-106、2019
6) 井上岳一：日本列島回復論 この国で生き続けるために、新潮選書、新潮社、130-131、2019

明治政府による近代の森林・林業政策は、国土保全と森林資源充実を目的に進行したが、第二次世界大戦の国家総動員法体制の下では、用材・薪炭材合わせて 1 億㎥もの木材の乱伐・過伐により、期待する国土保全、資源充実の目的は達成できず、終戦時に森林は著しく荒廃し、見渡す限り禿山だらけという状態になった。この乱伐による国土荒廃は、1950 年代前後の土砂災害や水害の多発の原因となった。

　戦後復興の 10 年間は、住宅の建設ラッシュとなり、そのため里山の雑木林や成長の衰えた奥山の広大な面積の天然林、そしていわゆる薪炭林や農用林を皆伐し、そこをスギやヒノキの人工林に積極的に切り替える「拡大造林」と「林種転換」政策が進められた。結果、天然林の伐採量が増えた。しかし、1964 年の東京オリンピックの年に木材の完全輸入自由化となり、追い打ちを掛けて木質から化石系エネルギーへの革命（転換）も始まるという、二重の打撃を受け、林産業が衰退していった。

　また、為替レート変動相場制にも影響され、自給率は下がる一方で、最悪時には約 18％まで落ち、20％台が長く続いた。30％を超え始めたのは 2015 年からである。

　図 2 − 1 に、1899 年から現代までの「薪炭材と用材の伐採量、伐採面積、造林面積の変動」と「輸入丸太、輸入製品を含めた木材供給量と自給率推移」、「林業従事者推移」を示す。

　ここで年代順に特徴を見てみる。

　図にはないが、1877 年の用材需要量は約 1,340 万㎥、建築材がそのおよそ 90％を占めた。同時期の薪炭材の需要量は約 16,850 万㎥と、驚愕に値する数字だ。

　1899 年の薪炭材の材積は 8,809 万㎥だったが、わずか 2 年後の 1901 年のその材積は 5,100 万㎥と、石炭の影響が出始め大きく減少し、逆に用材材積量は 1,160 万㎥と増加した。なお 1955 年頃までの木材自給率は 100％であった。

　1940 年以前の用材供給量は 2,000 万㎥以下の低水準であったが、

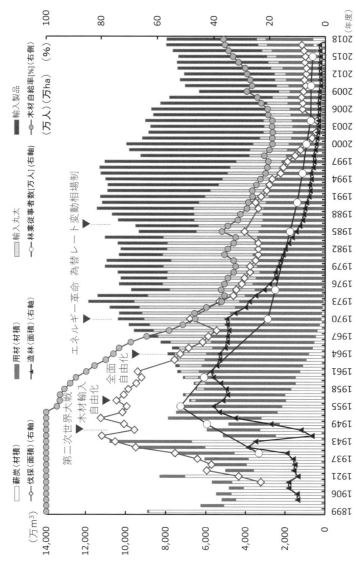

図2−1 1899年（明治32年）から現代までの「薪炭材と用材の伐採量、伐採面積、造林面積の変動」と「木材供給量と自給率推移」、「林業従事者」

出所：平成30年度 森林・林業白書などより山崎作成

1951 年から薪炭材に取って代わり、用材が 7,000 万㎥と大幅に増えた。

　1950 年以降の 20 年間弱は、1889 年からの国有林の大植林が順次収穫期に達し、戦後の急増する木材需要を支えた。それは需要急増、価格急騰につながり、伐採面積は 80 万 ha を超え、「森林は儲かる」ということで造林面積も 40 万 ha に及ぶ大造林時代が続いた。

　1956 ～ 1964 年では、針葉樹成長量と伐採量はほぼ同量となり、総伐採量は 6,000 万㎥強で推移。木材不足から 1960 年に木材輸入の自由化が始まり、1964 年には全面自由化となった。

　1965 年に薪炭材を除いた木材総供給量（丸太換算）約 7,000 万㎥は、戦後復興、高度成長に伴い 1973 年には約 12,000 万㎥弱まで拡大したが、以降 1996 年まで需要が停滞した。建築や都市計画にもグローバリズムが広がり（6.2 項参照）、顧客の「木材離れ」が進むとともに世界分業が進み、高度成長などの流れのなかで、国産用材供給は、減少に拍車が掛かった。併せて建築構造材の変化もあり、輸入を含めた木材総供給量も、2018 年には約 50 年前の 1965 年と概ね同じ量にまで戻った。

　また、1965 年以降、「薪炭から化石系エネルギーへの転換と、木材自由化、プラザ合意で為替は 240 円／米ドルが 120 円の円高」となる三つの社会変化により、用材は安価な輸入材に取って代わられ、木材製品の輸入を加速した。それにつれ木材自給率と用材供給量は激減し、1965 年の 71.4 ％、約 5,000 万㎥から、1973 年 37 ％、約 4,200 万㎥、2018 年には 37 ％、約 2,300 万㎥となり、用材供給量は 50 年間で半分になった。

　国内用材供給と丸太、木材製品を国際的な視点から眺めてみる。日本（2019 年）では、国内総需要量は 8,200 万㎥で、現在の木材製品輸入量 4,300 万㎥（パルプ・チップ 2,500 万㎥含む、総額 6,600 億円）、丸太輸入量が 400 万㎥（800 億円：総額、以下同じ）、燃料材輸入量が 300 万㎥に対して、輸出量は木材製品 200 万㎥（200 億円）、丸太 110 万㎥（150 億円）でわずかであり、国内生産用材供給量が 2,400 万㎥、

国内燃料材生産量 700 万㎥で、木材総需要量は、内需特に建築需要（木造着工床面積、**図6－4**参照）に概ね依存している（林野庁企画課：2019 年「木材需給表」より）。国内用材供給量についても、1970 年代初めから 2018 年にかけて二分の一に減少しているが、木製品製造業の中心である製材品生産高（外材利用含む）も、同時期に 4,000 万㎥から 1,000 万㎥と四分の一にまで減少している（平成 26 年度 森林・林業白書 p.34）。

　一方、ドイツ（2018 年）では、木材製品輸入量が 600 万㎥（22 億ユーロ・€）、丸太輸入量が 800 万㎥（5 億 €）で、国内用材供給量が 6,400 万㎥（内燃料用は 980 万㎥）である一方、製材品（600 万㎥）と針葉樹プレーナー加工材、ファイバーボード、パーティクルボードを含め木材製品の輸出量が 1,500 万㎥（52 億 €）、丸太輸出量が 500 万㎥（4 億 €）に及んでいる。木材製品のドイツの輸出額は、日本の輸入額と概ね一致している。EU 諸国に囲まれ交易環境に恵まれているが、丸太の輸出入量とともに、木材製品の外需が多様で大きいことが日本との相違点である[7]。国内用材供給量が、2005 年以降 5,000 ～ 6,000 万㎥を確保できているのは、輸出にも支えられた製材品生産量が、2,300 万㎥を概ね維持していることが寄与している側面がある。木材製品の国際化による競争が、木の利活用について、川上の林道整備（第 9 章）、高度機械化から、川下の木造建築（第 6 章）や熱電供給設備（第 4 章）、建物の断熱化（第 10 章）など、インフラ整備や技術開発により、コストダウンと、新市場開拓を創出し続けている。それらと、グローバル化に対する社会のしくみ作りと、社会共通資本（森林・農村）への啓蒙活動の組み合わせが（第 9 章）、安定した国内用材供給量を確保し、持続可能な林業の「ニュー・コモンズ」（第 7 章）を支えている原動力とも考えられる。

7）林野庁：平成30年度林野庁委託事業「クリーンウッド」利用推進事業の追加的措置の先進事例収集事業報告書、19-31、2020.3

図２−２に、1946 年から現代までの針葉樹と広葉樹の「蓄積量」と、人工林と天然林の「面積変動」を示す。

　1975 年以降、日本では特に針葉樹の蓄積量が増加の一途を辿り、現在の針葉樹、広葉樹合わせて蓄積量（材積）は約 52 億㎥、1 ha 当たりの蓄積量は 200㎥ となった。針葉樹の年成長量も 1 億㎥ / 年に達した。それに対して、立木伐採材積量は 4,000 万〜 5,000 万㎥ / 年に留まり、用材供給量は 2,000 万㎥ / 年強である。

　これらは、森林の過小利用と、林業の衰退・撤退を意味し、地球温暖化の影響も加わり、災害と生態系の劣化の要因となっている。針葉樹林、広葉樹林とも、林業従事者による継続的な作業により、森林資源の適正な保全維持が可能となる。そのためには、川下でのエネルギー、マテリアル利用拡大と、川上の林業経営が可能となるような条件を整備して林業振興を図り、CO_2 の吸収固定化にもつなげる、「みどりの復権」に大いに期待したい。

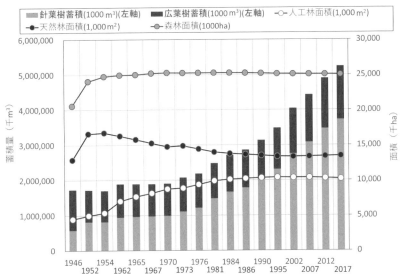

図２−２　戦後から現代までの針葉樹、広葉樹の蓄積量、人工林・天然林面積の変動

出所:山崎作成

(2) 針葉樹の植林、育成

　植林用地は、植栽とその後の保育管理作業の障害となる散在した枝条を処分する、地拵えが必要となる。人工林はいわば「森の畑」で、常に人の手をかけ続けないと優良樹木に育たない。ススキ、アザミなどやササは1年で2、3mの高さになり、苗木の上に伸びて陽光を奪うため、7年間程は夏場に一、二度の「下草刈り」と呼ばれる除草作業が不可欠である。それは炎天下での重労働を強い、機械化と労働環境改善は必須である。それなくして、林業は持続可能とはならないとさえいえ、かつ獣害から苗木を守ることも重要である。

　苗木の密度は通常3,000～5,000本/haで、植栽後10～15年間は、必ず幹の低い部分に生じた枝を伐る「枝打ち」で、生育環境を整える。20～30年の間に、垂直な木を育て商品価値を上げるため、密植樹木の中から適当な木を選び「間伐」し、林内に光を取り入れる必要がある。幼樹の選択除伐と間伐を前提に、密植しているので、森林蓄積量が高まるということは、除伐と間伐がされないまま、細くて弱弱しい「もやし林」となり、光が入らず下層植生が生えない、鬱蒼とした森林が増えていることを意味する。これは、風や雪による倒木の災害を起こしやすく、放置すると根枯れ部分の土砂が流出して、川へ流れ込んで洪水、山崩れを引き起こす。また間伐したとしても、倒木を処分せずにそのまま山中に放置すると、山の「水みち」を塞いで大規模な土石流が発生し、下流地区に甚大な被害を及ぼす[8]。

　このように保全管理の不十分な人工林などが増加し、森林本来の保水力機能が著しく低下する、「森林崩壊」現象が、毎年全国的な規模で拡大している。

　図2-3に、2016年における人工林の齢級別面積を示す。人工林の50%が11齢級（1齢級は5年）以上となり、主伐期を迎えている。

---

8) 徳川林政史研究所 編：徳川の歴史再発見 森林の江戸学、東京堂出版、11-13、2012

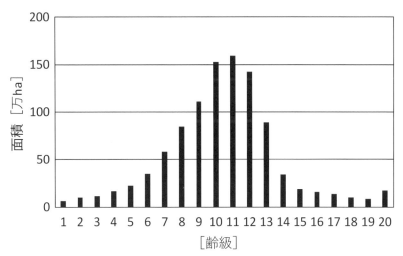

図2-3　人工林の齢級別面積（2016年）

出所：「林業白書」より山崎作成

　この伐採適齢樹を早期に伐採活用し、そこへ植林を行わないと、森林循環サイクルが回らなくなり、次の世代が活用できる産業用樹林が育成されないばかりか、CO_2吸収量も減ることとなる。

⑶ 針葉樹林における林業の持続性

　人手を要する人工林を適切に管理し、林業を持続発展させるためには、一定の林業労働量が必要である。1975年の林業従事者は約17.9万人で、管理できる循環木材生産林の面積は約900万haであった。

　現在の全国での林業従事者5万人が200日働くとどうなるかを、森林科学の白石則彦の論文「白石メソッド」[9]により試算した。条件は、造林・保育労働量：150人日/ha、主伐：50人日、平均伐採樹齢：50年とした。「労働量と管理できる人工林面積」には、概ね下式の関係がある。

　（50,000［人］× 200日/年× 50年）÷（150+50）人日/ha=250万ha

---

9) 白石則彦：緑の論壇 市町村で描く森林・林業のマスタープラン、森林と林業、4-5、2018.1

現在、我が国には約 1,000 万 ha の人工林があるので、林野庁が目指すように齢級構成の平準化が進み均衡状態に達したとして、5 万人の労働力では、現状のわずか約 25％の 250 万 ha の面積しか管理できないことになる。したがって、林業労働者 1 人当たり循環木材生産林面積は、50ha/ 年になる。管理可能な面積を増やすためには、労働力を増やすか、平均伐期齢を長期化するか、あるいは保育伐採作業の工程を大幅に省力化するしか、選択肢はない。

　機械化が容易な素材生産（間伐・主伐）に比べて、労働量が多く人力に頼る造林・保育作業の省力化は難しいが、AI ロボットの利用も今後は考えられる一方、林業労働者を増やす政策も強く望まれる。

　今のままでは、図 2 − 1 で分かるとおり、2000 年以降、造林面積は概ね 3 万 ha で推移していくので、資源循環林は、3 万 ha × 50 年 =150 万 ha に収束していく。50ha/ 年人から計算すると、林業は 3 万人の産業になってしまう。林業の規模を縮小しないように、現状造林面積の拡大が望まれる。

　この森林での CO_2 吸収増大による地球温暖化阻止、そして循環型社会へ向けて、林業は、重要な局面を迎えている。林業関係者はもっと AI、IoT を駆使し、近代化・革新的な先端一次産業化へ変身するべく一丸となり、事業の革新を強力に推し進める必要があり、大学関係者や自治体、政府の技術開発支援も求められる。

2.3　持続可能な林業を目指す施策

① 林業従事者を増やす

　管理可能な人工林面積を増やすためには、林業労働者を増やすのが有効だが、山田によると [10] 林業労働者の年間給与所得は、全産業の平均と比べると大幅に安い。その格差は 20 歳代で 50 万円、40 歳代では 150 万円以上となっている。40 歳代や 50 歳代の習熟技能者でも

年収が300万円を少し超える程度で、危険できつい仕事の割にはベースが低すぎるといわれる。伐採技術者の年収をオーストリアの平均（570万円）に近づけるためには[11]、林内道路の整備と高度な林業機械化による伐採・搬出のコストダウンと、原木販売価格を高めるための新たな市場の開拓による需要拡大への取り組みが考えられるが、本項（2.3項）でも検討したい。

　一方、太平洋戦争中の、1942年の林業労働者の総数は56万人で、その内専業（年間就業日数150日以上）が13.7万人、第一種兼業（年間就業日数90日以上150日未満）が12万人、第二種兼業（年間就業日数90日未満）が30.8万人であった。**図2−1**に示すように戦後の1951年の総数は231万人で、その内専業が39万人、第一種兼業が63万人、第二種兼業が128万人であった。

　今後、専業の林業従事者だけでなく、新しい働き方として、同じ第一次産業の農業や、製造業、サービス業と兼業する林業従事者を増やすことも、林業従事者の増やすための一つの方策として大変重要である。第8章8.7項での東かがわ市五名地区でも、焼き物製造の本業の合間に兼業で、機械化が進んだ林業作業と薪製造に従事する作業者が、専業の林業従事者をサポートし、貴重な戦力となっていた。

② 超長期産業である林業への社会的な認知

　現在、人工林は伐採適齢期に入っている（**図2−3**参照）。しかし「輸入自由化、エネルギー転換、為替変動、革新が不充分な林業」などの要因で、採算が合わなくなった。製造業は、原料や部品などの海外調達、製造工程や製品変更で、円高の影響などを凌ぐことは可能だが、林業は森林の成長を待つだけの言わば製造中が50〜70年と続き、社会ニー

---

10) 山田容三：SDGs時代の森林管理の理念と技術　森林と人間の共生の道へ、昭和堂、216、2020
11) 青木健太郎・植木達人：地域林業のすすめ、林業先進国オーストリアに学ぶ地域資源活用のしくみ、築地書館、184、2020

ズの変化に対応して製品を変更することはできない。さらに、木材消費量の大幅な縮小や競争力低下などで、国産材価格の下落に拍車をかけた。

　例えば、杉中丸太はピーク時の1980年の約4万円/㎥が、2015年には約三分の一の1.3万円前後に下落。加えてオーストリアでは、立木代が丸太価格の半分以上だが、日本は伐出コストや流通コストが大きく、立木価格が2～3,000円と低く圧迫され、製材側が価格主導権を握っている[12]。

　植林から50年の杉林350㎥/haを1ha所有し、それを全量販売と仮定すると80～100万円の収入となる。林野庁統計では、50年間の育林費用は231万円/haであり、伐採地での再植林時に126万円要するため、売り上げ代金80～100万円はその時点ですべて消え、50年の歳月と200万円以上を費やして育てた林が苗木に代わるだけである。山元の利益が確保されず、再造林育林費用が捻出できない状況下では、森林所有者が意欲をもって経営できず、循環的な林業を実現できる状態にはなっていない[13]と、速水享は述べている。

　対して第9章9.1項で詳述するオーストリアでは、整備されたインフラの林道、作業道を使った大型トラックの走行により、容易に丸太を集材・搬出し、効率的な伐出・流通システムも整備され、高い立木価格が形成されている。それが森林所有者の林業経営・出材意欲を刺激し、製材工場の規模拡大ができるだけの丸太を、集荷することができている。

　日本は、この「超長期産業」リスクに並行して、山林地区での過疎化が進み、林業従事者が減少し、造林・保育作業の担い手がいっそう確保できなくなった。

　その一方、森林は多面的機能を持ち、公益事業に準ずるといわれな

---

12) 熊崎実・速水亨・石崎涼子編、久保山裕史：森林未来会議、築地書館、60-70、2019
13) 熊崎実・速水亨・石崎涼子編、速水亨：森林未来会議、築地書館、13-27、2019

がら、人手がなく、不採算のために、皆伐してそのまま植林せずに、裸地にして放置する森林面積が増え、森林の持つ多様な機能が維持できなくなっている。

そこで、環境を守り、将来も循環木材生産林として良質な木材を育成するために、五十年生スギ人工林に要する経費の約9割が植栽から10年間に必要であり、その植林・育林費用を、国民が基本的に負担するなどのセーフティーネットの構築が望まれると、林業経営者の田島信太郎は述べている[14]。

同じく林業経営者の速水享も、過疎化が進む地方の人々の生活基盤の安定には、日本の森林を適切に管理、活用することが重要で、EUにおける農産物の生産と価格、貿易とは切り離した形で、農業者の所得補償を行う（9.5参照）、デカップリング政策にならうことを主張している。単なる木材への補助金は木材市場に影響を与えるので、選択肢の一つとして、国が森林所有者へ「所得補償を支援」するしくみを提案している[15]。産業振興のため、林業従事者へ5万円／月の「ベーシックインカム政策」なども、検討せねばならないのではないか。

③ 木材の新たな出口開拓

ドイツの製材用材として広く流通するトウヒの丸太は、製材として使われるのは根元から梢端までの丸太材積の約50%、残りの半分は合板用（10%）、パルプ用（20%）、エネルギー用（20%）である。

日本のスギ材では、中間部の原木丸太の約70%のみが活用され、根元部分（約18%）や先端部（約12%）は葉や枝を、梢を含めて「林地残材」として山に放置し、捨ててきた。元々、一本のスギの木は、建材、屋根葺き材、焚き付け、腰板に、幹から伐根、葉や枝、皮に至るまで余すところなく使い切っていた。現代でも「林地残材」を燃料

14) 田島信太郎：断固、森を守る　「血」でつなぎ「智」で活かす現場からの提言、株式会社PHPエディターズグループ、38-94、2019
15) 熊崎実・速水享・石崎涼子編、速水享：森林未来会議、築地書館、49、2019

化し販売することで、一本の木を余すところなく使い切り、新たな収入源とすることができるはずだ。これにより森林保全にも寄与し、山主にも利益を還元することが可能となる。しかも電力固定価格買取制度（FIT）は、20年間の買取価格を保証するので、市場リスクにも晒されず、長期間安定した価格で材を発電燃料として納入できる。

　一方、水産業では、ちりめんじゃこや鮮魚を用いた六次産業化が進み、漁獲物を加工し、直接消費者や需要先へ販売している、と藻谷浩介他は書いている。市場では、品質にあまり関係なく全体の供給量により価格が決まるが、六次化による直接販売は市場を介さないため、消費者ニーズに合わせた高品質により安定した利幅が確保でき、漁師や農家の生産者の生活が守られ、しかも収入が量に依存しないので、資源や環境が守られることになる[16]。

　林業・木材・木製品製造業も、伐採、製材、建築や家具などの製品製造ごとに分業化されていたが、今後は木材の最終利用者である建築業者、建築主や家具製造業者と産直体制を築き、六次産業化の推進実施が必要だ。そして、森林所有者、伐採・搬出・造林・育成・管理者、木材・木製品製造業経営者など、多岐にわたるサプライチェーンでの密接な連携、一気通貫システムと、日本に合う機械化、作業方式が重要な時代となった。水産業と同様に、インターネットでIT、IoTを活用して木材生産者と消費者の間の距離を縮め、いっそうのデータベース作成、そしてその次のDX化を進め、新しい価値を生み出すことにより、市場を通さず産直で利幅が多くとれる、新たなビジネスモデルの構築ができる可能性もある。

　このモデルの例として速水は、トラックから降ろすとすぐに組み立てられる、細い丸太を使った牡蠣や真珠用の筏用セットや、需要が激減した四寸（12cm）角で節が少ない高級な柱材からシフトした、床

16) 藻谷浩介 監修　Japan Times Satoyama 編：進化する里山資本主義、240-244、2020
17) 田島信太郎：断固、森を守る　「血」でつなぎ「智」で活かす現場からの提言、株式会社PHPエディターズグループ、53、2019

板やまな板、家具メーカー用の板材生産を挙げ[13]、田島は惣菜店の床面、カウンター、ルーバーなどの事例を挙げている[17]。岡山県西粟倉村では、間伐材を単に素材（丸太）で販売するだけでなく、床張りタイル、パーテーションやオープンボックスなどを、村内で最終製品にまで加工して、エンドユーザーに直接販売する形をとることで、木材に由来するさまざまな付加価値の対価が、地域内に還流できている[18]。

　国民も自宅を木造とし、企業も低中高層の木造ビル建築や、窓枠をアルミサッシュから木製枠に代え、内装、椅子やデスクなどにも木材を積極的に使うことで木の需要増に貢献すべきで、地球温暖化防止のためにも（6.3項参照）、木材の需要拡大は大変重要なことだ。

　木材カスケードの最上位の材は、高付加価値の付く建築や家具に使われる用材で、次に来るのが製紙チップ、合板、ボード用木材だ。そして、カスケードの最後がチップ、ペレットなどの木質燃料で、原料は低品質の枝条、曲り材や根本材であり、あるいは木材加工廃棄物（オガ粉、端材、背板）などが使われる。燃料材として時には、除伐・間伐材、支障木も使われる。

　需要拡大が森林産業成長となり、かつ伐採木材は余すところなく使い尽くすことが基本。木材は極端な言い方だが、化石資源と同じC,H,Oの成分を有する。しかし、木は多量の水分とリグニン、ヘミセルロース、セルロースの3成分で構成されている点が違う。そして石油由来の化成品を、木からも作れるが、水分の多さがコストに影響。木材から化成品を生産する際は、3成分を分離し、糖類の糖化や油脂の抽出、またはガス化で合成ガスを得ての化成品生産となる。バイオマス由来は、持続性、低炭素型生産となる。この石油とバイオマスの精製概念を図2－4に示す。

18) 山崎慶太：分水嶺の村 —岡山県西粟倉村のコモンズ—. グローカル環境政策研究論集, 神奈川大学グローカル環境政策研究所, 23〜38、2017

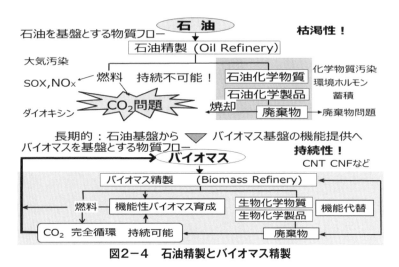

図2-4　石油精製とバイオマス精製

出所:バイオマスを物質資源ともする自律持続社会をめざして　迫田章義東京大学生産技術研究所教授　竹林加筆

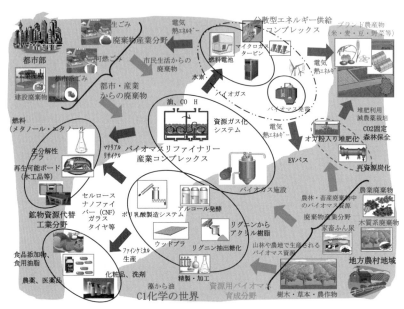

図2-5　近い将来の木材産業絵姿：バイオマス産業コンプレックス

出所:国際連合大学ゼロエミッションフォーラム会長　藤村宏幸　講演資料(2004年10月)より竹林加筆

図2-5に示すように、アルコール燃料、ファインケミカル、生分解性プラスチック、リグニンからは、アクリル樹脂なども生産できる。これまでに木は、建築、製紙パルプ、燃料として使われてきたが、さらに大きな世界が待ち受けている。荏原製作所は、それをバイオマス産業コンプレックスの社会と提唱した。

最近、バイオマス由来化成品の先頭を走るのは、注目のセルロース・ナノ・ファイバー（CNF）である。すでに大手製紙会社が取り組み、実証工場も稼働している。これは木質のセルロースから繊維を取り出し、直径を1～100ナノメーター（髪の毛の数分の一程度）とし、それを樹脂と成形し、車のボディー、バンパーで利用する。特徴は鋼鉄の5倍の強度、五分の一の軽さ、透明性が高くガラスとしても使える。すでに、京都大学とトヨタ自動車が共同で研究試作した車が走っている。これは軽く燃費も良く、温暖化対策にも大きく寄与する。

2.4 森の「恵み・人類・地球・そして持続可能性」

(1) 森の恵み、森林の生態系サービス・多面的機能

森林生態系の活動項目と、それぞれに対応する環境保全的効果を図2-6に示す。図中の各環境保全的効果の(a)～(e)は、各利用価値に対応する。森林は、樹木や食料、大気、動物の生息・消費や生物遺体を介した土壌、水循環を含めた生態系機能全体で、環境保全効果に寄与する。さらに、かつて森の民の日本人にとって、森は精神・文化、すなわち日本人のこころに影響を与えてきた。内山節によると[19]、山の神に守られた山（森）があり、そこから水神に守られた川がはじ

---

19) 内山節＋21世紀社会デザインセンター：内山節のローカリズム原論 新しい共同体をデザインする、農山村文化協会、50-64、2012

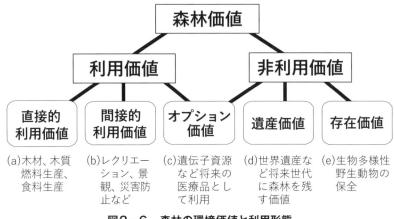

図2−6　森林の環境価値と利用形態

出所:山田[20]p.40より山崎作図

まり里に流れ、里の世界を支えている。日本の共同体は「自然と人間の共同体」で、進歩よりも永遠の循環を大事にする精神があった。神代の昔から、人は薪を拾い、水を汲み、食べ物を調達し、森からの恩恵を受けて生きてきた。

　ここで、森林環境管理学の山田容三[20]を参照して、森林の環境価値と利用形態について検証する。環境経済学では、森林の自然価値を、人間が利用できる利用価値と、それ以外の未利用価値に大きく二分している。利用価値は、さらに直接的利用価値、間接的利用価値、オプション価値の三つに分けられる。

　森林の直接的利用価値は、木材生産や木質燃料、木の実や山菜・キノコのように、消費可能な生産物として得られる価値での物質生産機能で、経済的評価が行われやすい。縄文時代までは、食料も木の実などの森の恵みに頼っていた。「動物の生息・消費」に起因する狩猟によるイノシシやシカなどの獲物も、直接的利用に含まれる。これらは、

<hr>

20) 山田容三：SDGs時代の森林管理の理念と技術　森林と人間の共生の道へ、昭和堂、40-43、2020

生態系から得られた生産物で、「供給サービス」に属する。20世紀前半までの社会では、建設資材や家具材、紙・道具の材料、燃料材などのほとんどは、森林資源であった。

　森林の間接的利用価値は、消費的価値はないが、費用便益分析での経済的評価による、保健・レクリエーション機能、水源涵養機能（水資源貯留）、土砂災害防止機能／土壌保全機能、気候緩和機能、景観、快適環境形成機能などである。この内の水源涵養機能、水土保全機能は、生態系プロセスの調節から得られた便益である、「調整サービス」に属する。また、レクリエーション機能は、精神的な質の向上・知的な発達・内省・娯楽・審美的経験を通し、人々が生態系から得る非物質的な便益である、「文化的サービス」に属する。

　将来の製薬材料としての可能性がある遺伝子資源は、研究対象として新種の生物種が存在する可能性があるといった、費用便益分析ができない経済価値、「オプション価値」とされている。これも、生態系サービスの中では、「供給サービス」に属する。

　一方、非利用価値は、遺産価値と存在価値の二つに分けられる。「遺産価値」は、将来の人間のためというよりも、人間も含めた地球上のすべての生物の生きる環境を、将来に向かって残すという意味の価値であり、世界遺産に指定されている貴重な森林や、森林の地球環境温暖化防止機能に該当する。それ以外の非利用価値として、人間が利用できる価値ではないが、存在そのものに価値を見出している、原生自然や野生動物のような存在そのものや、生物多様性保全機能は、「存在価値」として分類している。

(2) 森林をめぐる水・鉄（養分）の動き

　図2－7に、日本の森林の水循環における[21]、森林、土壌における水や養分のフローを示す。只木良也[22]によれば、森林に雨が降り

---

21) 山田国廣編：水の循環 地球・都市・生命をつなぐ "くらし革命"、藤原書店、100-128、2002

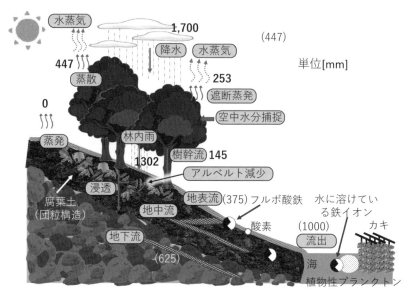

図2-7　森林をめぐる水・鉄（養分）の動き

出所:山田[21]p.121を山崎が改変作図

　始めてしばらくは、雨は葉や枝を濡らすだけで下には落ちず、樹冠部
の上では風速が大きく、葉や枝についた水はそのまま大気中へ蒸発す
る（空中水分捕捉）。これを遮断蒸発と称し、それは降水中および降
水後のぬれた樹体（葉・枝・幹）からの蒸発であり、さらに、雨が降
り続くと、葉や枝は水を保ちきれずに滴り落ちたり（林内雨）、枝か
ら幹を伝わったり（樹幹流）して地表に達する。森林の地表に達した
水は、地表を覆う落葉の層にまず吸収され、一部はそこから蒸発する
が、大半はやがて土の中へと浸透する。森林の土には、落葉が分解し
ながら有機物が土に混ざり合い蓄積することからできる、隙間が多く
柔らかく、いつも湿った土壌の団粒構造が発達して、雨水浸透性を高
めている。団粒構造を作ることで、土は植物が生きるための根の呼吸
を可能にすると同時に、植物に水を吸わせることができる。森の土の

22) 只木良也：森と人間の文化史、NHK出版、113-115、2010

中には、森林の多様な生きものの食物連鎖の底辺を支える土壌動物（ミミズ、ヨコエビ、ムカデなど）も豊富で、それらが活動してできた孔や、植物の根の腐ったあとの孔もたくさんあり水の浸透を助けている。水が抜けるからこそ空気が入る、つまり排水（水みち）があるからこそ呼吸ができるが、その一部で保水している[23]。

　土の中に浸透した水は、ゆっくり流れ、徐々に河川や、地下水へと流れていく。したがって、森林地帯では、降雨直後に河川流量が急増することがなく、逆に晴天が続いても渇水状態になりにくく、川の流量を緩慢に変動（平準化）させる効果を有する。また、林床に達した水は、さまざまな物質を含んでいるが、土壌中に保持され流動する間に、土壌コロイドとの間でイオン交換があり、植物にも吸収されるものもあるので、森林には水質浄化効果がある。裸地では、地中に浸透しきれない余分の雨水は地表面上を流れ、土壌は浸食され失われていく。それに対し、森林の土は、雨水によって徐々に湿潤になった後、地下水面が上昇し表土層に達すると、水は水みちを流れ始め、地下水面の上昇が抑制され、水面は地表に達することはめったにない[24]。森林の土は、水の貯留機能も高く、また土壌保全、土砂流出防止機能を有し、樹木の根が表層土を斜面につなぎ止めて「表層崩壊」を防ぎ、土石流のような土砂災害防止機能も持つ。以上から森林を伐採して土地を別用途化すると、その影響が連鎖し地形要素を変化させ、森林が多面的な機能を発揮できなくなり、土砂災害や渇水など、生態系や人類にも影響が跳ね返ってくることが分かる。

　一方、松永勝彦によれば[25]、大量の広葉樹からの落葉が蓄積する腐食土層は、微生物の活動によって次第に分解され、最終的に残る腐植物質中の水に溶けるフルボ酸は、鉄と結びつきコロイド状のフルボ酸鉄となり、森林地帯から河川を通じて海へ流れ込む。フルボ酸は植

23）久馬一剛：土の科学 いのちを育むパワーの秘密、PHP研究所、48-51、2010
24）近藤純正編著：水環境の気象学-地表面の水収支・熱収支、朝倉書店、12-17、1994
25）松永勝彦：森が消えれば海も死ぬ 陸と海を結ぶ生態学、講談社、75-76、2010

43

物の細胞膜まで鉄を運ぶ役割をしており、フルボ酸鉄は光合成生物に利用される鉄の供給源とみなせる。河口域や沿岸の植物プランクトンや海苔・昆布は、先に鉄を摂取することで、窒素、リンも取り込んで成長できるようになる。森林の土壌中のフルボ酸鉄や窒素、リン酸やカリウムなどの養分は、河口域や沿岸の植物プランクトンや海苔・昆布など海の生き物、海産物の栄養源となる。そこで近年は、多くの山で広葉樹を植える活動が続けられている。

　気仙沼の『森は海の恋人』[26] 著者畠山重篤らの漁師による植樹活動は、山に広葉樹の森林を生み出し、栄養豊富で豊かな海域を作り出した。青森県むつ市でも、養殖ホタテの良好な生育を願い、そして森林伐採に起因する泥流堆積による養殖被害を防ぐために、植樹活動を行っている[27]。

　熊崎実によると[28]、森林は水分や養分、光などの資源が海中より豊富で、これを巡り地球上の生態系の中で種間競争があり、少数の植物種が土地を占有するようなことは起こりにくい。さらに、森林には外部からの攪乱が常に加えられ、樹木の倒壊と再生が繰り返されている。団粒構造のように、森林の土壌には大量の有機物が蓄積されており、多くの生物にすみかと食料を提供し、かつ立体的であり丈の高い森林は垂直方向の層ができていて、それぞれが異なった生息条件を提供し、さまざまな動物が住み着くことができる。

2.5　水と炭酸ガスの地球循環と植林

(1) 水の循環

　森林においては、樹木体内を通る水が、水蒸気となって大気中へ放

---

26) 畠山重篤：森は海の恋人、文春文庫、文芸春秋、2006
27) 藻谷浩介 監修　Japan Times Satoyama 編：進化する里山資本主義、195-198、2020
28) 熊崎実：地球環境と森林、全国林業改良普及協会、134-135、1993

44　　第2章　日本の森林と森林資源の持続可能性

出蒸散するのに要する蒸発潜熱（潜熱：物質が温度を変えないで、その状態（気体, 液体, 固体）を変えるために吸収または放出する熱）は、森林が受ける太陽放射熱から取得し、地上を加熱することなく、水蒸気は上空に運ばれ、夏場の森の中がひんやりとする冷却効果が得られる（図2-7参照）。森林内では、気温が低く、風も弱い上に蒸散作用による外蒸気の供給により、林内の相対湿度は林外より高くなる。都市内や都市周辺に森林を配置すると、気温上昇の緩和と湿度維持の複合効果で、都市の温熱環境の緩和に貢献する[29]。

　海洋を主とする水圏から蒸発した水蒸気が大気中に広がり、やがて雨や雪となって降下して水圏に戻り、また地圏に達した降水はその地表を流れ、あるいは地中に浸透して移動し、水圏に戻っていく水循環を図2-8に示す（沖[30]を参照）。地球上空の大気中には海上、陸上合わせて13兆t/日の水（水蒸気）があるが、降雨（1.37兆t/日）により、約10日でなくなってしまい、蒸発によってその分が補給されるという水循環が繰り返されており、地球の生命は水循環によって生かされてきた（地球の平均降水量は1,000mm/年、大気中の水蒸気を水の厚さに換算すれば30mm）。水は、太陽エネルギーの入射によって暖められ蒸発し、宇宙で熱を排出した後、重力によって雨粒となって降雨して、川となって海へ流れ込む。森林（$4.0 \times 10^6 km^2$）は狭い面積で、草地・耕地（$6.1 \times 10^6 km^2$）と同じく、陸地からの蒸発水分の43%（陸地の降水量の26%）を占め（図2-8参照）、地圏と大気圏のあいだの水の循環に欠かせないと想定されている。

　樹木が密に生えた森林は、根が土中深くまで伸びているので、耕地や草地に比べて、大地から大量の水を吸い上げ大気中に放つ（葉面からの蒸散量）。それに遮断蒸発（4-2）を合わせた蒸発散量は、近藤純正らの「水環境の気象学」によると[24]、水面からの蒸発量の約

29) 山崎慶太・斉藤雅也・佐々木優二・宿谷昌則：屋外空間における放射温度の推定と放射エクセルギーに関する検討、日本建築学会環境系論文集、82、733、205-214、2017
30) 沖大幹：水危機ほんとうの話、27-31、2012

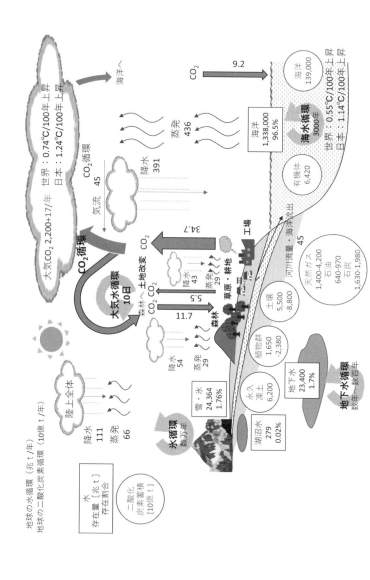

図2−8 水の循環（沖大幹[30] p.28より）と地球の二酸化炭素循環（global carbon cycle：Global Carbon Project参照）と100年間の平均気温、平均海水温上昇

出所：山崎作成

1.3倍と推定され、滋賀県南東部の実測では、1,795mm/年の降水量の内、蒸発散量は芝生での537mm/年に対して、森林は836mm/年で300mm/年多くなっているのが確認されている。図2－7と山田ら[21]を参照して、現状の日本の森林からの総蒸発量を概算してみる。日本の森林の現況は、約2,400万ha（**図2－2**参照）、森林からの年間蒸発量の平均値は、澤野らから[31]800mm/年と想定すると、1,920億㎥となり、これは、日本全体（約3,700万ha）の年間降水量6,350億㎥/年（平均降水量1,718mm）の約30%に相当する。これを、現状の「森林」蓄積量52億㎥で割り、1日当たりの蒸発量に換算すると、体積1㎥の樹木（スギ、ヒノキなどの針葉樹を高さ15.3m、太さは胸高直径が46.7cmの円錐でモデル化）から、約100ℓ/日の水が蒸発散すると概算できる。人体も、体積0.062㎥（体重60kg）で、摂取・排泄水分量は平均2.6ℓ/日であり[21]、生命が水循環によって生かされていることが分かる。

　太陽エネルギーを吸収した森林では、蒸発散作用などにより、水蒸気を含んだ大気は上昇し、上空では凝縮し雲をつくり、そのとき潜熱が放出される。雲粒子は成長すると、やがて雨や雪となって地上に降ってくる。このように、10日に1回の割合で水が交換される水循環に伴い、雨水は地表（森林含む）から熱を吸収して蒸発し水蒸気となって、エネルギーが大気へと運ばれている（水冷効果）。それに加えて、地表面では、それに接する水蒸気を含む大気が上昇気流となり、風が生じるので、地表面の熱が上空へ運ばれている（空冷機能）[32]。この水冷機能と空冷機能などによって、地表面に吸収される日射エネルギーの四分の一に相当する熱エネルギーが地表から大気へと運ばれた結果、地球上の気温は15℃に保たれている[33]。水冷効果は、空冷機能

31) 澤野真治・坪山良夫・堀田紀文・鈴木雅一・田中延亮：森林の蒸発散量を簡易な手法で広域推定する、森林総合研究所平成28年版研究成果選集、2016
32) 植田敦：「地球生態学」で暮らそう、ほたる出版、50-104、2009
33) 宿谷昌則編著：エクセルギーと環境の理論 ―流れ・環境のデザインとは何か―、井上書院、42-52、2010

の約3.4倍であり、地球の気候に水の循環が重要な役割を果たす[33]。

　森林は、上述のように、蒸発散によって地球の気温調整に寄与しているだけでなく、降水が地表や地中を経由して河川を通って海に注ぐ経路に関与するとともに、降水量にも関係している。

　日本に降る雨のもととなっている水蒸気は、ほとんどが太平洋や日本海の海面で蒸発した水蒸気が輸送されてくるもので、陸地で蒸発した水蒸気の割合はきわめて少ないことが分かっている。しかし、アマゾンのような内陸の森では、降る雨のおよそ半分は、その森林からの、蒸発散による水蒸気から生成した雲であることが分かっており、森林がなくなると、その場で蒸発散する水蒸気の量が減ることになり、降る雨の量に影響が及ぶ[34),35)]。蔵治によると[36]、森林を除去すると、降水量の減少量が、蒸発量のそれを上回った結果、河川に流出する水量は増えず、減ってしまう。5.5億haにも及び世界の森林面積の10%以上を占める世界最大の熱帯林アマゾンは、元の面積の15%がすでに消失したとされ、その伐採はグローバル・コモンズ、地球の水循環にも影響する。近藤らによれば[37]、陸面上の降水量と蒸発量の差（流出量＝P-E）の世界分布を見ると、流出量が小さいのは、降水量と蒸発量がほぼ等しいところで、砂漠や草地の地方に対応し、降水量が多く流出量の多い地方は森林の発達するところとおおよそ一致している。

　雨量の減少は、乾季の長期化にもつながり、森林が多雨林ではなくなり生態系への影響は大きく、火災の頻度と強度も高まる[35]。熱帯地域と亜熱帯地域における森林伐採により、蒸発散量は低下し、地表面の反射率も高くなることから、地域的降水量は減少している。

34) 社団法人日本林業技術協会企画・編集　中野秀章：森と水のサイエンス、東京書籍、14-15、1989
35) 熊崎実：地球環境と森林、全国林業改良普及協会、100-108、1993
36) 蔵治光一郎：森の「恵み」は幻想か　科学者が考える森と人の関係、48-49、2012
37) 近藤純正編著：水環境の気象学-地表面の水収支・熱収支、朝倉書店、312-318、1994

② 炭酸ガス循環と植林

　森林は成長過程において炭酸ガス蓄積量が増加し、CO_2 が森林に吸収・固定される。したがって老化し吸収力の衰えた森林を伐採収穫し、吸収力の大きい若い林に更新すると、CO_2 濃度低下に貢献できる。その時の収穫木材を、建物や家具として炭素貯蔵のまま長期間利用すれば、同様な貢献ができる（第6章6.3項参照）。

　木は成長につれ炭素貯蔵量は増加するが、十分成長すると、いわゆる極相林（成長し大きく変化しない平衡状態の林）のような状態に達した時点で、森林による CO_2 の吸収量と放出量が一致し、炭素貯蔵量は一定となる。現在の人工林の齢級別面積のピーク10〜12齢級（**図２−３**参照）では、4齢級の CO_2 吸収量の約三分の一に減衰していくとされている。

　地球の炭素循環（二酸化炭素換算）を**図２−８**に示す（The global-carbon cycle：Global-Carbon Project/www.globalcarbonproject.org/参照）。○の中の数字は炭素の貯蔵量であり、矢印の横の数字は1年間のフローである。大気中の二酸化炭素量は3.15兆 t、それに対して植物が光合成で使う二酸化炭素量は4,400億 t（図中では省略）で、光合成産物の一部は、樹木のような長命の生物相に向けられる。ここでかなりの期間炭素が蓄積されるが、その量は1.65兆〜2.38兆 t と見積もられている。また、別に永久凍土と土壌に蓄積される炭素はそれぞれ6.2兆 t、5.5兆〜8.8兆 t と見積もられている。枯死樹木は CO_2 を吐き出し分解されるが、植林により若い樹木が育ち、枯死した樹木からの CO_2 を吸収して成長することで、大気中の CO_2 は変化しない。しかし土地が改変されて、森林が伐採され放置されたままで、後継樹が育たなければ、排出されたまま吸収されない CO_2 は、森林が消失されるに従い大気中に放出され、そのうえ土壌に蓄積されている CO_2 まで、大気中へ放出されてしまう。

　森林伐採を含む土地の改変による CO_2 の排出量は、55億 t になっ

ている。一方、我々は二酸化炭素換算で 3.7 ～ 7.1 兆 t といわれる地中に埋まっている天然ガス、石油、石炭の化石燃料を掘り出して燃やし約 347 億 t、土地改変の 55 億 t、合わせて 1 年間で 403 億 t の CO_2 を排出している。逆に、海洋で 92 億 t、陸地・森林での 117 億 t、合わせて 209 億 t の炭素が吸収されるので、差し引き約 180 億 t（誤差 15 億 t）の CO_2 が 1 年間で大気中に滞留することになる。

Global-Carbon Project による 1959 ～ 2018 年までの各年の化石燃料・産業、土地改変（森林伐採含む）、それぞれの炭素排出量と海洋・森林による炭素吸収量、大気の炭素滞留量を、**図２−９**に示す（二酸化炭素換算）。最近の 10 年では、海洋・森林による二酸化炭素吸収量の内、森林は 60％ 近くを占める。化石燃料・産業による CO_2 排出量は、1960 年の 93 億 t から 2018 年には概ね 360 億 t と 4 倍に増加している。主に森林伐採による土地利用と土地改変に起因する CO_2 は、概ね 50 億 t で変動していないが、CO_2 排出量の内、1960 年代では 30％、1970 年代は 20％、2010 年代は 14％ と、地球全体での CO_2 放出量が増加しているにも関わらず、森林関連の排出量の比率は減少して

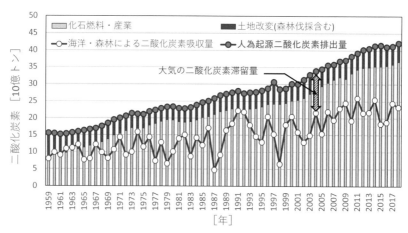

図２−９　Global-Carbon Projectによる地球の二酸化炭素排出量と二酸化炭素吸収量の推移（1959〜2018年）

出所:山崎作成

いる。よって、現在の CO_2 排出量の増大は、主に急激な経済成長による化石燃料・産業の排出量の急激な増加に起因していると、ここでは推定された。

③ 植林と森林システムの課題

ここまで地球の炭素循環を見てきた。それで炭酸ガスを吸収固定する世界の森林の面積はどうなっているのか？残念ながら依然として減少している。

国連食糧農業機関（FAO）の「世界森林資源評価（FRA）2020年」によれば、1990年に約42.4億haであった世界森林面積は、2020年までの30年間で約1億8,000万ha（日本の国土面積の約5倍）が減少した。世界の森林面積の54％はロシア、ブラジル、カナダ、米国、中国の5カ国で占められている。そしてロシア、ブラジル、カナダの上位3カ国は、生態系が守られている原生林11億haの6割を所有している。これらの国がどこまで、世界の公共財の森林資産を守り切れるのか。

それを世界の国々がさまざまな点で支援せねばならないのだ。世界の森林の炭素蓄積量は減少し続けている。今後各国も日本も、さらなる森林整備、植林を増やす必要がある。特に日本は、ロシアやブラジルと協調しながら、地球の温暖化阻止と生物多様性に配慮する世界的ソーシャル森林ビジネスを展開してはどうか。

第3章

エネルギーの現状と自立分散木質熱電併給システムの役割

化石燃料由来で70%強、森林、農地、都市での土地改変と農畜産業で20%強などの人為的な温暖化ガス急増により異常気象そして災害、コロナ禍を招いた。ジャーナリストのデイビッド・ウォレス・ウェルズの近著では、それを一言で『地球に住めなくなる日』と題し出版した。

　日本は森林文化を持つ森林資源大国で、森林エネルギー生産とその活用による温暖化対応と地域社会改革への一助となる道を記す。

3.1　エネルギーの変遷と社会

　人類は50万年前より落雷などの自然火災の火を使い始め、その火で猛獣から身を守り、暖を取り食料の煮炊き用とした。自ら火を作りだしたのは約15万年前、それから1960年頃まで家庭の熱エネルギーは木材に頼った。動力系エネルギーは、人間・馬・牛の筋肉エネルギーと風や水の自然エネルギーの利用であった。

　日本の1960年頃までの家庭は、薄暗い白熱電球が灯り、ラジオを聞く程度、暖房や煮炊き、風呂は薪炭が主流であった。その後家庭には手軽で手間暇の掛からない石炭コークス炉ガスが調理や風呂に使われ、さらにテレビ、洗濯機、冷蔵庫の普及とともに石炭火力と水力発電からの電気が家庭で多く使われ、さらに石油火力も加わり、薪炭から化石系へのエネルギー転換が急速に広まった。それは同時にモノの大量生産とモノとエネルギーの大量消費への幕開けでもあった。

　モノづくりでは、採集経済の縄文時代を経て弥生時代より国際日本文化センター安田喜憲元教授の唱える稲作漁労文明へと移り、ごく小規模な生産経済が出てきた。その活動では、低温焼成素焼き土器、銅鐸、銅鏡などが作られた。さらに、鉄による小刀、斧、大工道具の鑿などの鉄器生産も始まった。これらの道具の生産には火は欠かせず、その燃料収集のため徐々に森林伐採が始まり、薪炭生産は重要事業となった。ここまでは欧米と日本との大きな違いはなかった。

一方、欧州では麦と肉食主体の農耕狩猟時代では畑作と牧草地用のための森林開発が進み、その上銅精錬、レンガ生産、大型木造船や建築などへの木材、特にレバノン杉の過剰活用からメソポタミア文明などが滅びゆく歴史であった。人間の「森林破壊」が、黄河、エジプト、インダス、地中海などの文明を崩壊させたといっても良い。

　現代でも世界中の至る所で森林を破壊し、生態系を毀損させ、炭酸ガス吸収も危うくし、世界四大文明の末路と同じ運命を辿りつつある。

　1700年頃から鉄、紡績などの大量生産による産業が勃興し、その動力用蒸気機関の燃料に、木材と火力の強い石炭が使われ始めた。1760年頃からはエネルギー密度の高い石炭が主流となり、1900年代初頭のロンドンの空は暗くなり始め、1950年代には深刻な大気汚染へとつながった。1790年頃には灯りも蝋燭から石炭からの乾留ガスに、1880年頃には天然ガスのガス灯に切り替わり、その後はエジソンのタングステン電球による電灯に取って代わられた。その電灯は石炭火力発電所からの電気で賄われ、1830年代には人類最初の電気自動車も生まれた。

　因みに、現在のイギリスの一次エネルギーに占める石炭依存率は驚異的な3%にしか過ぎない。

　地表に滲み出した石油は昔から細々と利用されてきたが、液状で高熱量であることから米国で1860年頃から機械掘削による大量生産が始まった。石油と木の相違は枯渇性か持続性か、エネルギー密度が高いか低いか、水分のあるなしの差である木材は再生循環利用ができる素材であり、石油は空気の生産も、水の保全浄化もできない。もっと大きな差は全生態系の保全育成もできないことを記しておく。

　石油はランプ、産業用エネルギー、電気自動車から50年程遅れ大量生産のきっかけとなるT型フォード自動車の燃料用として、さらに1930年代よりは化学製品原料として大量に利用され始めた。

　天然ガス開発も進み、20世紀末から盛んに世界で活用されてきた。
日本の産業勃興は、鎖国時代が長く続いたことで、欧米から100年

程遅れての後追いの道を歩んだ。それ以降、現在まで、石炭、石油、そして1970年頃からCO_2排出量の少ない天然ガスと原子力発電も加わった。

21世紀に入り地球温暖化の加速と拡大により、ようやくカーボンネットゼロを目指した自然系と再生可能エネルギーが注目され始めた。

環境は重要といいながら、座礁資産の化石資源と環境の双方の有限性を無視し、現在も世界は化石資源を使用している。

数万年前から産業革命前夜までの間の「温暖化ガス排出量と土地、森林、海での吸収量はバランス」し、そのガス濃度は変動することなくほぼ一定の278ppmであった。

現在は驚くことに産業革命から1990年頃までの230年間の温暖化ガス排出量と1990年から2018年までのそれはほぼ同量で、温暖化ガス濃度は408ppmに達した。このわずか30年間の豊かで華やかな家電・自動車・通信による第2の文明開花と高度成長は喜ばしいが、それは急激な環境悪化をもたらし、ことに地球温暖化を考えるとその文明の持続性には疑問符が付く。

大量生産によるモノづくりと比例して、化石系エネルギーを大量消費し、それが枯渇、有限のものであることなど夢にも思わず人は過ごしてきた。これは牧草地を使い尽くしたら、また次へ行けば次があると無限に想定される「カウボーイ経済」といわれる社会行動様式だ。

温暖化ガスにより気象が異常、極端、危機、崩壊へと急速に変貌し、大災害への道を辿り始めている。

20世紀末には人類排出の炭酸ガスと温暖化は因果関係があると分かってきたがCO_2排出を削減もせず、外部不経済である温暖化ガスを今日も空へ大量にばら撒き散らしている。このような状況で温暖化を果たして人類は食い止めることができるのだろうか？第4次IPCC（気候変動に関する政府間パネル）報告（気象庁翻訳　技術要約）には、温室効果ガスは長寿命で化学的に安定しており、10年から数世紀或

いはそれ以上の時間スケールで大気中に存続するとある。数十年で空からCO$_2$は消失しないことより、一刻でも早く、省エネルギーと安価なCO$_2$フリーのエネルギー開発が求められる。

しかし世界は、環境が重要だと口先だけいうが、実体は経済が優先され、もがきも慌てふためいてもいないように見える。

日本のCO$_2$排出総量は世界第5位、1人当たり世界第4位、石炭火力のわずかな削減は行うようだが、新鋭となぞった石炭火力新設などによることから環境後進国の汚名も与えられた。

図3−1は紀元から2030年までの世界のエネルギー源の変遷とその消費量、また社会変化と人口の推移を示した。

人類のエネルギー史は大雑把だが、50万年間は木質燃料時代、1970年頃からは大量な化石燃料消費時代といえる。その次の時代は、カーボンネットゼロの自然・再生可能エネルギーに加え水素エネルギーが主力となろう。有限の化石燃料資源はいつまでも主流ではない。

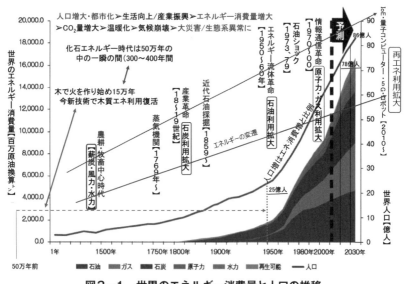

図3−1　世界のエネルギー消費量と人口の推移

出所:エネルギー白書　2013年版　世界のエネルギー消費量と人口の推移に竹林加筆

その可採年数はおおよそ「石炭 120 年、石油 60 年、天然ガス 60 年」だが、掘削技術の進歩により年数が延びても、たかだか 100 年だろう。

そして化石燃料の半分以上は座礁資産化し、金融界は化石燃料産業からダイベストメント（金融投資資産の引揚）となる。化石系エネルギーが主役の座を降りるのを 2050 年とすれば、化石系エネルギー時代は人類史の中の瞬きほどの約 300 年間に過ぎない。残念なことにその瞬きの間に地球は取り返しが付かないほど温暖化ガスに包み込まれた。

世界人口は現在約 78 億人、2050 年には 100 億人とされる。人口急増の開発途上国に目を向けると世界には電気の無い人々が 14 億人、木と乾糞を熱源とする 27 億人が存在し、その数は世界人口の 35％ を占めている。**表3-1** に見られるように、全世界の 2019 年発電電源構成は石炭が 36％ を占め、その次が自然エネルギーである。世界銀行基準の 1 人当たり国民総所得 GNI が 7,000＄ 以下の開発途上国は 120 もあり、その国々でも、炭酸ガスフリーのエネルギーも導入され始めてはいる。しかし彼らが先進国のような豊な生活を望み、当面の間安価で大量にある石炭を多用するのは必至で、温暖化ガス排出減少化にとり今後大きな課題が先進国に課せられ、いかに協調支援するかである。

安価な CO_2 フリーエネルギー技術が途上国へ普及するまでの期間、途上国は、石炭の利用を中止できるのだろうか？

表3-1　世界と主要地区の電源構成

年度	地域	自然エネルギー	化石系・原子力	石炭
2019年	世界	26.0%	37.6%	36.4%
	日本[*1]	18.5%	53.7%	27.8%
2020年第一四半期	世界	30.4%	31.5%	38.1%
	日本[*2]	23.1%	45.3%	31.6%
	欧州	44.8%	42.2%	13.0%
	米国	20.8%	60.6%	18.6%

出所:自然エネルギー財団2020年6月25日資料
*1環境エネルギー政策研究所2020年4月10日資料
*2自然エネルギー財団2020年9月25日資料　1月～6月

3.2 日本のエネルギー状況

　2018 年度の「エネルギー統計」でのエネルギー転換と最終消費の確定数値は、**表3－2**のとおりである。

　いつまでもエネルギーを海外に依存していてはリスクが大きいことは国民も承知していながら一向に改善していない。

　以下にエネルギーの実態を挙げる。

① 一次エネルギー国内供給：原油換算約 509 百万 kl

　輸入代金：平均約 17 ～ 20 兆円／年、エネルギー構成：化石燃料85.5％、原子力含めた非化石燃料：14.5％（政府発表の原子力はウラン鉱石を使うので、非化石とはいえないが）

② 一次エネルギー国内供給量を 10 とすると、その原料を使いやすいように加工転換する部門での損失（転換加工、送配電熱ロス等）によるものが 3、残り 7 が最終消費エネルギーであり、このロスをいかに少なくするか

③ 最終消費部門別概略内訳：家庭 15 ％、運輸 23 ％、企業・事業所62 ％

表3－2　2018年度総合エネルギー統計（エネルギーバランス）

単位:PJ(＝2.58万kL原油換算)

エネルギー転換 (一次エネ供給量)	19,728
電力生産量	3,430
熱生産量	882
燃料、ナフサ、ガソリン等産出品	8,816
転換、自家消費、送配等の損失	6,600
最終消費エネルギー	13,124
企業・事業所他	8,225
家庭	1,833
運輸	3,066

出所:資源エネルギー庁2020年4月14日発表資料　簡易表より

気になるのは家庭が前年度比約8%の消費減と努力しているが、企業・事業所他部門は2.1%減、運輸部門は1.2%減と削減幅が少ない

④最終エネルギー消費における「電気と熱の比率」は2017年エネルギー白書では家庭部門37%：63%、業務部門42%：58%、産業部門18%：62%である。最終エネルギー消費全体での概略電熱比は、電力40%：熱60%と電力より圧倒的に熱が多い。さらにこの電気には電力による冷房、暖房と給湯の熱生産が含まれ、この点を考えるとさらに熱が増える。

⑤その上、電力を生み出すために投入された一次エネルギー供給量の6割が損失、電力生産は4割である。

2MW（2,000kW）以上の木質蒸気火力発電は、発電効率18〜40%弱で、熱量は多すぎて捨てられる。それに対し小型の25〜450kWの熱電併給は、発電効率20〜30%と高く、熱（お湯）の使い勝手も良く、熱と電力併せ総エネルギー利用効率は70〜80%となり、木のエネルギーを十二分に使う。

なお、FIT制度において最近は数万から7.5万kWの木質火力発電所建設が盛んだが、それは燃料を膨大に必要とする。ケースにより100kmも離れた地区からの木質燃料調達どころか海外から安価なPKS（アブラヤシ核殻）や木質ペレットを輸入している。その量は何と合わせて2017年は約400万tにも及ぶ。この燃料のライフサイクルCO_2排出量は国内産木質燃料の約2倍以上であり、現地での環境、社会、労働、ガバナンス、食料競合などの観点や合法性も含めて大きな課題がある。

　表3−3はエネルギー関連数値を示す。化石燃料依存率は約86%であり、逆に自給率は世界で34位の11.8%と大変低い。エネルギーセキュリティーリスクを低減するには、今後再生可能エネルギーと未活用エネルギーの廃棄物発電などの比率を高め自給率を上げなくてはいけない。日本の現在の総発電設備容量は約300GW弱（30億kW）、

年間の発電電力量は 1 兆 kWh である。

　これからは、自然エネルギーと熱電併給利用を増やしてエネルギーグローバルサプライチェーンの軛（くびき）から外れる努力が要る。

　また、表の電力 CO_2 原単位（使用端）は 2015 年度の 0.531kg-CO_2/kWh から約 10% 近くも確実に低下し、実質 GDP 1 億円当たりに要する一次エネルギー量も 10 年前より約 800GJ（原油約 2 万 L）も低減しており一部の産業界の努力も見られ、その技術を世界に啓発普及させることも重要である。しかし、まだ地球温暖化ガス排出量を 2050 年に 2.8 億 t まで削減するとした重い命題がのしかかっていることも肝に銘じなければいけない。

　政府はエネルギー転換に触れ、「S + 3E」というスローガンを出している。エネルギーの安全性（Safety）を土台とし、その上に安定供給（Energy security）、経済性（Economic efficiency）、環境（Environment）の三つがポイントとしている。この構図の達成にはまだ長い時間を要する。安全という面では、自然大災害とテロなどによる原子力発電所と大型火力発電所事故対応策をどうしていくのか。

　2018 年の北海道胆振東部地震による大型火力発電所被災による 9 日間のブラックアウトで、約 300 万戸の大規模停電が発生した。

　エネルギーの安定調達と供給では、未だに石炭、天然ガスを主とし

表3-3　2018年度エネルギー関連数値

単位:GJ（=25.8L原油換算）

発電電力量	1兆512億kWh
非化石燃料率（原子力を含む）	14.5%
エネルギー自給率	11.8%
化石燃料依存率	85.8%
エネルギ起源CO_2排出量	10.6億t
電力CO_2原単位（使用端）	0.49kg-CO_2/kWh
実質GDP当たり一次エネルギー国内供給	3,697GJ（約95.4kL）/億円
一人当たり一次エネルギー国内供給	155GJ（約4kL）/人

出所:種々資料より竹林作成

た化石エネルギー依存率の高さに驚く。特にCO_2排出量の多い石炭火力をどうフェードアウトさせていくのか。経済や地域紛争、戦争により化石燃料の輸入が途絶えることも考えられ、また1970年代の二度にわたるオイルショックによる石油高騰騒ぎと同じ事態も想定され、継続的エネルギー安定供給確保とは程遠いありさまだ。

　大型木質火力発電は低炭素型発電（この点もCO_2排出係数が高く検証が必要）といわれるが、PKS、海外産木質チップ、ペレットなどが膨大に輸入使用されている。これは化石燃料輸入と同様といえる。

　こう見ると現状は、バランスの悪い危うい構図のエネルギー「S＋3E」である。

　また、政府発表の未来を見据えたという第5次エネルギー基本計画では、2030年度の目標では、「自給率は25％に、電力コストは現状より引き下げ、温室効果ガス削減は欧米に遜色ない数値」にとある。しかし思い切った大きな数値にはなっていない。人類の存亡に関わるにもかかわらず、表面的で書きようもどこか他人事のように感じる。目標数値はもっと意欲的なものでありたい。

　図３－２のエネルギーミックス2030年度達成目標では、一次エネルギー供給は「化石全体で76％、原子力は11～10％、再エネは13～14％」とされ、その電源構成は「火力全体56％、原子力22～20％、再エネ22～24％」である。驚くほど再エネは低い。しかしこ

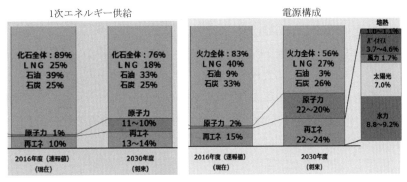

図３－２　2030年エネルギーミックス目標数値

こに来て、政府も民間力を使い再生可能電源導入比率の上限枠を外すと同時に主力電源化と定め、可能な限り導入を進める方向転換方針を示しだした。

　この原子力の数字も世論などを見る限り、すでに達成には首を傾ける向きも多い。また温暖化ガス削減目標は、2013年比で2030年26%減、2050年には80%削減を目指す戦略的取り組みとあり、以前の数字への上乗せはなく、各国は失望と批判を寄せた。開発途上国他は先進国日本がそうなら「目標を強化しなくとも良い」と思わせたからだ。

　この政府対応に対し、経済同友会はすでに2030年時点のエネルギーミックスにおける再生可能エネルギーの電源構成比率を40%に拡大すべきとした提言、さらにカーボンプライシングに反対していないと公表している。

　日本政府の施策はどこを見ているのだろうか？日本の2021年の第6次基本計画ではどのような数値が示されるのか期待したい。

　電力では100%自然エネルギー達成を目標に掲げる国は65カ国、自治体では250を超えた。EUでは2030年温暖化ガス50%削減、2050年100%ネットゼロを掲げている。これら数値も、確実に実行されるものか大いに不安である。

　今は、常在戦場どころか脱温暖化を本気で始めようとする時、これまでの実現可能そうに思える数字の積み上げ程度では、臍を噛む。地球温暖化を食い止め、平均気温上昇を1.5℃以内を実現するには、強力な省庁横断的な独立専門総合部局が必要だ。ここが迅速、きめ細かな総合的な戦略と実戦指揮をとることが重要ではないか。そこで得られたソフト、ハードは大きな社会的、経済的な希望をもたらすと考える。世界経済フォーラム発表の2020年度クリーンエネルギー転換指数（ETI）調査では、日本は115カ国中22位で、技術の迅速な開発展開へ投資をと促している。

3.3 温暖化に対する社会改革の兆し

　今では、世界の太陽光や風力発電などの発電単価は2〜7円/kWhとなり、あと30年もすると水素エネルギーも安価となり、化石系と原子力はマイナーへと変わる。そして大手電力会社も、再生可能エネルギー導入に取り組み、地域新電力にも参入し始めている。一方政策にも促され、送配電分離、送電線系統連系の見直し、拡大などもスタートした。

　また、DX化（デジタルトランスフォーメーション：データとAIやITによって社会、生活、産業の質を高める）、量子コンピューター、5G、ロボットなどを総動員する政府推進のSociety5.0（人間の情報共有社会を称し、Society1.0は狩猟社会を指す）という時代に入った。大幅省エネルギーと賢いエネルギー利用によるまちづくり、「スマートコミュニティ、スマートシティ」など、ハードとソフトを組み合わせ、地域運営を効率的に行う時代となりつつある。前項での悲観的事柄に多少の光明を見出す事例がある。すでに富士山の麓の静岡県裾野地区でトヨタ自動車がCASE（自動車業界の造語C＝コネクテッド：つながる、A＝オートノマス：自動運転、S＝シェアード：共有、E＝エレクトリック：電動化、を指す）実証として2,000戸の木造住宅を建設し、自動運転のEV、EVバスの走行、AI・IoT・ICTと分散型自然エネルギーを組み合わせたスマートなまちづくり建設を表明している。

　コロナ禍が契機となり、企業も人も過密な大都市を離れテレワークが進むだろう。そうなると、加速度的に生活の質の高い地方へと働き手も移っていく。その選択は、ICTなどの充実と化石燃料に依存しない、蓄電システムとマイクログリッド（ユーザーを中心としたインターネットとエネルギーの一体化した地域送電網）、できれば熱導管も敷設された共同溝などがある地域で、しかも防災、CASEなどのしっ

かりした公共財があり、地域文化も感ぜられる生き活きとした地域を選ぶだろう。

　日本は人口減少が急速で高齢化社会となり、現在（2020年）の人口1億2,600万人は、2050年には総務省推計値では9,515万人と26%減少となる。国も地方も税収は減り、公共サービスもままならない事態も生ずる。それに少しでも耐えうるしくみづくりができるためには自然資源、特に森林資源を保有する地方が生き延びることと考える。国は今後も産業が拡大し、産業用エネルギーが経済拡大と併せ増えるとしているが、いっそうの省エネとエネルギー革新、人口減、ビジネスと社会システムの変化などにより、エネルギー消費量は現在より格段と減るのではないか。

　その一端を建築系で見ると、ZEH（ゼッチ）・ZEB（ゼブ）、これはネット・ゼロ・エネルギーの家やビルという「壁の断熱性能等を大幅に向上させ、高効率なエネルギーシステムの導入により、室内環境の質を維持しつつ大幅な省エネルギーを実現し、併せて再生可能エネルギーを大幅導入することにより、年間の一次エネルギー消費量の収支がゼロとなることを目指した」建設導入により、エネルギー使用量は大幅に減る。

　早くには、小田原の蒲鉾製造業「鈴廣」がZEBによる木を贅沢に使った本社ビルを建設した。ここにはエネルギー管理システム（BEMS）も導入し、一般ビルと比べ一次エネルギー削減率60%を達成した。

　さらに先進企業は世界的RE100プロジェクトに加盟している。これは、事業活動で生じる環境負荷を低減させるために設立された国際的な環境イニシアティブであり、「企業活動の必要エネルギーを100%再生可能なエネルギーで賄う」（Renewable Energy 100%：RE100）ことを、8項目の基準を満たした上で達成目標年度を決め国際的に宣言し、実行するものである。残念ながら、その100%は電気を指している。エネルギーの6割を占める熱が置き去りでは、中途半端なもので、電気、熱、運輸関連のすべてを自然または再生可能エネ

ルギーで賄わなければいけない。

　それでも宣言した企業数は 2021 年 2 月時点で世界では約 300 社を超え、日本は 50 社となった。日本で最初に宣言したリコーを始め、ソニー、パナソニック、イオン、大和ハウス工業、循環事業業界初のエンビプロ・ホールディングスなどが名乗りをあげている。驚くことに大和ハウス工業などは 2040 年に全使用電力を再エネで賄うと宣言している。すでに電力を 100%再エネ利用とし、その炭酸ガスフリーを達成した企業は、マイクロソフト、アップルなどで、世界でのその企業数は 30 社を超えている。アップルは全世界での店舗を含めたすべてであり、サプライチェーンの関係企業へも強く RE100 を要求し、全サプライチェーンでの達成も近い。

　NTT グループや大和ハウス工業などは「2040 年にはエネルギー効率を倍増させる Energy Productivity100（EP100）の達成」イニシアティブにも参加宣言している。

　企業はこのような宣言をし、先端企業が世界各地で、地球温暖化にブレーキを掛け始めた。徹底した省エネルギー、再生可能エネルギー導入による脱炭素化は、企業にとり削減分は即利益となり利益率改善となる。このような取り組みと、まち全体のエネルギー量の削減化への取り組みが広がると、世界のエネルギー総使用量が大幅に減り、温暖化を食い止めることができる兆しが見えてくる。これで得たノウハウとハードを合わせて開発途上国へ早く供与せねばならない。

3.4　自立・分散木質ガス化熱電併給の役割

　ここでは今すぐ地方創成において具体的に取り組むことが可能な木質自立分散エネルギーについて述べる。

　環境を損なうことなく森林を使い、持続利用可能な小規模木質熱電併給設備、木質ボイラーによりエネルギーを創出し、まちで活用し尽くすことが鍵である。エネルギーを燃料の形で貯蔵し輸送が可能な「木

質燃料生産」、24時間稼働し負荷変動なく、災害に対応可能な「お湯と電気の供給」を行えるこの設備は社会基盤と考える。これは、太陽光や風力にはない特徴である。施設は暮らしと産業、まちづくりに寄与し、地域振興となる基礎インフラともなる。

そうなると、まず木質燃料の確保が事業の成否に大きく影響する。そこで科学的な木の植栽、育林、高度情報機械化による路網整備と伐採搬出などにより、持続再生利用可能な森に変えていく。また、耕作放棄地などへ早生樹を植え、活用サイクルを短縮するなどの労働力と資本投下がポイントとなる。

このエネルギー事業は、昔の薪炭技術ではなく、現代にふさわしい木を蒸し焼きにして燃料ガスを回収し、そのガスでエンジン駆動発電する。建築、家具、紙、新構造部材は当然、また地域によるが近い将来のCNF（セルロースナノファイバー）などの新素材化などと併せて「森林の復活と一大林業クラスター」が形成される時代がみえてくる。

例えば、水分を10％程度にした木材チップやペレット燃料を、時間当たり45kg（8,000時間、約330日稼働で約360t／年、原木では720t／年程度、日量では約2.3t／日、これは約16〜23本／日の木に相当）を使い、50kWの発電と熱量120kW（ガスとエンジンの冷却熱交換で得られる85℃内外のお湯、60℃の温水なら時間当たり約2㎥生産可能）程度を生み出す設備がある。

これはコンテナーに収まり、付帯設備含め設置面積は200㎡以下であり、これが量産化されると約4,000万円以下と推定される。数台連結でも、自立分散システムとしても、さまざまな活用が図れる。ただし、採算を良くし、木のエネルギーをすべて利用し尽くすという点では熱と電気の使い切りが必須である。

生産した電気と熱を使い切るモデルを**図3−3**に示す。

電気は低圧の50kW以下であれば、全国どこでも10電力会社が兼営の送配電事業者へ接続申請し接続可能である。あるいは、費用が発

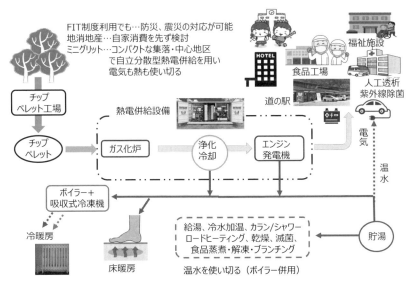

図3−3　木からエネルギーをつくると何ができるか？

出所:竹林作成

生するが、民間企業、組合、自治体等が自営線を設け、地域内で自由に使う。この場合は蓄電池を設けるか、電気自動車を移動式蓄電池としても使う。

　また、電力は地消する以外に、都市の RE100 を望む企業や自治体へ売電し、地域外より資金を回収する方策などもある。

　熱の利用は 60℃ 前後のお湯に調節して、風呂、カランやシャワー、または床暖房で使うか、お湯を吸収式冷凍設備で熱交換し冷房や暖房としても活用できる。熱利用では、木材乾燥や食品工場で野菜をブランチング（水分の多い野菜などをさっと茹で、加熱し、その後すぐ冷やす）し冷蔵保存することや寒冷地区であれば、高温で利用した後の低い温水で駐車場や道路のヒーティングも行える。ガラス温室では、電気、炭酸ガス、冷暖熱利用のトリジェネもある。

　利用先は製材会社、温浴施設、食品会社、お湯を多く使う病院、福祉施設などが良い。災害列島であるから、防災減災の観点から、公共施設関連へ多く設置すると、平時も非常時も利用できる。

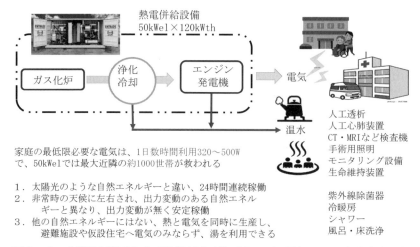

熱電併給設備
50kWel×120kWth

ガス化炉 → 浄化冷却 → エンジン発電機 → 電気

温水

人工透析
人工心肺装置
CT・MRIなど検査機
手術用照明
モニタリング設備
生命維持装置

紫外線除菌器
冷暖房
シャワー
風呂・床洗浄

家庭の最低限必要な電気は、1日数時間利用320〜500W
で、50kWelでは最大近隣の約1000世帯が救われる

1．太陽光のような自然エネルギーと違い、24時間連続稼働
2．非常時の天候に左右され、出力変動のある自然エネル
　　ギーと異なり、出力変動が無く安定稼働
3．他の自然エネルギーにはない、熱と電気を同時に生産し、
　　避難施設や仮設住宅へ電気のみならず、湯を利用できる

図3−4　木質熱電併給による防災対応（熱120kWと　電気50kWを生産する熱電併給の例）出所:竹林作成

　例えば、**図3−4**のように、病院に1台あれば、ブラックアウトになっても昼夜問わずお湯も電気も使え、電気は、CT、MRI、そして人工透析、人工呼吸器、人工心肺装置用など診断、治療用などの医療機器への供給活用できる。冷蔵庫で利用するなら、さまざまな品物を腐敗から守ることが可能である。

　多くの地方自治体では、森林面積が自治体総面積の半分を占め、木材から創った電気でEVバスも走らせ、病院、通学用とすることもできる。熱と電気を同時に生産する設備は、第10章に述べているスマートシティ、マイクロスマートコミュニティなどにおける中核設備となる。

　大型木質発電の場合は残念ながら膨大な熱が出るが、多すぎて熱利用ができず、木のエネルギーの60％以上を捨てている。

　次に一歩進めると、ご当地市民電力会社の立ち上げである。街路灯へセンサーや防犯カメラを附設し、それらをネットワーク化することで幼児や高齢者の見守り、道路の状況把握と管制、河川増水広報などの公的事業も視野に入る。道の駅などへEV充電器を設置し、EVデ

マンドミニバスや EV スクールバスに切り替え、市民への電気自動車の普及の一助とすることもできる。また、熱電併給設備と小水力・太陽光発電などの自然エネルギーとも組み合わせ、地域内に自営電線を引き、オフグリット（電力会社の送電網に接続していない状態、電力会社に頼らず電力を自給自足する状態）化し、さらに地域電力マネージメントセンターを設けると自立分散コミュニティ形成ともなる。

　環境省は、自治体の多くは地域内総生産の約 5 ～ 15% が地域外へエネルギー代金として流出と発表。小田原市では 300 億円、水俣市 86 億円、両市とも約 8% となる。市民が汗水たらし働いて得たお金が 20 兆円内外もエネルギー産出国へ流出している。域内の材木でエネルギー生産するなら、その事業収益のある程度は地域に残り、お金が地域内を何回転かするのである。つまり都市集中経営から地域循環経営へマネーフローを戻すことが肝要である。

　実際、京都大学と日立京大ラボは 2019 年に宮崎県高原町で太陽光発電と小水力発電を設置し「域内自然エネルギー自給率と地域経済循環率」を実験評価した。町内需要すべてを既存の電力供給による場合と電力自給率 95% の自然エネルギーによる場合を比較すると、地域内経済循環率は 7.7 倍向上し、持続可能性比率が高まると発表している。

　木質ガス化熱電併給は、温水と電気を同時にいつでもどこでも安定的に供給可能となり、暮らし、商店、農業、水産やものづくり、交通などの場へ安心と安全を届け、地域経済の損失を減らし、地域社会を活性化させ、産業活動を励まし振興することが可能となる。高齢化社会となり、特に病院や社会福祉施設での太陽光発電、EV、蓄電池などと複合的に熱電併給設備の設置活用が望まれる。

　ここで、エネルギーの生産と消費一体型地域での自立分散木質熱電併給技術と導入に当たっての特徴を記しておく。

・利点

①天候次第の自然エネルギーと異なり、出力変動がなく安定稼働

②計画的に稼働と停止が行える調整電源、かつベース電源となる

③ボイラーと異なり、熱と電気を同時に供給し高いエネルギー効率

④常用兼非常時対応稼働が可能

⑤化石系火力発電に比べ大幅に CO_2 排出量が少なく、その環境価値の商品化（炭素税、カーボンプライシングなどによる）

⑥熱利用の多い医療福祉系、温浴施設や地域産業への設置が効果的で運転管理は無人に近い

⑦多面的効用と、サプライチェーンの両面から地域が豊かとなる

・欠点

①日本は小型ガス化炉技術開発が遅れ、製造者も少なく認知度が低い

②そのため輸入に頼り設備費が高い。国産機種は2機種しかなく、輸入機種が多い。そのため、部品調達、大事故の際は長い稼働停止となる場合もある。

③燃料が必要、かつ燃料費が高い。無限で燃料不要の自然エネルギーと違い、木質燃料代は海外と比較し1.5〜2倍で、それが運転経費の6、7割前後を占め大きな負担となっている

④小型ガス化炉特有の炉内清掃が4週間程度に1回、1名で約1日要する

⑤日本は熱利用が限定的で特徴を活かしていない

⑥条件が整わないと経営はすぐ赤字になりやすい

 # 3.5 分散木質ガス化熱電併給の便益

　ここで、熱電併給システムの地域導入による便益について述べる。その前に意義と便益、経費（コスト）と利潤をまず考える。

　意義は、価値があるかないかであり、木質ガス化熱電併給は大きな

価値を生ずる。その導入が、豊富にある森林を整備し生物多様性管理維持へとつながり、地域全体の環境の価値を高めていく。同時に、この地域の生活の質の向上や産業の振興、経済効用を増し、地域循環経済圏の輪を大きくし地域全体の価値向上へとつながっていく。これが便益といえる。

　経費と利益は、設備投資、運営維持管理面の経済面から考え、総売上から、経費を差し引いたものが利益といえる。一般的に、多くの人には重要なことだが、儲かるか損するかの金銭的な意味合いしかない。

　このように「特定の人や企業」に金銭的利益をもたらしたか否かではなく、便益は、意義の観点よりももっと広く「多くの地域住民全体」へ環境的、倫理的、あるいは共通、公的な恩恵や公平な公的利益などをもたらす広い視点でとらえられる。

　また便益は、その質「大気と水の環境保全性」と量「自然資本量、資源再生循環量」と「社会資本と安全安心性」を考え合わせての重い概念ともいえる。

　京都大学植田和宏教授は、筆者が在席していた2003年の国連大学ゼロエミッションフォーラムで、「便益は貨幣価値に換算されない、価格の付かない、あるいは価格だけの動きだけでは十分把握できない環境側面や自然資源というものの価値を表している」と話された。

　木質エネルギー事業が多くの便益を生むなら、事業での多少の損失は便益が補ってあまりあると考えられる。この点については第8章の群馬県上野村事例、第10章のドイツ・シュタットベルケでの事業を参考にしていただきたい。また、条件付きだが、山林、農業でのベーシックインカム（最低限所得保障の一種）制度の討議も必要と考える。

　木質エネルギー施設導入による便益について「直接的な便益と地域における便益」について整理してみた。

・**直接的便益**（金銭的価値が見えやすい）

１．CO_2 削減による温暖化防止、例えば 5,000 円 /CO_2t 売買

２．化石燃料輸入費削減となり、その金は何回転かし地域内経済効果

を生む。併せて輸入依存度を低減し、エネルギーリスク分散となる（この10年ほどの平均輸入額は約20兆円）

3．地域エネルギーにより自給率が向上し、エネルギー自立化へとつながる

4．建設、工事費用の一部は地域に還流し、地域内経済に貢献

5．施設導入により、雇用も増える

6．地域新電力企業、共同組合も設立され、ニュー・コモンズ、ドイツのシュタットベルケ的経営運営も可能で、新事業展開も可能

・**地域便益**（安全と安心を提供、多面的効用を生む）

1．域内木質資源のビジネスチェーン最下流のエネルギー事業化は、山林業務、燃料生産、熱電併給設備建設工事、運転維持管理などで、多くの地域の人と企業がつながり、良好な関係性が生まれ地域力が向上し、企業の価値と評判を上げ、それが更に地域を育て持続性につながる

2．金額の多寡に依らず住民も出資し、「地域エネルギー経営」に参加し、住民と企業と自治体、地域金融との連携連帯が生じ、中央資本ではなく、地域の資金でエネルギーを自らの手にし、自分達で地域を変えようという一体感やオーナーシップが生まれる

3．高齢の小規模山林所有者も、月数回の伐採、軽トラで搬出運搬作業などが健康にも良く、わずかながら酒代なり孫への小遣賃を手にし、域内消費も増え、あるいは地域通貨によるモノとお金の循環となる

4．この設備を通し、住民と企業が地球温暖化問題へ関心を強め、省エネ、CO_2削減、自然環境保全に取り組む行動変容へ

5．木質熱電併給導入は、マイクログリッドの形成、スマートコミュニティ構築の中核設備となり、地域全体へ恩恵、公益をもたらす

6．災害時には、オフグリットでの電力供給と温水利用が行え、地域レジリエンス（強靱性、回復力）を高める。

森林では、用材、燃料用など木の伐採搬出植栽をする他、AI、IoT

などで高度な森林整備維持管理を行うことにより、
1．森林セラピー、観光資源化活用が行え、広く域内の方々の健康を少しでも向上させ
2．併せて、生物の多様性を保全し、人と自然の共生が進み、生態系サービスの増大と持続可能性へつながる
3．さらに昔からいわれている、治山治水にも当然寄与し、空気の浄化、水の保水浄化が行える

　地域内木質資源を地域が活用するという昔から行われてきたコモンズが、1960年頃に木材から化石燃料への大転換、グローバル化などで急激に途絶えた。しかし、これまでの外部から買うものだったエネルギーを今また、木質のボイラーや熱電併給という新しい技術により市民が、自分でエネルギーを「グリップ、ハンドリング」し、エネルギーの自立化を図り、新しい脱炭素化コモンズを目指す時代だ。
　また地内資源は地域内で役立てるのが合理的といえ、地産地消へのパラダイムシフトが望まれる。
　この熱電併給システムは、道路や水道、橋と同様の公共施設、公共財、公共インフラといえ、単に木材を燃料とした熱と電力供給に止まらず、自然資本の活用による「地域エネルギー経営」というまちづくり中核システムとしての大きな役割がある。
　森林は循環再生利用可能な社会資本、自然資本であり、森林こそ社会のあらゆる場面で活用、重要な位置を占めるだろう。

第4章

自立分散木質
熱電併給システム
～技術・燃料・
運転・保守～

木質バイオマス燃料による熱電併給は、分散型エネルギー供給システムを普及させるためには非常に重要なシステムである。現在の日本では、熱と電気ではそのエネルギーとしての価値が異なる。熱は利用方法や需要先とのマッチングなどと導入には制限があるが、電気はいつでもどこでも容易に使え、あらゆる用途に接続利用が可能である。

　第3章で取りあげた「いまなぜ木質熱電併給の活用か」を受け、その技術を十二分に活用するために必要な情報を以下にまとめた。

🌲 4.1　木質ガス化発電の種類と特長

　現在実用化され、販売されている木質発電設備は、大きく分けて直接燃焼発電とガス化発電の2種類である。直接燃焼発電は木質ボイラーで蒸気を発生させ、その圧力を利用してタービンを回し、その回転力で発電機により電力を得る。ガス化発電はガス化炉で木から可燃性ガスを得て、発生ガス中の不純物（粉塵・飛灰・タールなど）を除去し、得られた生成ガスでエンジンを駆動し発電機を回して電力を得る。

　2方式の大きな違いは、①所内動力量、②エネルギー効率、③熱利用の可能性である。

　①所内動力とは、設備稼働のためのファンやモーターの駆動に消費する電力を指す。ガス化発電は所内動力比率5％程度に対して、直接燃焼発電では15〜30％とガス化発電の3倍以上にもなる。従い仮に発電端効率が同じ25％でも、送電端効率はガス化発電で約24％、直接燃焼発電は17〜21％と送電時に大きな差となる。

　②次に**図4−1**にそれぞれの発電効率（バイオマスの持つ熱量に対して得られる電力の比率）を示す。25〜400kWの小型ガス化発電ではその規模に関わらず、ガスというエネルギーの質が高い化学エネルギーを利用することから約20〜30％の高効率となる。直接燃焼発電では規模が小さくなるとエネルギー的に質の悪い熱エネルギー利用の

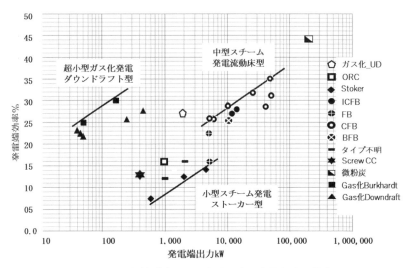

図4−1　木質バイオマス発電　発電容量と発電効率

出所：小野コンサルティング事務所　小野春明氏作成提供資料を掲載の日刊工業新聞2016年発刊「木質バイオマスエネルギー」132頁図５に数社ガス化炉データーを竹林加筆

ため著しく効率が低下する。100 〜 2,000kW 発電規模では５〜 18％、5,000 〜数万 kW の中大規模発電は年間 10 万㎥の燃料を要してようやく 25 〜 35％の効率である。この違いによって、2,000kW 以上の規模では直接燃焼発電、500kW 以下の小規模はガス化発電という市場仕分けが進んでいる。近年では、ガス化発電を複数台連結することで 2,000kW 規模の導入も進められている。

　③熱利用面では中大規模に対応可能な熱需要市場はなく、発電だけのため燃料を無駄にし、大量の熱を大気放出している。それに対し小型木質ガス化発電は、90℃内外の温水熱と電力の双方を同時に供給可能で、幅広い熱需要に対して供給が可能である。近年は政府より熱電併給設備導入の際には、熱利用設備の熱需要量に応じた発電規模の検討導入を強く要請され始めている。

　熱電併給の適正出力規模を探るため、**表4−1**によるボイラー種類別の平均出力規模の導入状況から適正規模想定を行った。木屑焚きボ

表4-1　ボイラー種類別平均出力規模

	総数	ボイラーの種類				
		木屑焚き	ペレット	薪	オガ粉	その他
平均出力規模（単位：kW）	2,685	3,233	223	137	1,111	41,372

出所：林野庁「平成30年度木質バイオマスエネルギー利用動向調査　全国集計表」

イラーが最も出力規模が大きいが、これらは製材屑が大量に発生する
工場で、木材乾燥など製材工程で必要となる蒸気を発生させている
ケースが主である。この中にはチップボイラーによる温水供給も含ま
れているが、ここからはその規模は読み取れない。ペレットや薪につ
いては温浴施設など温水による熱供給を行っている事例が主であると
考えられる。

　図4-2に木質ボイラーの規模と件数に関する動向調査の結果を
示す。ここから最も多く導入されている熱容量は100〜199kW規模
であり、499kW以下の導入が70%弱となっている。工場などの熱需
要への木質ボイラー導入は経済性が良くすでに活用され、今後の導入
が期待される規模はこの499kW以下の熱需要規模であると考えられ

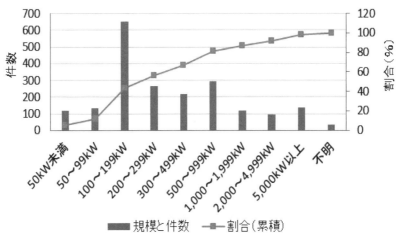

図4-2　バイオマスボイラーの規模と件数

出所：林野庁「平成30年度木質バイオマスエネルギー利用動向調査」より

る。2,000kWの直接燃焼発電ですら発生する熱は4,000kW以上となり、これだけの熱を消費する需要も少なく、またその設備規模も大きく、広い設置面積も必要となる。これに対してガス化による熱電併給設備の規模は25kW発電からで、その場合は50kW程度の熱（発電出力のおおよそ2倍）が発生する。また熱電併給で導入されている発電規模は、1台当たり25・40・45・50・150・165・400kWなど、その規模はさまざまである。電気と熱の双方を利用し尽し、エネルギー利用効率を高める観点から、小型の「自立分散木質熱電併給システム」の導入は重要である。

　温室効果ガス削減効果は、LNG火力発電と比べて、5,000kW直接燃焼方式で60％減、大型の数万kWで73％減に留まる。対して総合利用効率75％以上の小型ガス化熱電供給ではCO_2 90％減で、太陽光発電（事業用5MW）など他の再生可能エネルギーと遜色のない削減効果が見込め、集材範囲が50km前後に収まるケースが多く、輸送に伴う化石燃料の消費も小さい。太陽光発電との比較においては、木質ガス化発電と同等の年間発電電力量を確保しようとすると、太陽光発電では木質ガス化発電の5倍以上の発電規模が必要とされている。

🌳 4.2　熱電併給の原理および方式と特長

　木質バイオマスガス化技術はガス化反応炉を用いた熱化学変換により主に水素と一酸化炭素を生成し、これを燃料として発電する。その反応を図4−3のフローで説明する。

　まず燃料を投入し乾燥する。乾燥工程は重要で、乾燥が不十分な燃料は、水分が高くガス化反応を悪化させることがある。乾燥した燃料は後段の酸化工程で発生した熱を活用して乾留（熱分解）し揮発性成分が気化し、ガスとチャー（固定炭素、分かりやすくは炭状未燃物）、蒸気に分解される。この状態で古来より活用されているものが炭（木の蒸し焼き状）である。その次は酸化（燃焼）反応（空気量を絞った

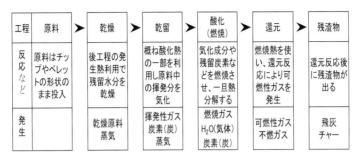

工程	原料	▶	乾燥	▶	乾留	▶	酸化 （燃焼）	▶	還元	▶	残渣物
反応 など	原料はチップやペレットの形状のまま投入		後工程の発生熱利用で残留水分を乾燥		概ね酸化熱の一部を利用し原料中の揮発分を気化		気化成分や残留炭素などを燃焼させ、一旦熱分解する		燃焼熱を使い、還元反応により可燃性ガスを発生		還元反応後に残渣物が出る
発生			乾燥原料 蒸気		揮発性ガス 炭素（炭） 蒸気		燃焼ガス H_2O（気体） 炭素（炭）		可燃性ガス 不燃ガス		飛灰 チャー

図4−3　ガス化の工程

部分酸化）で、この工程によりガス化の全工程で必要な熱を作り、その熱により還元（吸熱し酸化物から酸素を取り除く）反応で、可燃性ガスと不燃ガスを生成し、残渣物として飛灰と残存チャーもでる。この還元の反応は、CO_2 を CO に、H_2O も H_2 となり発電用ガスとなる。発生した酸素 O は残留炭素と反応し CO となる。

　酸化による発熱は非常に重要なプロセスであるが、過燃焼をさせ炉内温度が上昇しすぎるとこの層の近辺で金属や内壁の劣化や内筒の歪みや破損を引き起こし、またクリンカ（灰分の溶融凝固したもの）の発生により安定したガス化ができなくなる場合がある。従いこの温度管理は大変重要である。

　この残渣物チャーは炭素であり、25MJ/kg（約 6,000kcal/kg）程度の熱量が残っており、燃料化や土壌改良用の炭としての活用も検討が進められている。エンジンの安定稼働へ大きく影響するタールの大部分は乾留工程で発生し、これをいかに酸化工程で分解するかが生成ガス中のタール含有量に大きな影響を与える。タール含有量を軽減するためには、炉内の温度維持や通気など水平方向の均質性が重要であり、各社がいろいろ開発を行っている。これらの技術のうち、近年国内で多く導入が進んでいる方式として、**図4−4**の固定床ダウンドラフト方式（以後、ダウンドラフト方式）と世界で1社だけの**図4−5**のアップドラフト式流動ガス化方式（以後、固定床流動方式）を説明する。

　図4−4のダウンドラフト方式では切削チップかペレットの燃料を

上部から投入し、生成ガスと燃料はともに同じ下向きへと移行する。ガス化に必要な空気は燃料投入と同時に供給するだけの機種と酸化層にさらに追加供給する機種がある。

　ガス化工程は**図4-3**と同様で、乾燥層・乾留層・還元層は吸熱反応であり、酸化層のみが発熱反応である。従い還元ガス化に要する熱を部分酸化（燃焼）層で確保する必要がある。そのためチップ燃料の水分が高いと乾燥に熱を多く取られ、還元反応やタールなどの分解に十分な熱が確保できなくなる。また燃焼が均一に進まないと燃焼にむらを生じブリッジ（架橋）といわれる現象を発生し、炉内に空隙や空洞部ができて、炉内の通気に不均一流、偏流が生じ、タールなどの分解が悪くなる。またブリッジが解消した際には、水素（H_2）濃度が高くなる傾向があり、エンジンがノッキングを起こして停止することがある。そのため各社では詰まりやブリッジ対策、クリンカ破砕に向けた撹拌のようなアタッチメントや刃のようなものの設置や火格子（グ

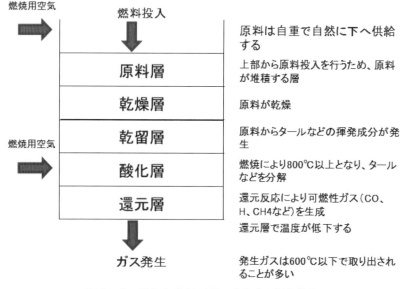

図4-4　固定床ダウンドラフト方式の炉内構造

レーチング）の設計に注意を行い、停止時の復旧対策としては遠隔監視サービスなどを行っている。

　炉内の気流は適正な流速があり、これを安定確保するために炉のサイズに合わせたチップやペレットの形状が必要となる。発生ガスはおおむね600℃以下で、ガス冷却の際に熱回収が行われる。

　図4－5のアップドラフト方式の炉内はダウンドラフト方式を天地逆にしたイメージで、原料とガスは上向並行流で、原料層（燃料層）・乾燥層・乾留層・ガス化層（酸化層・還元層）となる。この方式の最大の特徴は、燃料と空気を炉床から同時投入するところである。吸熱反応と発熱反応の関係はダウンドラフト方式と同じであるが、各地で稼働している状況を考えると酸化と還元は同時並行で進んでいると考えられ、ここではガス化層と表現している。

　ガス化に必要となる熱はガス化層で発生する熱で確保されている。この機種の燃料は一定規格の高品質ペレットに限定され、規格を維持

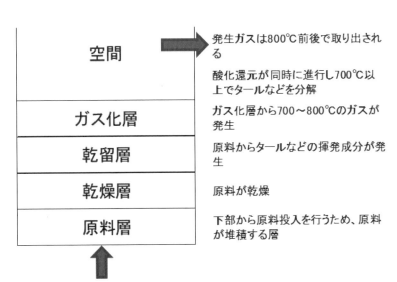

図4－5　アップドラフト方式の炉内構造

することで安定した稼働を確保している。なおダウンドラフト方式とは異なり、炉下部から強制的に燃料を供給するためブリッジの発生が極めて少ないと考えられ、ブリッジに伴う水素濃度の変動も少なく、エンジンのノッキングのリスクは低い。発生ガスはおおむね800℃程度でダウンドラフト方式同様にガス冷却の際に熱回収が行われる。いずれの方式もガス化の工程で燃料形状が壊れないことが安定には重要な要素となる。

　次に**図4－6**に木質熱電併給のシステムフローについて述べる。

　チップとペレットによるガス化システムの違いは、燃料が乾燥されているかいないかである。輸入当初、ガス化発電設備のチップ燃料は、乾燥が不要やどんな燃料でも使用できるといった触れ込みが多くあったが、その大半が失敗に終わった。その経験から燃料用切削チップは形状とおおむね水分率15%W.B.以下という条件が提示されるようになった。これに対してペレットを燃料とする場合は、ペレット製造時に水分調整が行われ10% W.B.以下になっている。そのためペレットでは炉への燃料投入前の燃料乾燥という工程はない。オンサイトでの熱電併給設備導入においては、発生する熱を100%利用するケースは少なく、その余剰熱を乾燥利用できる。例えば、日帰り温浴施設など宿泊を伴わない施設では、夜間は熱需要がなくなる。この時間帯にチップを乾燥させる取り組みである。理論上、木質燃料の水分が55%であれば、約12時間で1日分の燃料乾燥が可能である。なお、欧州な

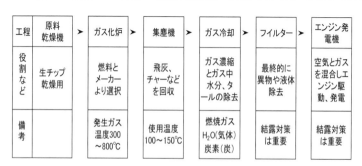

図4－6　熱電併給システムフロー

どでは木質燃料市場があり、燃料仕様を示すだけで、規格品燃料が入手できる。日本には市場がないことが大きな課題である。

　ガス化炉出口から飛灰とチャーを含んだガスの温度は 300 〜 800℃のため、ガス冷却装置でおおむね 20 〜 30％の熱回収を行う。その後集塵機にて飛灰やチャーを回収するが、ここでタールも除去する機種もある。集塵機以降のガス冷却は現在 3 種類に分けられる。一つ目は冷却を行わずエンジンへガスを供給する方法、二つ目は外気より高めの 40 〜 50℃の温度まで冷却する方法、三つ目が外気以下の 20℃以下まで強制冷却を行う方法である。これは電気式チラーを利用することにより、所内動力が増加する。そのため 200kW 以上の出力の機種以外ではほとんど見かけられない。

　ここでガス冷却により結露によるタールを含む廃液が回収される。結露の発生は、その時点でガスは飽和水蒸気圧の状態になっているため、ガス配管内で温度が低下すると必ず結露が生じる。その結露水がエンジンに入ると不具合を生じるため、ガス冷却からエンジンまでの工程で 50℃以上にガス温度を加温するという方法を採用しているメーカーもある。

 ## 4.3　規格に適合した燃料が稼働の命

　木材の小型熱電併給施設の長時間安定稼働には技術面でも、コスト面でも規格に合った燃料を使用するか否かが非常に大きな影響を及ぼす。それはガス生成時に、タールやクリンカを付随して発生すると、トラブルを引き起こし、経済収支の悪化となるからである。

　主に国内で入手できるチップは**写真 4 − 1** に示す切削チップと破砕チップ（ピンチップ）であるが、ピンチップはトラブルの元となり使用は極めて少ない。切削チップもガス化炉メーカー毎に指定形状が異なり、メーカー選定の際には、指定チップの品質、原料、寸法、水分、灰分などの規格を確認する必要がある。

海外ではチップに関して明確な規格がある。国内では一般社団法人日本木質バイオマスエネルギー協会と全国木材資源リサイクル協会連合会の両者が2014年に規格を作成している。しかし現在の木質燃料生産者の多くは適正にその規格を運用せずに、ガス化施設運営者が規格に近く稼働できそうなチップを選定、調達している。

　ペレットは大きく三つに分類されている。樹皮が含まれていないものを木部（ホワイト）ペレット、樹皮を含む原木由来のものを全木ペレット、樹皮を主原料とした樹皮（ブラック）ペレットと呼ばれていた。ヨーロッパなどではすでにEN-A1（欧州）規格などが適用されていたことから、後追いで2011年に一般社団法人日本木質ペレット協会が木質ペレット品質規格を制定している。しかし、ペレットもチップ同様でこれらの規格は運用できておらず、制定より約10年になるが、林野庁平成29年における木質粒状燃料（木質ペレット）の生産動向調査によるとペレット工場は150カ所以上に及ぶが、規格認定取得の工場は8カ所と10％にも満たないのが実態である。

　木質エネルギー事業の普及には、燃料による不具合を把握し、トラブル解決へ科学的に解析し、メーカー要求燃料品質とISOや欧州のEN、日本の規格と照らし合わせながら改善しつつ進める必要がある。木質エネルギー転換には燃料品質がガス化性能や安定した長時間稼働にとって重要で、経営に大きく響くことを認識する必要がある。

切削チップ　　　　　　　　　　　　ピンチップ

写真4-1　チップの種類

さらに、木質バイオマスの熱や熱電併給などの現場でよくある話が、機器を導入して不具合が発生すると、ほとんどが「燃料が悪い」とメーカーが主張する。日本や欧州の基準に準拠しているとしても、ガス化炉メーカーにはそれぞれの基準があり、それに対応することが燃料製造工場側に求められる。このような実態から、現場ごとに燃料と機器の相性や整合性を図る必要性が出ている。それに合わない燃料は、メーカーの稼働保証が得られない。また最低限、海外品質規格の厳密な運用を行わない限り、稼働への不安は避けられない。日本は重油も油だから、それで自動車が動くといっているも同然だ。

　また国内で発生している日本固有の問題や品質規格にない内容も木質バイオマス事業には内在する。それは樹種の違いによる大きな問題である。現在国内稼働ガス化炉は海外製のものがほとんどであり、どれほど海外で実績のある機器でも樹種の違いだけは経験していなかった。日本で主に使うスギ材は日本の固有種であるためである。海外では主にトウヒ（スプール）と呼ばれるマツ系の原料を使用している。そこで**表4−2**に林業試験場研究報告を以下に示す。この結果より、スギはアカマツに対してカリウム（酸化カリウム）の吸収量や含有量が2倍以上であることが分かる。燃焼においてカリウム含有量が増加すると灰が溶融固形化するクリンカという塊が発生する。これはカリウムが灰の溶融温度を低下させることが原因とされている。通常、カ

表4−2　スギとアカマツの養分吸収

項　　目	スギ（40年）			アカマツ（43年）		
	N	P_2O_5	K_2O	N	P_2O_5	K_2O
B. 一定年齢時における林木の養分含有量	563	72	495	421	95	223
C. 一定年齢時に達するまでに落葉により還元された養分量	496	88	340	328	69	206
A. 一定年齢時に達するまでに吸収した全養分量　A＝B＋C	1,059	160	835	750	164	429

出所:林業試験所研究報告　第137号104頁より

リウム含有量の少ない原料では一般的に灰の溶融温度は1,000℃程度といわれているが、カリウムが含まれることで800℃以下にまで下がる。ガス化炉ではタールの分解などを目的として一定の温度が必要である。今回詳しく紹介したダウンドラフト方式や固定床流動方式も炉内は700℃以上になるため、カリウムの影響で安定稼働が阻害される可能性が高い。また実際にクリンカなどの発生により安定稼働ができなかったという事例も多く報告されている。これに対して、カラマツ材を一定量混入させてカリウムの影響を抑制したり、特殊な薬剤を添加することで溶融温度低下を抑制するなどの工夫が行われたりしている。

　また規格にはないが、ペレット品質の善し悪しを簡便にチェックするには、岩手大学沢辺名誉教授はペレットの膨潤性をみることを提唱されている。ペレットの膨潤性とは耳慣れない言葉であるが、オガ粉を圧縮したペレットは、水に浸すと粉に戻る特徴がありこれを膨潤性といい、膨潤性が高いほど水素結合が緩み粉に戻りやすくなる。膨潤性がガス化炉の安定稼働に影響を及ぼす可能性がある。それはガス化炉には必ず乾燥層が存在するためである。乾燥というと物が乾くイメージが強いが、乾燥層の状態は乾燥時に発生した水蒸気で蒸らされている状態と類似していると考えられる。膨潤性が高いとこの段階で粉に戻ってしまうため、反応に要する炉内の通気を塞ぎ阻害していると想定できる。実際に岐阜県で稼働しているガス化炉では、膨潤性の改善により運転状況の改善が確認され、自社品質基準としてペレットの品質管理を行っている。この品質管理にメーカー（代理店等）は関与していない。膨潤性については、ペレットの含水率のほか、成型する前のオガ屑の寸法、形状や冷却工程の有無など製造時の対処が非常に重要である。これ以外にも耐熱強度など固有のガス化炉に影響があるものも存在している。

　よって、ガス化技術を採用する場合、特にペレットの場合は、その技術の特徴に応じた燃料の品質規格が重要である。

　ここで利用可能な木質燃料樹種は大きく分けて針葉樹と広葉樹に分

類される。現在では、発電利用されているほとんどが針葉樹だが、過去には薪炭用として広葉樹が多く使われた。広葉樹の方がエネルギー密度は高い特徴があるためである。単位重量当たりの発熱量は、あまり違いはないが、単位容積当たりの発熱量は針葉樹に比べて広葉樹の方が非常に高い。これは針葉樹に比べて広葉樹の方が比重は高いためであり、貯蔵には好都合である。コナラやミズナラ、クヌギなどのコナラ属の樹木は、スギやヒノキに比べると比重が2倍前後あり、比重が高いものは火持ちがよい。

長い歴史のある木炭は、生の広葉樹材をなるべく酸素を供給しないように加熱し、セルロースやリグニンなど炭素（C）、水素（H）、酸素（O）を主成分とする高分子を熱分解させ、同時に水（H_2O）を放出した、ほぼ純粋な固体炭素を取り出したものだ。この工程はガス化に非常に似ている。この燃料としての価値（エネルギー密度）を高める炭焼きによる収炭率（炭焼きに用いた原木の重量に対し、幾らの木炭が得られたかを示す指標）の標準的な値は20％前後であり、重量は木材の五分の一に軽量化される。この結果、木炭化により、薪と化石燃料の中間程度の熱量が得られ、広葉樹は地域燃料として重要な役割を担ってきた。しかし現在は薪炭、用材としてはあまり活用されていない。今後広葉樹は針葉樹より灰分が多いためガス化には不適だが伐採後に自然萌芽、再生することから手間が掛からない点と、新技術開発によりガス化用燃料として大量活用は重要な視点である。

🌳 4.4 運転および保守に関する注意点

現在、導入のガス化技術は海外由来のものが多く、運転や保守の体制は重要な点である。輸入木質ボイラーにおいても、本格的に導入が始まった1998年頃は部品が2カ月届かないなど、輸入特有の問題が発生している。これと同様なことがガス化機器においても起こると考えて準備が必要である。それを考慮した運用や保守項目と条件を**表4**

表4-3　重要項目と条件

重要項目	条件
安全性	・フレアガスの処理を行うこと。 ・CO漏れの検出器の設置と自動停止を行うこと。 ・遠隔監視における現場作業員有無の認知を行うこと。
バイオマス燃料	・メーカの示す規格に準拠したバイオマス燃料が確保・製造できること。 ・使用するバイオマス燃料での試験運転を行うこと。 ・品質管理体制を確立すること。
部品調達および交換	・すべての部品が国内で調達できること。 ・交換周期の短い部品は現場管理できること。 ・交換周期の長い部品は壊れる前に交換できるような指導が受けられること。
定期点検や メンテナンス	・定期点検では、状況判断や機器の状態の診断が受けられること。 ・メンテナンスにおいては、故障個所に付随する部品などの診断が受けられること。
原因究明	・システムエラーなどによる停止が発生した際の原因究明が国内の人材でできること。 ・上記が不可能な場合、日本時間でのメーカー対応による原因究明が可能なこと。 ・原因究明ができない場合の補償体制があること。
災害などの対策	・災害などによる故障の場合、長期停止を余儀なくされる場合があるため、保険などに加入すること。
遠隔監視と警報通知	・遠隔監視サービスによる停止時の再起動や要因分析がある。 ・上記がない場合、システムの状態監視がユーザーでできること。 ・また、エラーで停止する前に、状態の変化を通知する。

-3に示す。

　最も重要なのは安全性である。生成ガスは一酸化炭素（CO）などの有毒ガスを含み、機器から漏れ出し人が吸収すると死に至ることも想定される。そのためガスを意図的に排出せねばならない際などは安全対策が必要である。ガス化システムは立ち上げ時やエンジン停止時には、必ずフレアスタック（余剰ガス焼却塔）からガスを排出する。この際に安全対策としてフレアガスを必ず燃焼させるなどの無害化処理を行う必要がある。事故防止としてフレアスタックでは失火を検出し、自動着火させることが重要となる。また機械室内へのガス漏れ対策として、導入時にCO検知器や携帯式のCO検出器の配布も現場管

理上必要である。加えて遠隔監視操作による不用意な事故防止も肝心で、現場に作業員がいるがどうかを遠隔でモニタリングチェックが必須である。

　燃料においては、メーカーの基準や実際に使用する燃料での試験なども重要だが、メーカーは国内で発生したさまざまな事例と対策について把握しておくことが重要である。燃料品質は、メンテナンス上非常に影響が大きく、多くの事例の中には燃料搬送の不具合、清掃周期の短期化（停止回数の増加）、清掃時間の増加など事業性に関わる影響が多い。そのため、この知見が豊富なほど安心できる機器であると考えられるが、いくら豊富な経験や事例があったとしても、この知見データがない、開示しない機器では導入後のリスクは高い。稼働率の高い個別事業者は保有する種々ノウハウを当然だが開示しない。

　部品調達および交換は定期点検やメンテナンスと密接に関係する。すべての部品が国内で調達できることが最良であるが、交換周期などにより国内保管されない部品も多い。そのため定期点検やメンテナンスにおいて、交換周期の長い部品などについては診断が受けられる体制が重要である。これにより計画停止（炉の清掃など）や定期点検などでの部品の交換や事前の部品調達が可能となり、安定稼働の実現に重要な対処が可能となる。

　定期点検やメンテナンスと同時に重要なことは、現場で発生したトラブルに対して明確な原因究明の報告が確実に得られることである。原因究明が国内の人材でできない場合、海外の納入メーカーの対応が求められるケースがある。この場合、時差が問題となり、メーカーの業務開始まで対処ができない。そして一度発生したトラブルに対して、原因究明と対応策が現場にて把握できなければ、何度も同じことが発生する可能性がある。これでは安心した安定稼働ができない。これに関しても、ユーザーの状況と対策を多く把握しているメーカーの方が安心できる機器といえる。これがないあるいは導入に対してトラブル対応が良くない機器は、問題が多く出てくる可能性も考えた検討が必

要である。

災害時（事故を含む）では、自衛手段として保険などに加入することを勧める。保険にもよるが利益保証なども行う保険商品もあるため、機器の国内稼働実績や現場作業員の熟練度などを加味した商品の選択が必要である。

要は、導入側はガス化システムに関してよく調査検討し、機器選定でもガス化トラブルにさまざまな経験を有し、その原因と対応策をユーザーへ伝え指導するような製造者を選ぶ。また、早くにガス化炉を導入稼働させてきた、群馬県上野村や岐阜県高山市しぶきの湯、宮崎県串間、愛媛県内子での施設のように、製造者や輸入業者任せではなく、運転保守を行う者自身で現場での発生事象について対策を考え、試行錯誤して経験則を見出す努力が必要である。

日本と欧米では、樹種の相違、地域で木材の吸い上げる重金属の量の違い、雨季なども稼働へ影響を及ぼすことを頭に入れて稼働をさせる必要がある。

最後に遠隔監視と警報の通知は稼働率に大きく影響を与える。近年では遠隔監視サービスにより、停止時の再起動を行ってくれる契約もメーカーから提案されるようになっているが、すべてのメーカーではない。ユーザーによる再起動が求められる場合は、システムの状態をユーザーにて監視できないと対応が後手に回る。そして多くのメーカーは発電が停止（エンジン停止）するまで警報を出していない。高額の稼働保証付きのフルメンテナンス契約であれば、一定の保証が得られるが、このような契約を行う企業は大変少ない。そのため自衛手段として大切なことは、発電の停止要因に対して事前に通知（警報）を出す事で、停止前に対処ができ、稼働率の向上が期待できる。

表4−3の項目以外にも計画時に確認した方が良い内容もあるが、最低限この内容で検討を行うことでリスクの回避につながると考える。

表4－4　設計および施工時の注意点

項目	設計時	施工時
木質ガス化熱電併給	スギおよび入手できる木質燃料に合わせた機種選定が重要となる。場所については、燃料搬送車両の動線を含めた計画をする必要がある。	消防法などにより離隔距離や発電規模などに応じて必要な手続きなどがあるため、これらの確認と対応が必要となる。
蓄熱タンク	小さいと集中負荷や瞬時負荷に対応できない。大き過ぎると費用対効果が悪くなりやすく、放熱ロスが大きくなる。	保温を行うことで熱ロスの軽減が図れる。また設置において配管やポンプの取り回しを考慮する必要がある。
予備タンク	熱供給において、余剰熱が常時発生する場合に有効である。また予備タンク内の熱の供給方法に注意すること。	保温を行うことで熱ロスの軽減が図れる。また設置において配管やポンプの取り回しを考慮する必要がある。
循環水	循環温水の往き還りの温度差は木質ガス化熱電併給に合わせる必要がある。	凍結など現場の状況に合わせて、不凍液などの対応を行う必要がある。
ポンプ	循環温水の往き還りの温度差が大きいほど、循環水量が小さくなり、必要な動力も小さくできる。	揚程を考慮したポンプの種類の選定が必要となる。
熱交換器	循環水の特徴（不凍液・防錆剤などの使用）に応じた設計が重要である。	設置場所（屋内・屋外など）による機種の選定が重要である。
余剰熱放熱器	クーリングタワーの場合、冷えやすいが補給水が必要となる。ドライクーラーの場合、補給水は不要であるが冷えにくい。循環水と外気の温度差で選定が必要である。	冬期の凍結対策が重要となる。
飛灰の管理	火災などの対策として、不燃材による保管、あるいはフレコンなどの場合は囲いや散水など延焼対策が必要である。	屋外での保管の場合、飛来物による損傷対策が重要となる。
配管工事	循環水量が小さくなると、配管径が小さくでき、コストにも大きく関係している。	保温を行うことで熱ロスの軽減が図れる。ポンプなどの設置位置によりメンテナンス性に影響がある。
電気工事	発電電力の使用方法により必要となる設備が異なるため注意が必要である。	水回りなどの配線は漏水が発生した場合を考慮したルートの選定が重要となる。

ここまで機種選定（メーカー選定）を実施する際の注意点を記載してきたが、これと同じように設計や施工時の注意点も存在する。そこで**表4-4**に設計や施工時に必要な検討事項について示す。

　これらの項目は安定稼働や事業収支にも関係する内容であり、費用対効果を含めて検討が必要なものである。なお、特に安全面においては、火災などのリスクは施設の存続にも影響する問題であるため、軽視しないことが重要となる。なお、ペレットやチップなど木質燃料製造と併設する場合、製造ラインや原料保管における火災事例も報告されているため、これらに対する事前の対応も重要となる。

第 5 章

木質ガス化
による
熱と電気の利用

分散木質エネルギーでの熱と電気の併給を考えるとき、まず熱供給と熱需要の特徴を把握する必要がある。それにより、効果的な熱供給システムの設計が可能となり、事業収支面においても重要な影響を及ぼす。次に電気の利用方法について、検討を行い有効な総合システムとなる。そこで熱供給の特長と熱需要の特長について記述し、その後熱供給システムや電力の利用などについて記述する。

🌳 5.1　熱供給での特長

　供給熱の特長については、木質ボイラーと熱電併給における熱供給にはそれぞれ特徴があり、その相違を明確にしておく。図5－1は、温浴施設における熱需要と木質ボイラーによる熱供給について示したものである。熱需要量の変動に対して、木質ボイラーによる熱供給は一定の範囲で追従をしている。また営業前の準備として発生している朝の大きな熱需要に対しては、数時間前から熱供給を開始することで対応している。このように、木質ボイラーによる熱供給は、一定の範囲（定格出力の30％〜100％程度）で熱需要に対して追従が可能であ

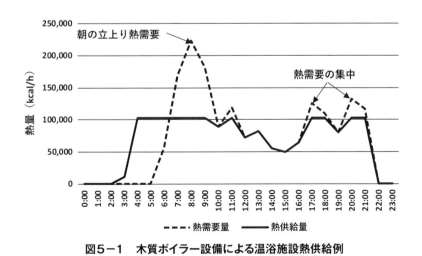

図5－1　木質ボイラー設備による温浴施設熱供給例

ることが特徴であり、熱需要が少ない時間帯に蓄熱を行うことでさら
に化石燃料代替率を向上させることが可能である。そのため、蓄熱タ
ンクなどの設計が重要となる。またボイラーへの往き還り温度は温度
差（Δt）10 ～ 20℃程度で運用されることが多い。

　次に熱電併給設備からの熱供給を**図5-2**に示す。

　熱電併給設備では熱需要の変動に関わらず一定の熱供給が行われ
る。熱を使いきれない場合、熱電併給設備への戻り温度が上昇するこ
とになる。この戻り温度が一定以上（概ね65℃以上）になるとエン
ジンなどCHP内部回路がオーバーヒートする可能性があるため、発
生余剰熱を放熱することで戻り温度を一定以下に確保する。これが熱
電併給設備の熱供給の特徴である。この放熱量が多くなればなるほど
システム効率が低下するため、蓄熱タンクや予備タンクなどを活用し
化石燃料代替率を向上させることが重要となる。またボイラーへの往
き還り温度はボイラーより高い温度差（Δt）25 ～ 30℃程度で運用
されることが多い。この温度差を確保するか、CHP戻り温度を65℃
以下にすることを前提としたシステム設計が重要である。

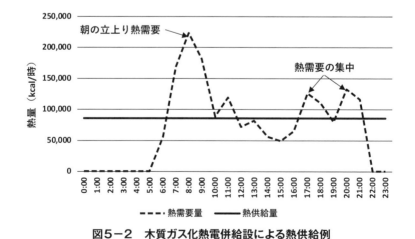

図5-2　木質ガス化熱電併給設による熱供給例

5.2 熱需要での特長

　熱電併給設備が熱供給するのは温水で、その熱需要については以下にまとめる。温水は、供給温度85〜95℃程度であり、戻り温度は制限があり概ね65℃以下とされている。その理由はエンジンのオーバーヒートなどシステムに影響が出ない温度としている。よって熱需要としては、95℃以下で利用できることと65℃以下まで熱回収（熱利用）できることが条件となる。これを前提とした熱需要として、給湯・空調・ろ過昇温（浴槽などの管理）・冷房となる。その特徴は以下のとおりである。

　日帰り温浴施設などの給湯は、レジオネラ菌などの対策として貯湯タンク60℃以上での管理が求められている。熱源機器は温水ボイラーが主流であり、その他ヒートポンプなども導入されている。熱需要（負荷）の特徴としては、入浴者数によって大きく負荷変動する。これに対して、ろ過昇温や空調による負荷は営業開始時や利用者の増加によって緩やかに変動する。このような熱負荷特性から、特性は下記の三つに分類され、それに合わせた設計が重要となる。

　定常負荷：緩やかな熱負荷で、極端な負荷の変動はない。空調・浴
　　　　　　槽のろ過昇温など
　集中負荷：空調やろ過昇温において、営業開始時や利用者が集中す
　　　　　　ることにより発生する熱負荷
　瞬時負荷：温浴施設や大浴場を有するホテルなどカランやシャワー
　　　　　　による熱負荷（熱負荷が発生する時間は短い）。この熱
　　　　　　負荷に対応できる規模で設計されるため化石燃料ボイ
　　　　　　ラーの規模は大きくなる。

　一方、木材による熱供給は熱需要の大きな変動に短時間では対応す

ることが困難な課題を持ち、さらに熱電併給設備は、熱需要がない時間帯が発生すると、設備保護のために放熱（循環水の冷却）量が増加し、エネルギー総合利用効率が低下する。そこで熱需要の異なる複数の施設へ熱を供給することで、熱供給量の平準化を図り、熱需要を常に確保することも有効な手段の一つとなり得る。

　図５－３に単身者集合住宅（20軒）、保育園と庁舎などの３種類の性格の異なる施設の熱需要の参考例を示す。単身者集合住宅では日中不在者の割合が多く日中の熱需要はなく、夕方以降から朝までの熱需要が発生する。これに対して、日中営業を行っている施設の熱需要は、朝の営業開始準備に発生する集中負荷とそれ以降の安定した負荷が発生する。このように営業を行っている施設と住宅では熱需要の発生する時間帯に違いが出る。その熱需要を平準化した例を**図５－４**に示す。

　破線は庁舎などと保育園などの熱需要を合算したもので、実線は単身者集合住宅と保育園保育園の合算である。

　熱需要が発生する時間帯が同じ保育園と庁舎の場合は、１時間の熱需要の量は大きくなる。対して、熱需要の発生する時間帯が異なる単身者集合住宅と保育園は、常に熱需要が発生する。このように熱需要が発生している時間帯の異なる施設を組み合わせることにより、シス

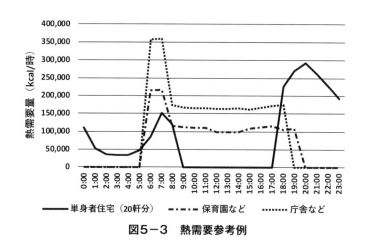

図５－３　熱需要参考例

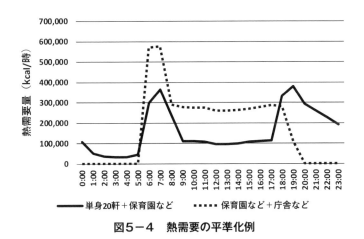

図5-4　熱需要の平準化例

テムにかかる熱需要を安定、平準化させる。常に熱が発生する熱電併給設備の活用には、熱需要の時間帯が異なる、または利用熱量に大小がある複数の熱需要施設を上手に組み合わせ活用することがエネルギー効率（利用率）を高める有効な手段である。

　さらに熱需要の平準化の具体例としては、熱需要のない夜間の時間帯に木質燃料や製材品、食品の乾燥を行うことが平準化策として有効である。

 ## 5.3　熱供給システムの事例

　熱供給システムはこれまで種々検討され、化石燃料から木質燃料への代替率の向上に向けて変化してきている。しかし、それによりシステムが複雑化し、コスト増であることも事業性に課題が残っている。そこでこれまでの導入しくみを紹介し、新設や更新時の参考、検討の手がかりになれば幸いだ。

　そもそも熱供給システムにおいて、熱を供給するということがどういうことなのか、イメージが沸き難いのではないだろうか。熱供給というと水を直接加温して温水を作って使用するものと考えがちである

103

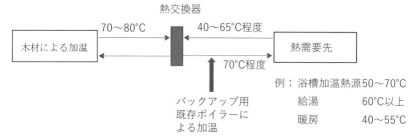

図5-5　木材による熱供給概要

が、これは単純な給湯であり、熱供給の一側面でしかない。**図5-5**に示すように木材による熱供給システムは木質燃料からの高温水と熱需要先の加温システムの必要温度には温度差があり、木質高温水から熱需要先の低い循環温水へ熱交換器により熱需要側循環水へ温度を移動させ加温する。この時に木質側の温度が不足しているとバックアップ用既設ボイラーから熱を供給し必要温度を確保することで熱供給が可能となる。

　日本では、熱需要オンサイトでの熱供給がほとんどで熱需要の変動が大きいという特徴がある。これに対して海外では、地域熱供給など複数の熱需要特性の異なる施設への熱供給が多く、熱需要を平準化させ大きな熱需要の変動が発生することは少ない。そして熱供給における化石系燃料から木質系燃料への転換比率（以降、化石代替率）を向上させることを目標に、熱供給システムの設計が進められるようになった。

　以下の項では、これまで導入されている日本の熱供給のしくみと特徴について紹介する。

(1) 基本事項

　熱電併給設備による熱供給を行う場合、熱エネルギーをお湯として貯めるタンクを使用する。このタンクは複数の目的を持ち、その目的により利用方法（特徴）が異なる。ここでその名称を目的に分けて

表5−1　タンクの種類と特徴

名称	蓄熱タンク	予備タンク	貯湯タンク
目的	熱供給を行うための熱源となる基本的なタンクであり、熱供給に必要な熱を蓄えるためのものである。	余剰熱が発生した場合に、その余剰熱を蓄え、需要が発生した際に熱供給を行うためのものである。	シャワー・カランなどタンク内のお湯を直接給湯として使用するためのものである。
管理温度	60〜90℃	特になし	60℃以上
熱需要	浴槽加温・給湯・暖房などすべての熱需要	主に貯湯タンクへの給水の予備加温	主に給湯

表5−1に示す。

　まず蓄熱タンクは熱電併給設備から発生する熱を施設へ供給するために一時的に蓄熱するためのタンクとする。管理温度は60〜90℃であり、タンク上部90℃、下部が60℃になるように管理されることが望ましい。これは主に熱電併給設備内部の循環水の設計が95℃で出湯し、65℃で戻ることを想定しているためである。この循環水から熱交換器にて熱を回収するため、60℃の蓄熱タンク内のお湯を90℃まで加温して蓄熱することとなる。蓄熱の熱需要は、浴槽加温や給湯などすべての熱需要へ熱を供給するためのものである。

　予備タンク（バッファタンク）は熱電併給設備から発生した熱に余剰分が発生した際に、その熱を回収するためのタンクとする。余剰熱の回収であるため、管理温度は特になく、主に貯湯タンクへの給水を事前に加温するために利用する。これにより、極力発生した熱を無駄なく使いきるためであり、その効用は以下の事例で説明する。貯湯タンクは給湯として直接使用することを目的としたタンクとする。これはレジオネラ菌[1]対策として60℃以上での管理が義務付けられている。なお、これらのタンクは容量が大きくなるためその放熱量も大き

---

1) アメーバなどの原生生物に寄生しながら、土壌や河川、湖沼（淡水）などの20〜50℃で自然界に生息する常在菌。空調設備や入浴施設においての感染により高熱、肺炎となり最悪は死去する

くなる。機械室に入らない場合を除き、室内設置による熱ロス軽減策などが必要である。この他に、密閉回路内圧力調整用の膨張タンクや圧力開放用の開放タンク（シスタンク）があり、システム設計に応じて配置する必要がある。

図5－6は岐阜県高山市のしぶきの湯に導入された当初の概略系統図であり、熱はしぶきの湯へ電気は電力会社に販売している事例である。ここでは熱電併給設備で発生した熱（温水）は循環昇温と給湯回路に熱交換器を介して熱供給し、余剰熱は予備タンクを加温する熱源として活用している。予備タンク内のお湯は貯湯タンクへ直接供給され、洗い場のカランやシャワーで使われる。予備タンクの温度が60℃以上で確保されるなら、貯湯タンクには負荷が発生しない状態になるため、代替率の向上に寄与する。

その効果については図5－7で説明する。破線は予備タンクを使用

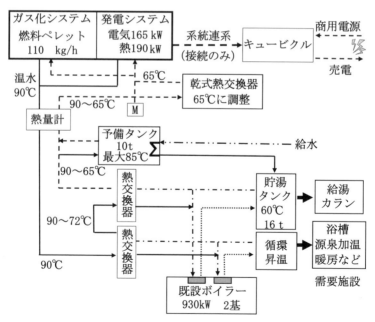

図5－6　しぶきの湯の概略系統図

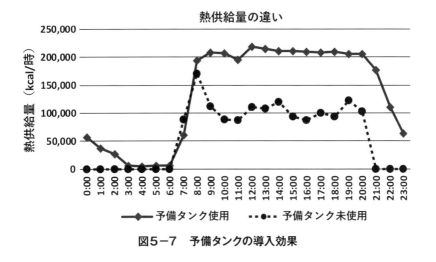

図5−7　予備タンクの導入効果

しない場合の熱供給量を、実線は予備タンクを使用した場合を示している。これらを比較すると熱供給量は大きく異なる。予備タンクを使用しない場合、朝の立ち上げ時に熱供給のピークがあり、100～150kWh程度になるのに対して、予備タンクを使用した場合、朝の立ち上げから常に200kWh以上の熱供給が可能となった。余剰熱を回収することで、1,725kWh/日の熱供給が3,784kWh/日まで増加し、予備タンクの利用は熱電併給設備に対して有効であると判断できる。

(2) 熱供給システム

　熱電併給設による熱供給システム検討では、いくつかの注意点がある。特に必要な事項は、余剰熱の取扱い・配管・ポンプ・タンクの4項目である。
　「余剰熱」：利用できる方法があれば活用し、活用できなかった場合に大気放熱を行う必要がある。
　「配管設計」：循環温水の往き還りの温度差が十分に確保できるように工夫を行うことが重要。
　「ポンプ」：循環温水の往き還りの温度差に応じて規模を検討すると

ともに、極力その数の軽減を考える。ポンプ台数が増えると電力消費が増えるため、事業性や環境効果にも影響が出る。

「タンク」：適正な配置と容量の検討が、代替率向上に大きく影響する。

　図５－８に示すように熱供給は、まず熱供給側と熱需要側の循環水の温度差を合わせることが重要である。熱は熱源以上の温度では供給ができない。また需要側の温度以下には熱源側の循環水温度は下げられない。以下は熱源側と熱需要側の参考例である。このように設備側から95℃で熱供給をする場合、95℃まで加温できないため、概ね5℃以上の温度差を設けることが必要である。同様に熱需要側の戻り温度が60℃の場合、設備側の温度は65℃までしか冷却できないことになる。これらの温度条件を合わせることが熱供給システムの基本である。

　上記を踏まえた理想的な熱供給システムを以下の図５－９に示す。蓄熱タンクに熱電併給設備とバックアップ用ボイラー（既設では化石燃料、新設では木質燃料）を接続する。双方からの熱供給温度を合わせることでタンクの管理温度が一定の温度で行うことが可能となる。ここで重要なことは熱需要側で必要な温度差を確保することである。ただし、これができない場合、戻り温度が高くなり熱電併給設備（ガス冷却およびエンジン冷却）に必要な温度まで冷却できなくなる。そのための冷却システムが必要となり熱需要側の温度条件と工夫が必要となる。一つの工夫は予備タンクを設けることだ。またバックアップ用のボイラーは熱需要に対して熱電併給設備からの供給熱量が不足した場合に稼働する。熱量不足は蓄熱タンクの温水温度境界面が上昇す

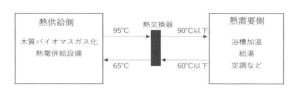

図５－８　木質ガス化熱電併給設による熱供給概要

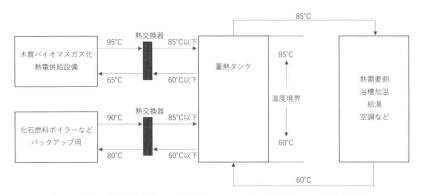

図5-9　木質バイオマスガス化熱電併給設による熱供給システム

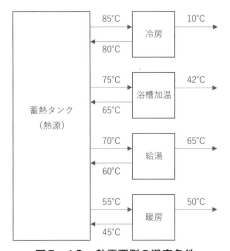

図5-10　熱需要側の温度条件

ることを温度センサーなどで把握できる。よって温度境界面が上昇した場合にポンプを起動し、降下したときに停止することで熱供給を安定させる。

　冷房などの熱需要側の温度条件と蓄熱タンクとの関係について参考事例を**図5-10**に示す。このように必要温度にバラツキがあり、蓄熱タンクへの戻り温度を揃えることが困難であることが分かる。そこで蓄熱タンクの熱をカスケード（段階）的に利用することで、温度差

を大きくすることができる。例えば、冷房に使用した循環水を浴槽加温に利用する。すると冷房で5℃（85℃→80℃）温度を使い、浴槽加温で10℃（80℃→70℃）利用する。このことで、85℃で供給した温水が70℃まで利用できることになる。この方法でも温度差が確保できない場合、予備タンクを利用して余剰熱を回収する（予備タンクの利用方法については**図5－6**を参照）。これにより85℃で供給した循環水を60℃（70℃→60℃）まで熱利用できるようにする。あるいは熱需要側の設備更新に合わせて、温度条件を熱電併給設備に適したものに変更することでさらに有効に熱が利用できることになる。

　上記システムのメリットとデメリット。

○メリット

・設計が容易

・既設ボイラーの稼働抑制が図れる（化石燃料の稼働抑制のための目標温度が分かりやすい）

・蓄熱タンクの最低温度を化石燃料ボイラーで確保するため、安定した熱供給が可能

○デメリット

・改修工事において一定期間の営業休止が必要

・ポンプ台数が増え電力消費量が増加する可能性がある

・既設システムの改変が大きく、新設及び化石燃料ボイラーの更新と合わせて行う必要がある

　このように既設施設の場合、バックアップ用のボイラーは既設ボイラーを利用することが多く、完全に蓄熱タンクからの熱供給を行う場合、一定期間の休業が必要となる。これまでの木質ボイラー導入においては、ユーザーが休業を拒否することが多く、このようなシステムでの導入は事例が少ない。これまでのシステム導入の4事例について以下に述べる。

①直列回路のケース

　この方法は木質ボイラーによる熱供給が補助対象となった頃から採用されている方法で最も簡易な方法といえる。

　図5－11にその一例を示す。既設ボイラーをバックアップとして利用する方法で、熱交換器を利用し既設の熱需要回路に熱供給を行う。熱供給用の熱交換器が既設系統の回路と直列に接続されている。これにより、既設ボイラーへ戻る循環水の温度を加温して、既設ボイラーの稼働率を低下させる方法である。

　上記システムのメリットとデメリット。

○メリット

・制御が容易（自動制御や手動による弁に調整が不要）

・既設回路の変更が少ない（既設のシステムをそのまま利用できる）

・数日の休業で工事が可能（営業への影響が少ない）

○デメリット

・既設ボイラーが稼働しやすい（真空式の場合、稼働抑制が効きにくい）

・代替率が低下しやすい（常にバイオマスと化石燃料の両方の熱交

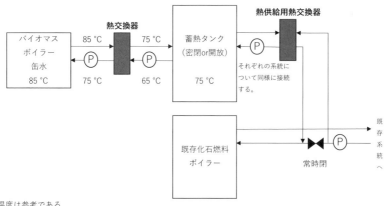

※温度は参考である。

図5－11　直列回路

出所:平成28年度高山市木質バイオマス熱供給ビジネスマニュアル

換器を通るため代替率が低下しやすい）

・蓄熱タンクが温まらないと熱供給できず、応答が遅い

②並列回路のケース（図5-12参照）

　上記で発生した問題点を解決するためのシステムとして導入されて
きた熱供給方法である。回路としては、既設ボイラーに対して並列の
関係に熱交換機を設置する。直列回路ではどうしても既設ボイラーの
稼働が抑えにくかったが、木質ボイラーによる熱供給が十分である場
合は、三方弁を利用して既設ボイラーを経由しない熱供給が可能とな
るため、既設ボイラーの稼働を抑制できる。ただし、既設ボイラーが
待機状態になっていると、缶水の温度低下に伴い既設ボイラーが稼働
する事例がある。これを抑制するためには、既設ボイラーの電源の
ON/OFF までを制御する必要がある。

　上記システムのメリットとデメリット。

○メリット

・既設回路の変更が少ない（既設システムをそのまま利用できる）

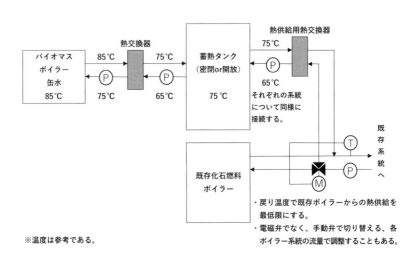

図5-12　並列回路

出所:平成28年度高山市木質バイオマス熱供給ビジネスマニュアル

・数日の休業で工事が可能（営業への影響が少ない）

・既設ボイラーの待機放熱が軽減できる

○デメリット

・制御がやや複雑

・既設ボイラーの待機時間が増加することで放熱ロスが増加する

・複数の配管を改造するため、修復費用が増加する

③余剰熱を回収するケース（図5−13参照）

この方法は蓄熱タンクを循環回路への熱供給に使用せず、バイオマスから直接回路へ熱供給を行い、余剰熱を蓄熱タンクにて貯蓄する。蓄熱タンクを循環回路への熱供給に使用すると、タンク内の温度が所定の温度以上になるまで熱供給はできないが、以下の方法であれば木質熱源本体の温度が基準に達すれば熱供給が可能である。通常バイオマスによる熱供給においては、定格出力で運用される時間帯は限られている。そのため、熱供給に余裕がある時に、給湯用の予備タンクを加温しておくと、給湯用の貯湯タンクへの供給水温度が高くなり、本来給湯によって生じる瞬時負荷が軽減され、代替率の向上に寄与する。

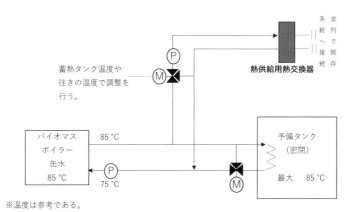

図5−13　余剰熱回収回路

出所:平成28年度高山市木質バイオマス熱供給ビジネスマニュアル

上記システムのメリットとデメリット。

〇メリット

・朝の熱供給開始までの立ち上げ時間が短い

・バイオマス熱源に常時負荷がかかり、安定稼働しやすい

・数日の休館日で工事が可能（営業への影響が少ない）

・熱交換器を経由する回数が少なくすると、熱ロスが少なくなる

〇デメリット

・制御が複雑になる

・ポンプ流量などの制約がある。⇒設計時留意が必要

④蓄熱タンクに熱交換器を設置するケース（図5−14参照）

　この方法は熱交換器を蓄熱タンクの中に設置することで、木材による熱供給を行うために発生する動力の増加を軽減できるシステムである。通常木材による熱供給システム導入はポンプ等の動力も炭酸ガスも、ランニングコストも増える。このシステムはこれらの点において大変有効である。

　上記システムのメリットとデメリット。

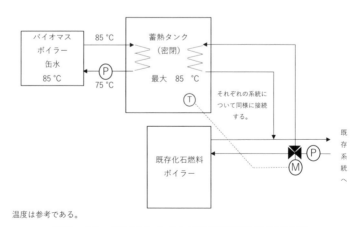

温度は参考である。

図5−14　蓄熱タンク内へ熱交換器を設置する回路

出所:平成28年度高山市木質熱供給ビジネスマニュアル

○メリット

・ポンプの数が軽減でき、省スペースで設備がシンプルである

・タンクのお湯を攪拌しないので、蓄熱タンクに温度の層ができやすいため、比較的応答が早い

・採用する蓄熱タンクは無圧式・密閉式どちらでも問題がない

・数日の休館日で工事が可能（営業への影響が少ない）

○デメリット

・内蔵する熱交換器はスペースの問題で数に制限がある（通常、2〜3回路まで）

・水質の影響を受けやすい（スケール付着など）

5.4 化石燃料からの代替率向上

木質による熱供給システムの代替率向上に向けたシステムが開発された。その技術「熱需要予測システム」について紹介する。

木質ボイラー170kW（146.2Mcal/時）、既設ボイラー約700kW（602Mcal/時）を想定し、機器の説明を行う。

図5−15は1時間ごとの熱需要の変化グラフである。このグラフではピーク需要が夕方17：00に発生し、約125.6Mcal/時の数値を示している。しかし実際には、1時間の内にも熱需要は刻々と変動している。拡大したグラフでは15：16にさらに需要のピークが発生している。このような状況で、ここまで説明してきた①から④までの従来システムではどのような熱供給が行われるかをまず述べる。

図5−16のグラフは従来のシステムの貯湯タンクの温度変化と各ボイラーからの熱供給量を示している。

従来システムでは、熱需要が発生してから貯湯タンク温度が60℃になった時点で木質ボイラーからの熱供給を開始し、それでも温度が55℃以下に下がった時点で既設化石燃料ボイラーが起動する。15：00から15：10頃までは木質ボイラーは循環昇温（浴槽の加温）に必

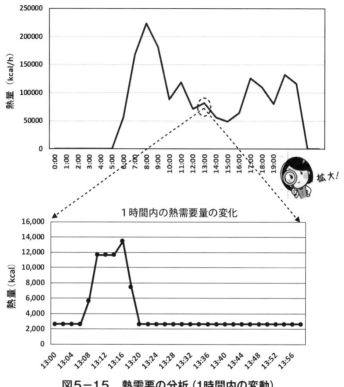

図5−15　熱需要の分析（1時間内の変動）

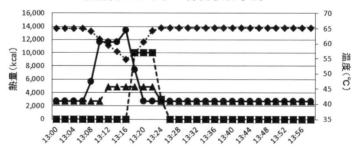

図5−16　熱需要とボイラーの稼働状況予測

要な 40℃の熱供給のみを行っている。その状況下で 15：05 頃から給湯負荷が発生し、貯湯タンク温度が低下し始める。貯湯タンク温度が15：10 頃に 60℃以下になり、木質ボイラーからの熱供給が始まっている。しかしながら木質ボイラーのみでは貯湯タンクの温度維持ができず 55℃未満となり、木質ボイラーおよびバックアップ用とした既設化石燃料ボイラーの双方から熱供給が開始され、15：28 に 65℃を回復する。

　ここで 1 時間単位での能力を確認すると 125.6Mcal/ 時の熱需要に対して、木質ボイラーは 146.2Mcal/ 時の能力があり、1 時間単位では木質ボイラーから 100%供給の対応が可能で、既設ボイラーは稼働しないはずである。しかし実際には、瞬時負荷に木質ボイラーからの熱供給が間に合わず貯湯タンク内の温度が 55℃未満に低下し、そのため既設ボイラーが稼働してしまう。これによって 125.6Mcal/ 時の熱需要に対して、木質ボイラーから 92.6Mcal/ 時、既設ボイラーから33Mcal/ 時の熱供給が行われており、代替率は 74%まで抑制される。

　上記問題に対して、まず**図5－17**の「熱需要予測システム」導入による効果を示す。この熱需要予測システムは貯湯タンクからの瞬時負荷（熱需要）情報を検知し、一定以上の熱需要を確認した時点で貯

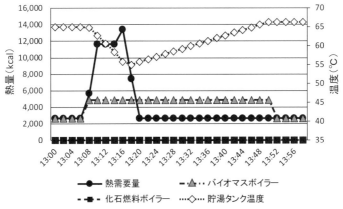

図5－17　熱需要とボイラーの稼働状況予測と予測システム効果

湯タンクの温度に関わらず木質ボイラーからの熱供給を開始。既存ボイラーは従来どおり貯湯タンク温度が55℃になるまでは起動しない。これにより貯湯タンクの温度低下と既存ボイラー起動を併せて抑制することで高い代替率が確保される。このシステム利用により給湯による瞬時負荷が発生した時点で木質ボイラーからの熱供給が開始され、これによって貯湯タンクの温度低下が抑制され、常時55℃以上を確保されていることが分かる。この効果によって、既設化石燃料ボイラーの稼働も抑制され、代替率100％が実現可能となる。このように木質ボイラーの導入においては、その特徴をよく理解し、特徴に適合したしくみを構築することが非常に重要である。この重要な部分にメスを入れたのが熱需要予測システムである。

5.5 電力供給

電力供給については、目的によって考え方が大きく異なる。FIT制度（固定価格買取制度）などを利用した売電を目的とした場合と自家消費を目的とした場合の2種類である。そこでこれらの目的に分けて電力供給に関する考え方をまとめる。

(1) 売電を目的

売電を目的とした場合、売電単価に応じた対応が必要となる。売電単価が買電単価を上回る場合、所内動力などの運用電力を極力減らして最大限売電量を確保できるようにすると事業性が向上する。基本的に1事業所1受電が電力契約の基本であるが、電力の使用区画を分離し、その区画間での電線（電気）の行き来がない場合には1事業所2受電が可能となる。ここで所内動力とは、発電を行うために必要な電力であり、現在のFIT制度では所内動力を差し引いた電力のみを売電する。そこで例えば熱供給に必要なポンプなどの電力は所内動力には該当しないため、これらの設備は使用区画を分離するなどの工夫を

行うことで、売電量の最大化が可能となる。

⑵ 自家消費を目的

　自家消費を目的とした場合、熱電併給設備から発生する電力において余剰電力が発生しないようにすることが非常に重要である。自家発電において余剰電力の売電が可能な場合でも一般的に売電単価は買電単価以下となる。

　ここで課題となるのは基本契約までコストダウンできるかどうかにある。電力の契約は基本料金（電力消費規模による月々定額の料金）と従量料金（実際の電力消費に応じた料金）に分けられる。まず木質バイオマス熱電併給設備から供給した電力に応じた従量料金は必ずコストダウンになる。これに対して基本料金は、デマンド契約といって30分間の電力消費量の最も高い時間帯を基に電力消費規模を決定し契約を行っている。熱電併給設備は必ずメンテナンスや不具合などで停止する。そのためこの間は熱電併給設備からのベースとなる電力供給がないため、電力の最大消費が発生しやすくなる。これにより基本料金のコストダウンが見込めない状況が発生する。これに対する対策としては、複数の設備を導入し、同時に停止しない環境を作るか、熱電併給設備が停止している間は別途化石燃料による発電設備を使用してデマンドコントロールをするしかない。しかし、これらは事業収支上熱電併給設備の導入効果を低下させる可能性がある。熱電併給設備を利用した自家消費を行う場合は、デマンド契約の特例などの処置を法的に整備する必要がある。こうすることでメンテナンスや不意の停止によるデマンドの上昇を考慮しないで済む契約を実現することで、基本料金を含めた事業効果が確保でき事業性が確保できる。

(3) レジリエンス電源としての役割

　小型分散型の電源としての熱電併給設備を考えた時、近年の災害による停電の発生が相次いでいる状況を考慮すると、レジリエンス電源としての役割が重要度を増している。資源エネルギー庁は FIT 認定要件としてレジリエンス電源とすることを条件付けることが協議されている。ここでいうレジリエンス電源とは、災害などによる停電が発生した場合に、系統電力と切り離した状態で独立運用（オフグリッド）できる電源のことで、系統に依存しない電源のことである。これを実現するためには、閉鎖された環境の中で発生する電力需要に対して追従できる電力供給体制を構築することが必要不可欠である。電気は貯めることができないため、常に需要増減に合わせてと発電する電気の量を『同時同量』でバランスさせる。その方法として、蓄電池を活用する方法と非常用自家発電機を活用する方法を述べる。

① 蓄電池を利用するケース

　蓄電池を活用する場合、いくつかの条件がある。通常時系統連系を行い、停電時に独立電源として活用することになる。まず系統連系を行う際は、系統電源を連系対象として周波数など調整し同期（一定に）させる機能を有する必要がある。これは系統連系を行う場合、一般的に有している機能である。これに加えて、停電時は電力の需要と供給をバランス（同時同量）させる必要があり、連系対象となる電源がない状態で自立電源として安定した周波数電源を確立する機能が必要となる。これらを状況に合わせて切り替えて使用する必要がある。その上で蓄電池を活用して電力需要の変動に対応するしくみを構築する。その参考例を**図 5 − 18** に示す。オフグリッド状態で発電を行う場合、余剰電力が発生するとその電力は行き場をなくし、この余剰電力が原因となり発電機がエラーを感知して停止する。この時、最悪のケースでは発電機が損傷する可能性がある。そのため余剰電力を蓄電池にて吸収する必要がある。逆に電力が不足すると、電圧などが維持でき

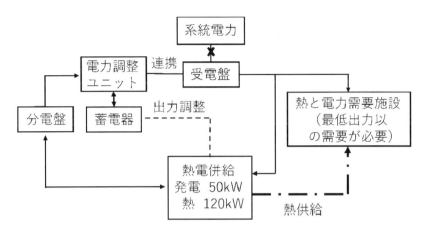

図5−18　蓄電池を活用したシステム

なくなり、これも発電機が停止してしまう。よって電力不足も発生しないシステムが必要となる。これらの電力の過不足を発生させないようにするためには、蓄電の状態に合わせて熱電併給設備の発電出力調整を行う必要がある。例えば、蓄電池の充電量が80%を超えた場合、熱電併給の出力を30%に抑制する。また充電量が30%以下になった場合、熱電併給の出力を100%にする。これにより電力の過不足なしに運用が可能となる。ただし、これにも条件があり、熱電併給設備を安定稼働させるためには最低出力以上の電力需要が常時発生することが必要である。最低出力以下の電力需要が継続した場合、充電量が90%を超えた場合、発電を停止することで対応する。この場合、熱電併給設備による発電機のON/OFFも自動制御する必要がある。出力の調整方法は各社で異なり、余剰ガスをフレアで燃焼させる方法と、バイオマスの供給量を調整する方法がある。

　ここで通常時に系統連系を行っている場合、蓄電池は活用されないため、これによるコストアップが経済性に影響を出すことが考えられる。この対策として、EV車両など通常時に別の用途として活用できるものを活用することも今後の課題となる。

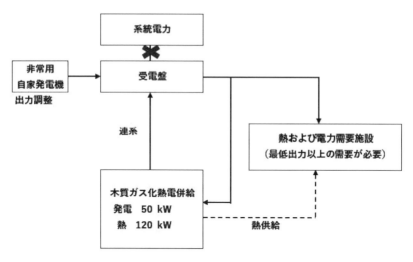

図5−19　非常用自家発電設備を活用したシステム

②非常用自家発電機を利用するケース

　図5−19に示すように、このケースの熱電併給設備は系統連系時と同じ状況での運用が可能となる。通常時は系統電源を目標に同期させた運用を行うのに対して、停電時は非常用自家発電機の電源を目標に同期を行う運用になる。よって、どちらの場合も目標電源に対して同期させて連系を行う点は、通常時も停電時も全く同じである。この場合においても、電力需要に追従が必要なことと電力の過不足を発生させられないのは、蓄電池によるシステムと同様である。また非常用自家発電機が停止してしまうと停電状態になり、熱電併給設備も停止する。そのため、常に電力需要が熱電併給設備の出力以上になっている必要があり、非常用自家発電機が停止しないようにする必要がある。この対策としては、非常用自家発電機の出力を監視し、それに応じた熱電併給設備の出力調整が最善である。

　ここで蓄電池システムと同様、通常時使用しない非常用自家発電機への投資は事業性に大きな影響があるため、病院や庁舎など非常用自家発電機の設置が行われている施設への導入方法として期待ができ

る。

　なお、初期コストに問題がなければ、蓄電池と非常用自家発電機を組み合わせた方法もそれぞれの利点を生かすことができるため有効である。

5.6　経済性と炭酸ガス削減

　事業性の確認は、二つのケースを検討した。

　一つはFIT制度利用ケース、もう一つは電力の所内利用ケースである。

　この2種類の事業の性格の相違を明確にすることで、FIT制度が終了後の運営や導入の可能性、課題などを明確にする。

（1）　FIT制度を利用した場合

　FIT制度を活用した場合のモデルケースを**図5－20**に示す。チップ用未利用原木の単価を6,500円/tとする。50kW規模の熱電給設備一基に必要な原木は676t/年である。これを木質発電設備専用チップ工場ではなく、ごく近隣の一般的チップ工場で未利用木材を加工、乾

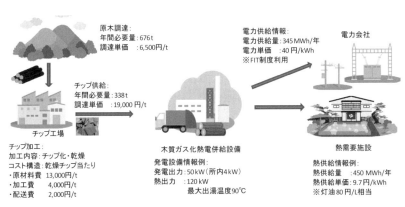

原木調達：
年間必要量：676t
調達単価　：6,500円/t

チップ供給：
年間必要量：338t
調達単価　：19,000円/t

チップ工場

チップ加工：
加工内容：チップ化・乾燥
コスト構造：乾燥チップ当たり
・原材料費　13,000円/t
・加工費　　4,000円/t
・配送費　　2,000円/t

木質ガス化熱電併給設備

発電設備情報例：
発電出力：50kW（所内4kW）
熱出力　：120kW
最大出湯温度90℃

電力供給情報：
電力供給量：345MWh/年
電力単価　：40円/kWh
※FIT制度利用

電力会社

熱需要施設

熱供給情報例：
熱供給量　：450MWh/年
熱供給単価：9.7円/kWh
※灯油80円/L相当

図5－20　FIT制度利用モデル

表5－2　運用コスト試算（FIT制度利用）

運転コスト		備考
減価償却費	6,286千円/年	初期費用　建屋10,000千円・設備60,000千円とする
固定資産税	490千円/年	定額償却として10年償却における平均値
バイオマス調達費	6,422千円/年	乾燥チップ消費量338t×単価（19円/kg at 水分10%w.b.）
電気使用料金	30千円/年	従量料金及び基本料金の平均として20円/kWhを使用
人件費	703千円/年	7500h/年÷24時間×1.5h×1500円/時
維持管理費+消耗品費	2,400千円/年	消耗品・遠隔監視など想定費用
ばい煙測定費	0千円/年	不要
灰の処分費	101千円/年	灰の発生量（燃料×1%）×30千円/t
廃液処分費	30千円/年	年間1t廃液発生とする。
一般管理費	1,500 千円/年	機械保険　500千円、予備費　1,000千円 他
合計	17,962 千円/年	減価償却抜き11,676千円

燥させ 19,000 円 /t（338t/ 年）で供給する。熱電併給設備で生産する電力は FIT 制度（2020 年時点）を活用し税抜き単価 40 円 /kWh で電力会社に販売する。発生熱 120kW は隣接する熱需要先へ供給し、灯油 80 円 /L 相当額で評価した。

　上記の条件で試算した運用コストを**表5－2**に示す。初期費用は建屋 10,000 千円、設備 60,000 千円（熱供給接続込み）を基本とし、償却年数は建屋 35 年、設備 10 年とする。固定資産税は税率 1.4％とし、10 年償却を行った場合の平均値を示している。人件費は熱電併給設備に関わる時間に対して算出しており、これ以外の時間は他の業務を行う兼務体制とする。維持管理費および消耗品には遠隔監視システムの利用料金なども含めた。その他一般管理費には保険や予備費を想定しているが、保険については使用すると翌年から増額になる。総額では 17,962 千円であり、減価償却費と燃料費がそれぞれ 35％程度を占め、次いで維持管理費が約 13％である。この 3 項目が運営には大きく影響すると考えられる。

表5－3　収入試算（FIT制度利用）

収入		備考
売電収入	13,800千円/年	売電量345,000kWh×売電単価40円/kWh
売熱収入	4,365千円/年	熱発生量900MWh×熱利用率50％×売熱単価9.7円/kWh
合計	18,165千円/年	

　これに対して収入は**表5－3**のとおり。試算条件は、発電量から所内動力を引いた送電量46kWh、年間稼働時間を7,500時間、熱利用（売熱）を熱発生量の50％とした。結果、年間18,165千円の収入で、その75％以上が売電収入によるものである。この条件で収支を考えると年間約200千円の黒字が見込まれる。ただしこれは全額自己資金の場合であり、減価償却費の範囲で年間の借り入れ返済と利息の支払いを行う必要がある。それによりキャッシュフロー上も問題のない計画となる可能性がある。

　この基本条件における事業性に対して、コストと収入を増減させることで感度分析を行う。まずコスト項目として減価償却費（固定資産税含む）・バイオマス調達費・維持管理費（消耗品含む）を変動させた場合の事業性の変動を**図5－21**に示す。減価償却費と燃料調達費は、その年間費用がほぼ同額であるため、グラフの線が重なっている。またこの2項目が収支に与える影響が大きく、維持管理費は影響が少ないことが分かる。ここで燃料費あるいは初期費用を明示できる場合、メンテナンス契約をフルメンテナンス契約などの補償内容の高いサービス契約を行うことで事業リスクを軽減することも有効な対応だと考えられる。

　次に**図5－22**に収入に対する同様の感度分析結果を示す。方法としては熱利用率がどの程度影響するのかを調べてみた。熱利用率が10％上がると収入が約5％上昇。これは年間約900千円となり、燃料費の約15％に達する。熱利用率が高くなることで、燃料単価検討に余裕も出るため、利益分配などを含めた合意形成も行いやすくなると

125

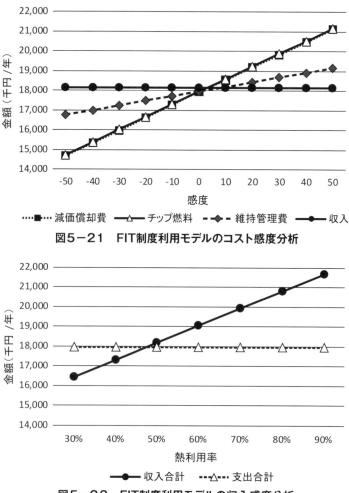

図5-21　FIT制度利用モデルのコスト感度分析

図5-22　FIT制度利用モデルの収入感度分析

考えられる。

　さらに熱電併給設備の年間稼働率を80％から90％に上げる努力を
行うことで大きく収益が上がることは言うまでもない。

(2) 電力の自家消費を行った場合

　発生した電力を所内利用する場合のモデルケースを**図5-23**に示

す。

　FIT 制度を利用しないため、使用燃料が間伐材か一般木材かなどの制限がなくなる。従い製材端材などを対象とする。建設系廃棄木材でもガス化炉使用上の問題はないが、多くのメーカーが建設系廃棄木材における異物混入などを懸念し使用を認めていないため、これは対象としない。乾燥状態の燃料単価を 4,000 円 /t、前述どおり原木換算量は 676t/ 年とする。これを前ケース同様の一般チップ工場にて加工し 8,000 円 /t（338t/ 年）で燃料購入。生産電力は自家消費することが前提で、従量料金 17.5 円 /kWh（再エネ賦課金含む）の削減効果を収入として算出する。基本料金の検討は、メンテナンス停止など発電が停止する時間帯が発生するため、現状の電力会社との契約内容では困難である。発生熱 120kW は施設内や隣接する熱需要先へ供給し、灯油 80 円 /L 相当額で評価する。

　（1）同様、上記の条件で試算した運用コストは**表5－4**のとおり。初期費用は FIT 制度と同等とするが、FIT 制度を利用しないことで補助金が獲得できる可能性がある。そこで補助率 33％（三分の一）で事業コストを試算。固定資産税などその他条件は前項と同じ条件となっている。総額では 12,264 千円であり、減価償却費が約 35％を占

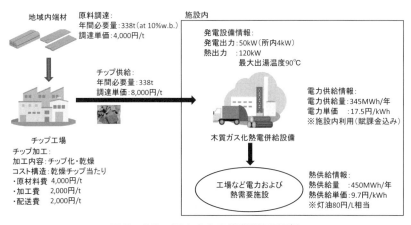

図5－23　電力の自家消費利用モデル

表5-4　運用コスト試算（電力の所内利用）

運転コスト		備考
減価償却費	4,306千円/年	補助率33%、償却期間設備10年、建屋35年
固定資産税	490千円/年	定額償却として10年償却における平均値
バイオマス調達費	2,704千円/年	乾燥チップ消費量338t×単価（8円/kg at 水分10%w.b.）
電気使用料金	30千円/年	従量料金及び基本料金の平均として20円/kWhを使用
人件費	703千円/年	7500h/年÷24時間×1.5h×1500円/h
維持管理費+消耗品費	2,400千円/年	消耗品・遠隔監視など想定費用
ばい煙測定費	0千円/年	不要
灰の処分費	101千円/年	灰の発生量：燃料の1%とする
廃液処分費	30千円/年	年間1t廃液発生とする。
一般管理費	1,500千円/年	機械保険　500千円、予備費　1,000千円 他
合計	12,264千円/年	減価償却抜き7,958千円

めており、燃料費が約22%、維持管理費が約20%を占めている。コストに占める割合は異なるものの、これらが運営には大きく影響することは前項と同じである。

　これに対して収入は**表5-5**のとおりである。所内で利用できる電力量は、前記と同様とする。また熱は販売し、熱利用率は熱発生量の50%とし、前項と同じ条件とした。この条件で合計年間収入は10,403千円の収入となり、60%近くが電力使用効果で占める。

　これらの条件による収支を考えると年間約1,800千円の赤字となる。ただし、キャッシュフロー上では約2,500千円の黒字となるため、補助率を上げたり、投資回収年数を長くしたりすることで収支は改善す

表5-5　収入試算（電力の所内利用）

収入		備考
電力使用効果	6,038千円/年	売電量345,000kWh×電力価値17.5円/kWh
熱利用効果	4,365千円/年	熱発生量900MWh×熱利用率50%×熱価値9.7円/kWh
合計	10,403千円/年	

る。減価償却費の範囲で年間の借り入れ返済と利息の支払いを行う必要があることは前項と変わらない。

　この基本条件における事業性に対して**図5−24**にコスト感度分析結果を示す。減価償却費の変動が収支に与える影響は大きく、バイオマス調達費や維持管理費では50%の減額になっても10年償却では黒字化しないことが分かる。減価償却費が50%軽減すると10年償却でも黒字化し、これは66%（三分の二）の補助金が必要であることを示している。

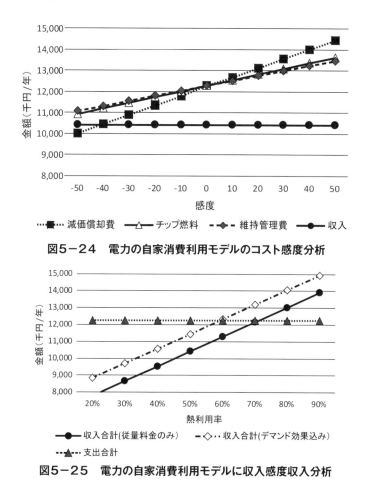

図5−24　電力の自家消費利用モデルのコスト感度分析

図5−25　電力の自家消費利用モデルに収入感度収入分析

次に収入に対して**図5－25**に感度分析を行った。分析は前項同様に熱利用率を変動させるが、バイオマス発電特約など新たな契約制度を考案し、基本料金にも導入効果が得られた場合も検討。従量料金のみが対象となる場合、黒字化するためには70％以上の熱利用率が必要となるが、基本料金まで効果が得られると60％の熱利用率で事業性が確保できる。このように導入効果として基本料金の軽減が図れることでFIT制度を利用せずとも補助金（三分の一）対応で事業性が確保できる可能性が確認できる。

なお、この熱電併給設備は地球温暖化防止、地域での減災防災対応としての活用や地域内経済循環による地域活性化などの特性を持つことから自治体に取り、多少の赤字があろうとも住民への公共益というか多くの便益を供するものである点を考える必要がある。また、建設サイドのコスト低減努力は当然だが、期間限定で国も何らかの推進費を検討することも重要であろう。

⑶ 炭酸ガス削減量

上記で検討した50kW木質ガス化熱電併給設備における炭酸ガス削減量以下の**表5－6**に示す。FIT制度であろうと所内利用であろうとその効果は変わらない。ただし、FIT制度を利用すると売電による炭酸ガス削減効果は、発電所には帰属しないため、J-クレジット

表5－6　炭酸ガス削減量

収入		備考
電力供給による炭酸ガス削減量	160 t-CO$_2$/年	売電量345,000kWh×排出原単位0.463kg-CO$_2$/kWh※1
熱利用による炭酸ガス削減量※2	232 t-CO$_2$/年	熱発生量900MWh×3.6MJ/kWh×熱利用率50％÷34.7MJ/L×灯油排出原単位2.49t-CO$_2$/L※3
合計	392 t-CO$_2$/年	

※1: 電気事業連合会2018年度データ
※2: 従来使用する燃焼機器の効率は考慮に入れていない
※3: 環境省2020年ホームページより

など排出権取引には適応できなくなる。以下の数値は熱利用率 50％のもので、電力・熱利用を合わせて 392t-CO_2/ 年が期待でき、その 50％以上が熱による効果であり、原木 1 t 当たりの炭酸ガス削減量は 0.58t-CO_2 が見込まれる。例えば、熱利用率が 100％になると炭酸ガス削減量は 625t-CO_2 となり、原木 1 t 当たりにすると 0.92t-CO_2 の可能性がある。これには原木の流通や加工などによる炭酸ガス排出量は考慮していないため、実際の取引などに使われる効果は減少することになる。

第6章

木材による
構造物と
中高層建築

6.1 木造建築のこれまでと現在

(1) 我が国の持続可能な木造建築・木造構造物

　文化財保存の専門家である村田健一によると[1]、現在、我が国で重要文化財に指定された建造物は、7世紀の法隆寺金堂から、1955年の丹下健三設計の広島平和記念資料館まで、4,235棟ある。その内の約9割が木造で、古代から近年まで木造で終始してきたことになる。木造建築は、石造建築のような鉱物性材料でできたものより、風雨等による劣化の速度は早く、適切な周期で修理を繰り返さなければならない。寺社仏閣で、太い柱や梁を使う建物では300年前後、昔の木造住宅建築では100〜200年の周期でオーバーホール的な大修理を必要とするが、蓄積・改良されてきた、木造建築の継手・仕口などの接合のしくみは、解体・組立を容易にし、当初の部材をできるだけ生かした最低限の木材での修理を可能にしていた[2]。

　日本は高品質で豊富な木材等を産出する森に恵まれ、修理時に使った木材の伐採後に植林をし、次の大修理の周期までの間に成長した木を使うことができた。雨風を凌ぐため、痛みの激しい屋根材には、檜皮、茅のような再生可能な植物性の材料を使い、20年から50年周期で葺き替え、建物に重要な、柱を支持する基礎、柱や梁などからなる軸部などを守った。これらの植物性材料は、適切な管理を行えば資材が枯渇することなく、安価に入手でき、定期的に短いサイクルで修理を繰り返すことで、職人の技術も後継者に受け継がれ、発展してきた。檜皮葺の場合、ヒノキの皮は立木から採取するが、10年ほどすると、木は皮を再生する。

1) 村田健一：伝統木造建築を読み解く、学芸出版社、12-143、2006
2) 上野邦一：文化財建造物の修理、木材保存、23-1、2-11、1997

鉱物性の石材は、資源としては絶対量が決まっており、使い尽くせば枯渇する。対して、植物性材料である木は、適切な管理の下、植林を繰り返すことにより、資源としては無尽蔵だが、管理を怠ればあっという間に枯渇する。我が国の木造の伝統建築を維持するために、茅を供給する草地を含めて、森などの資材を生産する環境を整える、持続可能な森林の循環サイクルが、里地やコモンズで継承されてきた。ここでは、我が国の木造建築の伝統、技術、文化もコモンズとして、森林資源の持続可能性に寄与してきた側面がある。

　西岡常一棟梁は、法隆寺の建物が、「主要なところはすべて樹齢一千年以上のヒノキが使われていて、そのヒノキがもう千三百年生きてビクともしません」と語っている[3]。材料としてのヒノキの強さの1000 年を超える優れた耐久性[4]と、適切な維持管理（江戸時代まで17 回の修理記録）[5]によって、世界最古の木造建築である法隆寺金堂、五重塔は、建立後 1300 年経た現在でも健在である。

　伊勢神宮は 20 年に一度、内宮と外宮の建物が建て替えられる式年遷宮があり、一度の遷宮で用いられるヒノキ材は約 1 万㎥である[6]。御用材は、元々神宮の森である御杣山（内宮は神路山、外宮は高倉山）から調達していたが、11 世紀頃から薪炭林に利用され良材の調達が困難になった。伊勢商工会議所資料によると[7]、その後、江戸時代から木曽山などから選木する慣例になった。禿山となった御杣山は、大正 12 年（1923）から「200 年の森構想」の森林経営計画に基づいた、約 3,000ha の植樹により、平成 25 年（2013 年）の第 62 回遷宮においては全御用材の約 25％が、2122 年以降にはすべての御用材が、神宮域林から調達されるとある。また、神宮の式年遷宮で使われなくなっ

---

3) 西岡常一・小原二郎：法隆寺を支えた木［改版］、NHK出版、57-83、2019
4) 西岡常一・小原二郎：法隆寺を支えた木［改版］、NHK出版、149-156、2019
5) 丸山岩三：奈良時代の奈良盆地とその周辺諸国の森林状態の変化（Ⅴ）、水利科学、38、1、100-120、1994
6) 乾淳子・新井千尋・中川朋樹：第六十二回神宮式年遷宮記念出版 お伊勢さんと遷宮、伊勢文化舎、84-136、2013.7
7) 伊勢商工会議所・伊勢文化舎：改訂新版 検定 お伊勢さん 公式テキストブック、69-70、2016

た御正殿の棟持柱は、まず宇治橋の鳥居として20年使われ、さらに別の場所で鳥居として20年使われリユース（再利用）される。屋根葺き用の23,000束の茅は、神宮宮域の萱山の内の68haから調達されるが、萱づくりと収穫は丸八年がかりで行われる[6]。本来のローカル・コモンズが復活しての「森林と茅地の循環」と、「20年ごとの建築技術と工芸技術等の職人の技術の伝承の循環」のシステムが、1300年間を超えてこれからも繰り返されていくことになる（**図6−1**参照）。

　錦帯橋（岩国市）は、川幅200mの河川内に四つの橋脚を持つ5連の木造橋で、中央3連がアーチ橋（スパン35m）、両サイドが桁橋構造を持つ反橋である。藤森・藤塚[8]によると、土木構造物の世界で唯一にして最大といわれる木造アーチ橋の錦帯橋も、1673年に完成後、記録を残しながら、20年ごとに修復し改良を重ねて技術が伝えられてきた。わずか6寸角（18cm角）の材（桁）を長さ方向、橋を

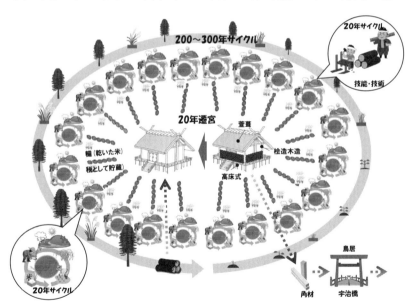

図6−1　伊勢神宮の20年遷宮の繰り返しのシステム

出所:山崎作成

8) 藤森照信・藤塚光政：日本木造建築 千年の建築を旅する、世界文化社、187、2014

渡る方向に角度をつけながら三分の一ずつずらしてせり出し、橋の両端から11個ずつで滑らかな曲線、足取り軽く渡橋できる勾配のアーチを形作り、35mのスパンを架け渡している。橋自体の重さが1,000tを超える石のアーチである、東京の日本橋が支える同じ1,000人分の荷重60tを、重さ40tの錦帯橋が支えることができるのは驚きである[9]。ここでは、石に比べて木が、比強度（強度を密度で割った値）が高い、言い換えると耐力に占める自重が軽く、しかも加工が容易であるという特性が生かされている。さらに木材の種類も、ヒノキ材156㎡（橋板・高欄などの水がかり部分）、ケヤキ材（応力の高い部位の構造材の桁・大梁など）、アカマツ（その他の構造材）と、適材適所で使い分けられていた（岩国市錦帯橋課【錦帯橋】岩国市公式ホームページ参照）。橋脚の桁尻（末端部）部分を土で覆ってしまうため、桁が腐り朽ちることから、約20年ごとに架け替えが必要であり、定期的な架け替えによって技術が伝承されてきた。しかし、1950（昭和25）年のキジア台風で流出後、1953（昭和28）年の再建で鉄筋コンクリートの橋脚になるとともに、架け替えの間隔は50年となった。そのため、前回架け替えの経験者の参加が困難になり、周辺地域での本格的な木工職人の減少と相俟って、架け替え技術の伝承（技術者の育成）という課題に直面している[10]。

　第二次世界大戦後、公共建築物や大型建造物の鉄筋コンクリート化や、住宅の欧風化、耐火構造化による木造率の低下が加わり、内装にも木材が使われなくなりつつある。人と木との付き合いが薄くなり、人々は木と縁遠い生活を送るようになった。木造伝統建築と、それを培ってきた文化を伝えていくために、もう一度現代生活の中に木の文化を根付かせ、職人の技術と森林の循環サイクルの継承が求められる。

---

9) 岩国市：錦帯橋国際シンポジウム　木造文化の粋－錦帯橋の真実性（Authenticity）を問う－、38、2008.1.27
10) 岩国市錦帯橋みらい構想検討委員会：錦帯橋みらい構想　～錦帯橋の歴史を繋げていくためにすべきこと～、2-7、2007.3.30

そんな状況の中、2020年12月の「伝統建築工匠の技：木造建造物を受け継ぐための伝統技術」の、ユネスコ無形文化遺産登録が、これらのきっかけとなることが期待される。

(2) 木を除いて日本文化を語ることはできない

小原の述懐によると [11]、日本では仏教の思想を基に、人間は自然の一部だが、建物と都市もまた自然の一部であり、住まいは厚い壁で自然と隔絶することがなく、障子を開ければ自然があってひとりでにつながっていく。庭園は自然の景色を模倣し（池、島、滝）、遠景の展望（借景）までも取り入れ、山も森もさらには月でさえもが全体で一つのものだというとらえ方になった。ここでは、建築は庭園・自然の景色に同調、譲歩していて、朽ちて自然に還るが循環を繰り返す、生物材料である木が建築の材料に最も適していて、実際に自然（森林）と建築は循環していた。人、人工（噴水、彫刻、生垣、幾何学形状など）が自然を支配し、その中での鑑賞、散策を目的とした西洋の庭園・都市では、建築が庭園・都市の景観の中に包括して設計されるので、建築物は少しも自然に譲歩・同調せず、自然との関係も希薄であった。そこでは、庭園や都市と同じ石造や煉瓦造、近代に至ると、より自由な造形が可能なガラスや鉄、コンクリートが用いられることになる [12]（**図6－2参照**）。

小原が「木を除いて日本文化を語ることはできない。」と強調しているように、我々日本人の文化の根底には、朽ちて自然に還るが循環を繰り返す豊かな自然（森林）、その恵みである木を同じく循環を繰り返しながら、無駄にすることなく使って培ってきた建築、橋、家具、工芸などの伝統技術・文化、それぞれを継承してきたコモンズがある。

一方、最近、ヨーロッパの建築・都市では、グローバル・コモンズ

---

11) 西岡常一・小原二郎：法隆寺を支えた木[改版]、NHK出版、234-236、2019
12) 鼓常吉：西洋の庭園、創元社、10-48、1961

石、煉瓦、鉄、コンクリート（無機物）　　低湿度

ガラス　　庭園　　自然（森林）

岩盤

(a) 西洋（西欧）

木（有機物）

梁　　高湿度　　自然（森林）

柱　　庭園　　　　　　　　　　山

畳　　　　　　　　　　　　　　土

(b) 日本

図6−2　西洋（西欧）と日本の建築、庭園、自然（森林）の関係

出所:山崎作成

としてCO_2排出量を減らすとともに、ローカル・コモンズとして再生可能な建築材料としての木造と、木材を生産する森林との関係も見直されるようになった。そこでは、新たな建築や都市のコンセプト・空間も生まれる兆しが見られ、次章以降で、日本での従来のコモンズを引き継ぎながら、新たな知見・技術で「ニュー・コモンズ」に発展させようとする、都市木造・木造住宅での動向とともに、紹介する。

⑶ 第二次世界大戦後の我が国の木造建築

　1951年から2019年までの70年間での日本の建築物着工床面積は、**図6−3**に示すように、1990年の約2億8,000万㎡強がピークであった。その中で高度成長期の1970年代の木造着工床面積は、平均約1

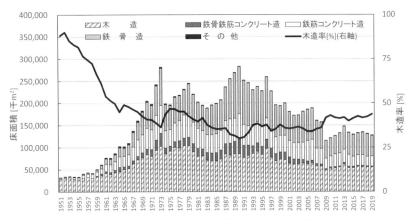

図6－3　構造別建築物着工床面積の変動

出所:国土交通省建築着工統計調査報告より作成

億㎡弱で、その木造比率は30％であった。その後、この10年間は、半分の5,000万㎡にまで下がっていき、比率は40％強であった。それは建設市場全体が縮小し、かつ半分以上の市場がRC造と鉄骨造に奪われたためだ。

　図6－4は、1955年から2018年までの木造着工床面積、薪炭材を除いた木材総供給量（輸入製品含む、丸太換算）、建築製材・合板用材（建築用材量）、国内生産用材量を示す。

　木材総供給量は、建築用材量と建築材以外の用途（家具、梱包材、パルプチップなど）の用材の合算を示している。

　2016年には、人工林の資源の充実、合板原料の国産材利用増加により国内生産用材量（太い破断線）は2,236万㎡に増加し、国内自給率は3割ほどまで回復した。しかし回復は国内の木材総供給量が、木造着工床面積の縮小に相関して、減少を続けたことが効いているに過ぎない。

　図で分かるように、2018年の建築製材用材・合板用材の2,716万㎡は、人工林の成長量6,000万㎡を大きく下回り、国内生産用材量約2万3,000万㎡とほぼ同等となり、建築用需要の縮小が、国内生産用材量および

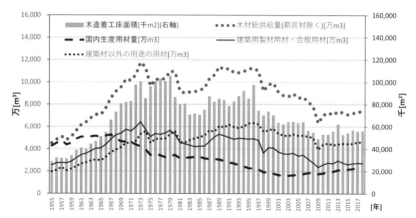

図6-4　木造着工床面積、木材総供給量、建築製材・合板用材建築材以外の用途の用材と国内生産用材量

出所:建築着工統計調査報告、森林林業白書より作成

木材全体の木材の需要縮小に大きく寄与したことが再確認できる。

　木材コストを上げ、山主と、植林・伐採などの施業者への収入を増やし、それにより林業従事者数を増やし、循環木材生産林面積の拡大を進めるのが、国産材の供給量を高めるための大きな課題と考えられる。

6.2　「見直された」木の建築・構造物と低中層建築物の展開

(1) 高知県梼原町（ゆすはら）の木の建築、木の構造物

　1960年代、日本では近代建築（モダニズム建築）が次々と建ち始めた。モダニズム建築とは、20世紀前半に欧米でスタートし、世界のどこでも手に入り、効率的にスピーディに大規模な建築を作ることができる、コンクリートと鉄にふさわしい新しい建築表現が確立され、高度経済成長まで続いた工業化社会、産業資本主義の建築スタイルをいう。それ以前のレンガ、石、木材など、それぞれの場所で最も手に

入れやすく、古くから使われ続けた「地元の材料」は、すべて古臭い装飾的建築材として否定された[13]。この20世紀の工業化社会の産物である、鉄とコンクリートとガラスを使った建築の「人工の箱」によって、自然と人間は分断され、内部の室内環境は、大量の化石燃料利用が前提となり、膨大なエネルギーを消費する空調システムで制御するしかなかった[14]。そして建築も地球温暖化の要因となったと隈研吾は述べている。

2000年前後から、地元木材を使って建物を建て、長く大事に使っていくことが地球温暖化の解決に有効であることが実証されたことがきっかけになり、木の建築が世界中から注目され始め、ヨーロッパでもCLT（直交集成材）構造の10階程度の中層木造建築が建設されるようになった。また、ITが中心となった生活のストレスを癒し、子供のこころを癒すために、木の建築が有効であることが実証され始めた。さらに、木造空間は、体が冷えにくく汗や空気を吸収し、快適な環境でもあり、木は人と環境に優しいことが知られるようになった。

バブルが弾けた1992年に隈は、細い木材を組み合わせた繊細な構造システムで屋根が支えられ、板張りの床の上に座布団を敷いて座る梼原町の古い芝居小屋「ゆすはら座」に出会った。「ゆすはら座」、梼原は、隈が木造という建築技術を再発見した場所で、「梼原で新しい可能性を発見した」と、後に語っている[15]。そこから隈と梼原町との長い交流が続き、梼原町内5カ所6件、すべて地元スギ材を使った隈研吾作品（建築）が1カ所に集った「隈研吾の小さなミュージアム」がオープンした。

「雲の上のホテル」と「雲の上の温泉」を結ぶ「雲の上ギャラリー施設」の、地上高13.7mのブリッジ棟の長いスパン（46.7m）は、日本建築の軒を支える「斗供（ときょう）」という伝統的な木材表現をモチーフと

13) 隈研吾：ひとの住処 1964-2020、新潮社、40、2020
14) 隈研吾：ひとの住処 1964-2020、新潮社、183-203、2020
15) 隈研吾：ひとの住処 1964-2020、新潮社、117-124、2020

して、「刎木」を何本も重ねながら、桁を乗せていく「やじろべえ型刎橋」という、新しい架構形式の建築で支えられている（**写真6－1(a)** 参照）。スギ321㎥（すべて梼原産材）、ヒノキ139㎥（内45㎥が梼原産材、残りは県産材）、合計460㎥の木材が使用されている。地上に立つ一本の柱（高さ9ｍ）に支持された、梼原産のスギの小径材（18cm × 30cm角集成材）を、繰り返し九段に組み上げて、木橋棟の柱（16cm × 27cm角集成材）一本、一本を支えており（**写真6－1(b)** 参照）、「やじろべえ型刎橋」の架構そのものが雲の形状になっている。木造の架構によって作り出された、雲の形状の曲線によって縁どられた、背景の梼原の森林の緑が、空の青さと組み合わさって映えていた。先述した錦帯橋（岩国市）での、橋脚そばに下り立ち、小さな部材の組み合わせで形作られた、滑らかな曲線を描いているスパン35ｍのアーチに縁どられた、空と、山の緑が想起された。2003年刊行『木の文化をさぐる』[16] の著者小原によると、木が金属（鉄など）やコンクリートと一番大きく違うのは、何百年経っても呼吸し続けることで息をするから空気がなじみ、空気がなじむから輪郭線にぼかしがある。それがヨーロッパで見た石や鉄のアーチで縁どられた空と山の緑の風景とは、より違うものにしているとも考えられた。樹木は伐

(a)外観

(b)内観

写真6－1　雲の上ギャラリーのやじろべえ型刎橋

写真提供:梼原町まろうど館提供　　　　　　写真:山崎撮影

16) 小原二郎：木の文化をさぐる、190、日本放送出版協会、2003

られたとき第一の生を絶つが、建物に使われると第二の生が始まって、その後何十年、何百年も生き続ける力を持っている[3]。

　写真６－２梼原町立図書館は、建築面積 1,170.5㎡、地下１階・地上２階の鉄骨造一部木造であるが、91㎡の梼原産材のスギ、県産材のヒノキ 9.7㎡、合計 100㎡の材が使用されている。内部は森の中を表現するような木が林立する、吹き抜け空間になっている。館内に入った瞬間木の香りが広がり、玄関で靴を脱いだ子供達は、裸足で木の床を歩いたり、座って本を読んだりして、森の中にいるような図書館で気持ち良さそうに過ごす様子が見られる。大量のスギ材の木組みを使いながら、人に圧迫感を与えない一因は、その木肌が柔らかく変化に富んでいて心がやわらぐからである。隈は、この図書館で、森の中を思わせる天井からの木組みに使われたような、間伐材により供給される小径木と呼ばれる、細くて同じ断面寸法の木材を多く使うことで、森林保全にも寄与しながら CO_2 を固定し、持続可能なゆるやかでやさしい循環システムを再構築すること[14]を、コンセプトとしていると思われた。同様なコンセプトが、隈設計の「やじろべえ型刎橋」や、新国立競技場でも用いられたと考えることができる。

　梼原町には、隈の設計以外にも、1998 年完成の木製トラス橋（歩道橋）の「六根の橋」、2001 年完成の屋根付き木製トラス歩道橋で三嶋神社につながる「御幸橋」、2006 年に完成した木造中路式アーチ車

写真６－２　梼原町立図書館内観

写真提供:梼原町まろうど館提供

写真６－３　木造の梼原橋

写真:山崎撮影

道橋の**写真６－３**の「梼原橋」がある。従前の橋梁はコンクリート
だったが、老朽化に伴い、梼原産のスギ材 870㎥から採られた集成材
260㎥を使用して、延長 29.8 m、車道幅 5 m、歩道幅 2 mの木橋に架
け替えられた。木製車道橋として架け替えることで、木の文化を後世
に伝え、全国へ発信できる地域のシンボルになると考え、整備された。
梁幅 600mm ×梁成（梁高さ）1,500mm のアーチ部材からの5m ピッ
チの吊り材（47.5mm φ）を、梁幅 500mm ×梁成 1,000 mの断面の
２個の橋桁の間に挟み込んで吊る構造になっている（資料提供梼原町
役場）。木材は生物材料であるが、性能が安定した集成材に加工する
ことにより、橋梁という絶対安全を求められるインフラ整備にも適用
することが可能になった。

　隈によると、橋などの土木構造物を含めて建築をどう生産するか
に対して、我々は再び木材に着目すべきで、その大地を、その場所
を材料として、その場所に適した方法に基づいて建築は生産されな
ければならない。場所とは単なる自然景観ではなく、場所とはさま
ざまな素材であり、素材を中心にして展開される生活そのものであ
る[17]。梼原町では、町産のスギ材を中心として展開される生活であり、
日本全国で多様な自然（森林）や場所に依存して、多様な生活が展開
される。それは、20 世紀から現代まで、あらゆる場所や自然が、均
一な（CO_2 を排出する）コンクリートという一つの技術、その技術の
裏にひそむ単一の哲学によって、同一化された時代からの脱却を意味
する。

② 木材需要拡大とそのイノベーションによる実践事例

　森による二酸化炭素の吸収や固定能力を高く維持するためには、森
林整備と木材を大量に伐り出し、木造住宅、低中層ビル、橋等、可能
な限り長く木の状態（炭素固定）で使い続けながら、伐採後は植林を

17）隈研吾：自然な建築、岩波書店、14-15、2008

し、若い木を育て二酸化炭素を多く吸収・固定させるサイクルを回す必要がある。

　近年、CO_2固定と森林資源の出口の需要拡大として、都市の大型構造物への展開が大きく期待されている。図6−5で分かるとおり、既存の建築市場における、階層別・構造別の着工建築物の木造床面積は、木造3階建てまでの総床面積が60％、5,312万㎡と過半数を占めているが、4階建て以上では、2,876万㎡の内木造は0.04％の1.2万㎡と、極端に少なくなる。従来、4階建て以上では、建築基準法で耐火要件のつく場合が多かったが、耐火建築物は、2004年の告示から、大臣認定を受けることなく建設が可能になった。厚さ30mm程度のラミナ（ひき板）の繊維方向を直交させて積層したCLT（Cross Laminated Timber）や、繊維方向にそろえて積層した集成材の利用により、4階建て以上の建築物の木造床面積を増やすことが可能になり、新たな森林資源の出口開発となる。

　木造中高層建築が無かった理由は、「強度、火災、風水害対応」などについて長い間、性能面で課題があったので、法によって制限されていた。

階層別・構造別の着工建築物の床面積

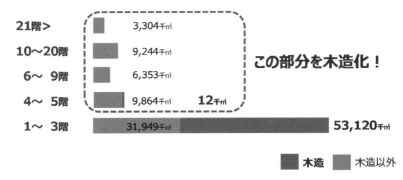

図6−5　建築市場における木造建築

出所:国交省建築着工統計(平成28年度)に追記

2010年に「公共建築物等における木材の利用促進に関する法律」（木促法）が、「木材利用の促進により、林業の持続的かつ健全な発展」を目的として施行され、状況は一気に変わった。

　森林グランドサイクル（森林サイクルの枠を超えた森林と社会とを結ぶ大きな資源と経済の循環）を構築する活動を進めている、竹中工務店が開発した「燃え止まり型」大断面集成材の「燃エンウッド」は、大規模都市木造建築に要求される耐火性能を含めた、さまざまな与条件を満足するものとなった。その一部の耐火構造のしくみとその燃焼実証を**図6−6**、**図6−7**に紹介する。

　その断面は、外側から火災時に木が炭化することで熱を通しにくくする「燃え代層」、熱を吸収し内側への火の進入・炭化を防ぐ、石膏やモルタル材による「燃え止り層」、建物を支える構造体の部分となる「荷重支持部」で構成されている。**図6−7**に示すように、「燃え代層」、「燃え止り層」で遮熱され、火災発生から想定火災時間を経過しても、「燃え止り層」に接した部位の温度は木材の燃焼温度に到達しない。2時間耐火認定を受けた「燃エンウッド」を使うことで、最

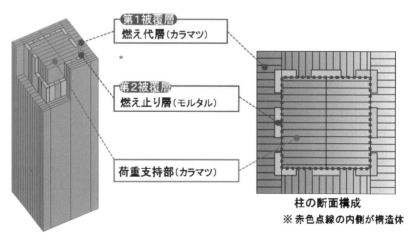

図6−6　大型木造建築物「燃エンウッド」の耐火構造のしくみ

出所:竹中工務店提供

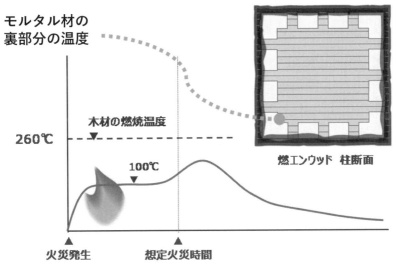

モルタル材の
裏部分の温度

木材の燃焼温度

260℃

100℃

燃エンウッド　柱断面

火災発生　　　想定火災時間

図6−7　　「燃エンウッド」の燃焼実験

出所:竹中工務店提供

上階から14階建てまでの木造建築が可能になった。

　日本の木造建築にはスギ・カラマツ・ヒノキが用いられるが、中高層建築に用いる材料の木は、比重が大きく、燃えにくく、強度も高いカラマツが用いられることが多い。

　「燃エンウッド」の主な適用事例は、2013年の「大阪木材仲買会館」（3階建て）をはじめとし、駅に近い商業施設「横浜市サウスウッド」（4階建て）、教育施設としては2015年の「横浜商科大学高等学校実習棟」（4階建て）と2018年の「東京都江東区立有明西学園」（5階建て）が挙げられる。「有明西学園」では、「燃エンウッド」集成材に400㎡、内装材に800㎡の木材が使用され、子供達の豊かな学習空間を提供している（**写真6−4**参照）。2020年現在では、完成11件、工事中6件にも上る。

　中高層ビルを木造建築にするもう一つの工法としては、床・壁へのCLTの適用があり、20年前にオーストリアで開発展開され、現在は欧米で建築材料として普及している。

写真6−4　教育施設（江東区立有明西学園）の図書館内観

出所:竹中工務店提供、写真撮影:株式会社ミヤガワ

　日本では 2016 年に、CLT に関して建築基準法に基づく告示が公布・施行され、軽量、加工の容易性、工期短縮、優れた断熱性、建築計画の高い自由度など多くのメリットがあり、耐震壁としても優れ、国産木材利用増大のためのツールとして大いに期待されている。現時点では、RC 床に比べて、コストが高いことが最大の課題であるが、デザイン的に木（CLT 材）を「現し」で使うためには、一般の建築物と同様に**表6−1**の耐火要件が用いられる。欧米とは、耐火要件が異なることに留意する必要がある。

　まず、国内の低中層ビル CLT パネル工法の事例として、**写真6−5**に示す研修宿泊施設がある。これは「竹中研究所匠新館:地上３階・地下１階」で、CLT 燃え代設計による**表6−1**の②準耐火建築物の要件を満たしたものである。ここでは視線の至る所に木材が用いられており、目にも体にも優しい内装と外観となっている。

　次は高知学園大学で、学校側での、木の効果が教育に良いという認

(a)外観　　　　　　　　　　　　　　　　　　(b)内装

写真6−5　CLTパネル工法の事例：竹中研究所匠新館の外観・内装

出所:竹中工務店提供　写真撮影:伊藤　彰/aifoto

表6−1　CLTを見せながら「現し」仕上げで使うための耐火要件

		①その他の建築物	②準耐火建築物 （45分、1時間）	③耐火建築物
階数・用途		主に2階建以下 （事務所、学校、住宅等）	主に3階建以下 （事務所、学校、共同住宅、 住宅等）	階数及び用途制限なし （階数により耐火時間が 異なる）
建築地の 防火地域規制		防火地域以外 （地域により規模・階数の 制限あり）	どこでも可 （地域により規模・階数の 制限あり）	どこでも可
CLT現し	構造躯体	○	○	×
	耐震壁	○	○	○
	簡易間 仕切り壁	○	○	○

出所:日本CLT協会「はじめるCLT 建築　～CLTが新しい日本の建築を創る」p.7を山崎が改変

識が、RC 造の当初計画が木造化提案に至った経緯の一つになった事例である[18]。教室、準備室、実習室が一室ずつ連なる各階540㎡の3階建で、両妻面と内部、合計4列の自立したCLT 三層通し耐力壁として使われている。CLT 壁（高知県産スギ材）は、生産・運搬の観点から、幅2.2m×高さ11.5m、厚み150mm（30mm 厚5層5プライ（積層））を二枚張り合わせの300mm としており、燃え代設計を行っている。内外装ともに、柱筋交の線材と、CLT のような面材という

18）横畠康/艸建築工房：高知学園大学、2020年新建築11月号、新建築社、95、15、144-151、2020.11

二つの異なる表情の「現し」により形成された木の空間が、学生の感性に優しく訴える効果が期待されている（**写真6-6**参照）。壁、床、屋根で使われたCLTの総量は274㎡であり、耐火要件は**表6-1**②である。

　さらに、集成材とCLTの製造と施工を手掛ける、岡山県真庭市の銘建工業本社事務所を、事例として紹介する。各階床面積約500㎡で2階建、ロビー一部吹き抜け（天井高7.7m、最高高さ9.25m）空間では、欧州カラマツ集成材の斜め格子（菱組）に支えられた、最大11.5m×約3m（スギt = 120mm）のV型折版の屋根、V梁（ヒノキt = 150mm）、壁（スギt = 150mm）、床（スギt = 120mm）、それぞれ

(a)外観

(b)教室内観

写真6-6　CLTパネル工法の事例：高知学園大学の外観・内観

出所・写真撮影：艸建築工房

(a)外観

(b)事務所内観

写真6-7　CLTパネル工法の事例：銘建工業本社事務所の外観・内観

出所・写真撮影：銘建工業　　　　　　　　出所：銘建工業、写真撮影：エスエス企画

の厚みの CLT パネルが「現し」で使用されている。これらに加えて、エレベータボックスの木製壁や木製階段、木製家具に包まれて、トップライトと大きなガラス面から自然光が射し込む、「木の事務所空間」である[19]（**写真6－7**参照）。この空間は、木造建築の可能性や魅力を、五感を通して伝えるショールームの役割を果たしながら、新しい価値を提案し続ける企業として存続する、「100年後も使い続ける建築」のコンセプトを表現している。外皮を十分な断熱材と気密性を保つエアバリアでくるまれた一体空間は、充分な換気量が確保され感染症対策にも適合し、省エネでかつ快適、健康な執務および見学空間でもあり、社員のコミュニケーションを活発化し、新しい働き方につながっている。壁、床、屋根、V 梁で使われた CLT の総量は278㎥で、今回は県外材を利用している。工場のバイオマス発電によるグリーン電力の利用も含め、集成材や CLT 材など新たな知見・技術でサスティナブル（目標100年間）に森林資源を利用する、「ニュー・コモンズ」の萌芽ととらえることもできる。本建築の耐火要件は**表6－1**①である。

　一方、スイスに在住している穂鷹知美は、ヨーロッパ、特にドイツ、オーストリア、スイスのドイツ語圏では、静かな木造建築ブームが起きていると報告している[20]。木造建築の需要も高まっており、実際に CTL の生産量も、全ヨーロッパで2008年の20万㎥から2020年には120万㎥になると予想されている[21]（2019年の日本の CLT 生産高は1.3万㎥）。上記メリットに加え、CLT は RC 造や鉄骨造に比べて生産工程でもエネルギー消費が少なく、CO_2 を固定し循環可能な資源であるエコロジカルな面と、木の柔らかな内装に囲まれるとともに、

19）新建築：銘建工業本社事務所、2020年新建築4月号、新建築社、95、5、76-85、2020.4
20）穂鷹知美：未来都市には木造高層ビルがそびえる？　〜ヨーロッパにおける木造建築最新事情、海外情報2018-09-11、日本輸出入協会
21）Ebner, Gerd: CLT production is expected to double until 2020. This means a production volume of 1.2 million m³ for Europe, Timber-Online.net, translated by Susanne Höfler, 2017.6.13

断熱・遮音性に優れた室内の快適性が、ブームの主な要因となっているようだ。「ここで目指されているのは、人と地球に健康的かつ環境負荷の小さい生活のための、資源とエネルギーの効率的利用である。」のように小宮山は総括している[22]

(3) 医療施設事例

2016 年、透析専門クリニック「医療法人社団中郷会新柏クリニック」が竣工した。地上３階、延床面積約 3,100㎡、建築面積約 1,250㎡、RC（鉄筋コンクリート造）＋Ｓ（鉄骨造）＋木造（燃エンウッド）である。これまでに見られなかった延床面積の約４割が木造部とした点に大きな特徴がある。その概観を**写真６−８**に、そして、その特徴をよく表している透析室を**写真６−９**に示す。本クリニックには、約 150㎡ の集成材（燃エンウッド）が使用されている。

透析室は、燃エンウッド・大断面集成材の柱梁で構成し、室内天井から軒裏までをヒノキ板材を用いて木質化するなど、透析治療中の患者の視野を広く木質材料で覆う設計に特長がある。木を効果的に用いたデザインにより、治療のストレスを極力低減することを目指した環境・設計計画である。「木のぬくもり」を感じられるようにすることに加えて、窓を大きく開放的にし、透析ベッドの間隔を広げ、透析患者同士の見合いがないベッドレイアウトにする等、空間的な環境改善をめざしている。

その結果の調査は、竹中工務店の宮崎賢一らにより行われ、旧施設コンクリート構造から新施設の木造建築への移転が、290 名の患者様にどのような心理的な影響を与えるかを発表している[23]。

主な調査結果として、以下の大きな２点が得られている。

22）小見山陽介：世界の動向「環境・木造・森林」 第６回オーストリア "エネルギー"、NTTファシリティーズ総研
23）宮崎賢一、西田恵、森一晃、瀬戸洋子：都市型木造医療施設における室内環境が利用者に与える効果調査 その１ 非木質空間と木質空間における利用者の心理比較、日本建築学会講演

①新施設の方が旧施設に較べて緊張や不安が有意に低かった。

②65歳未満では、新施設の方がネガティブな気持ちは有意に低く、65歳以上では差がなかった。

写真6−8　都市型の木造医療施設「新柏クリニック」外観

出所:竹中工務店提供、写真撮影:株式会社エスエス

写真6−9　木を効果的に用いた透析治療室

出所:竹中工務店提供、写真撮影:株式会社エスエス

結果から、施設の木造による新デザインと建築構造は、患者の緊張や不安の低減や、病へ立ち向かう積極的な気持ちの向上に寄与する傾向が見られた。

(4) 中高層木造建築事例

　建築界の国際的な賞と言われるプリツカー賞を受賞した坂 茂が、2013年チューリヒに、木造の7階建て木造オフィスビル「タメディア（メディアグループ）新本社」を手がけた。構造材には、スプルースというマツ科の集成材を用い、使用された木材は2,000㎡であり、接合部分に金属を用いておらず、木の構造体がガラス越しに透けて見えるようにしている。約11mスパン（構造物の柱間寸法）の木造架構の両側に、3.2mスパンの小さなフレーム空間を設けている点も注目される。この空間には、オフィスの個室や、外部と内部の中間的エリアとして各階を空間的に連続させる階段や、ガラスシャッターを開くと半屋外化するラウンジスペースが設けられた（**写真6-10**参照）。風を受け外気を吸い、川を眺めながら、打ち合わせや作業がで

(a)施工中の外観、木造柱・梁
写真撮影:Blumer-Lehmann AGr

(b)半屋外化するラウンジスペース
写真撮影:Didier Boy de la Tour

写真6-10　タメディア新本社

きる、西洋の空間構成では珍しい（6.1（2）項参照）、屋外に向けて閉ざさず、開かれた屋内空間である。「単に鉄を木に置き換えるということではなく、木を木らしく使用し、木造でしかできない温もりを感じる快適なオフィスビルに仕上がった。」と、坂 茂は話している[24]。

　次に、コンペの設計時から8年半かけて2019年10月3日にグランドオープンを迎えた、同じく坂 茂の設計で、世界最大級の木造構造建築物となるキャンパスを紹介する（**写真6－11**参照）。これは、「スウォッチ（時計会社）」の本社ビルオフィス、オメガ社の時計製造センター、ミュージアム・会議棟を備えた3棟で構成されており、3棟で木材使用量は4,600㎥に及ぶ。11,000㎡の広大な屋根を構成する木造グリッドシェルは、7,700もの部材で組み上げられており、有機的な形状で、RC造の建物のコアや床スラブ（地上5階、地下1階）を覆っている（**写真6－11**参照）。シェルには、極めて対候性の高い

写真6－11　スウォッチ本社外観

写真撮影:Nicolas Grosmond

24) 日経アーキテクチュア 編：日経アーキテクチュアSelection 世界の木造デザイン、日経BP社、20-74、2017

3種のパネルや、各種設備配管（冷温水管含む）が組み込まれ、地下水を熱源として、床に組み込まれた冷温水管と輻射冷暖房として機能させ、ドラフトのない空調を実現し、屋根に組み込まれた太陽光パネル（2,770㎡）での発電とともに、環境への配慮と快適な職場の環境の両立を担保している。

坂 茂は、木材が建物内の人々、そして地球環境双方に以下のような利点をもたらすとして、木造建築を推進している[25]。木材は完全に再生可能な数少ない建材の一つであり、木造建築では建設期間が削減され、クリーンで騒音の少ない建設が可能。木造建築によるCO_2排出量は、RC造の半分、鉄骨造の三分の一程度で、適切に管理する森林とそこで生産される高度な建築用木材が、天然資源に価値を生み出し、都市と産地との経済的結びつきを強める。そのうえ木材は、図面を描けば、3D加工技術により正確にカットでき、精度が高く、スピードも速く、コンクリートより施工のクオリティを追求できると、坂 茂は語っている[24]。再循環できる木材を建築に活用する思想は、日本の伝統と同じものだ。しかし、建築を自然素材である木材で作ることによって、地球温暖化対策でEVが普及し、騒音と排気ガスがないこれからの環境でかつ感染症対策を考慮し、6.1(2)項で説明した歴史的な西洋の空間構成とは違う、「タメディア」の半屋外空間のような、心身の健康とエネルギー節減に着目した、建築と都市の空間の新たなコンセプトが、ヨーロッパに今後出現するのか注目される。

第9章で木材利用面について比較するオーストリアでも、高さ84m、24階建て、床面積19,500㎡の木造高層建築「HoHo」が、ウイーンに2019年初頭に完成した。サービス付きの住居、オフィス、他飲食サービスなどが入居する複合施設である。建物のコア（耐震壁や柱などの構造部材）部分はコンクリートで、それ以外の部分（地上階から

25) 坂茂建築設計：世界最大級のハイブリッド木造建築スウオッチ社、オメガ社の新社屋が竣工、Press Release、1-7、Oct.03, 2019

上の建築部分の 75％）は木造のハイブリッド構造が採用された [20) 24)]。

　次は日本の事例として、東京都江東区東陽町で 2020 年に竣工した**写真6－12**の「フラッツ・ウッヅ木場」（2020 年度ウッドデザイン賞　林野庁長官賞受賞）を紹介する。これは東京のコンクリートビル群の中にあって、「都市と人に優しく、柔らかな風合い」を見せる、木造の単身者用共同住宅 252 戸耐火建築物で、中高層都市木造の可能性に挑戦したものである。

　本建築は、地上 12 階、延床面積 9,150.73㎡、建築面積 914.03㎡、敷地面積 2,466.74㎡、RC ＋木造＋一部 S 造、基礎免震構造である。市街地に位置し、中高層建物に囲まれている。**写真6－12** のように、本木造建築は「都市の森林」を彷彿とさせる外装としている。これはマツやスギを 200℃の加熱処理で木腐りの原因となる糖を炭化させ、寸法安定性、防腐性能を持たせた熱処理木材になっている。本計画の木材総使用量 157㎡は、CO_2 質量換算で約 100ｔ の炭素量を固定して

写真6－12　「フラッツ・ウッヅ木場」の外装、外観

出所:竹中工務店提供　写真撮影:山崎

159

いる。また、木材はコンクリートの五分の一の重量であり、重機サイズや基礎負担の削減ができ、工期についても、RC造に比べて短縮を図ることができる。

　写真6－13の8階食堂は天井や床の他、柱や梁に燃エンウッドを用いるなど豊富に木を用い、入居者は木のぬくもりに触れながら、広い開口部から周囲の眺望を楽しむことができ、都市の中に木の落ち着いた空間が生みだされている。

　今後、都市での中高層木造建築の普及には、「フラッツ・ウッヅ木場」が、循環型社会を実現する建築として大いに参考にされることになる。そして、木を使った屋内・屋外空間については、戦後これまでのコンクリート、鉄、ガラス、大理石を使った近代的なデザインと機能性を併せもつ、ル・コルビジェの「輝ける都市」のような建築・都市空間とは異なる、人々を和ませ、健康に配慮された柔らかで新たな空間・景観として評価されることが期待される。

写真6－13　「フラッツ・ウッヅ木場」の8階内観

出所:竹中工務店提供　写真撮影:山崎

木は人と環境にやさしく、「古くて最も新しい」材料であり、最先端の木造建築技術が実用化された今、世界の潮流は、木造最優先「ウッドファースト（まず木造で建物を建てられないか検討する）」であると、木村一義は最近の状況を俯瞰している[26]。

(5) 取り戻したい木との暮らし、最近の木造住宅の事例

　中高層木造建築の普及と併せて、木造住宅の復活も急務で、最近の木造住宅「川越の切妻屋根」（設計：澤秀俊設計環境）を事例として紹介する[27]（**写真6−14**参照）。正方形平面に勾配45°の大屋根を架け、目前に広がる田畑に向けて目いっぱい開放し、全面ガラスにした切妻破風が風景を三角形に切り取り、田畑から庭、テラス、広間と2階の子供室、ワークスペースまでが一体となる。田畑からの新鮮な空気を1階開口部から導き、室内で暖められた空気が大屋根から突き出た高窓から抜けることで、自然換気が促される。旧来の日本の民家のように、吹き抜けの大らかな空間が住まい手をやさしく包み込み、仲睦まじい家族の温かな空間を形づくるのに木（外壁・内壁は秋田杉）は最も有効な素材であり、屋外に開き、田園の環境を活用した地球環境にやさしく、サスティナブル、心身ともに健康な生活を実践できる。

写真6−14　「川越の切妻屋根」室内から田園環境を望む

出所・写真提供：澤秀俊設計環境

26）木村一義：木造都市への挑戦 街に森をつくる、致知出版社、60-73、2015
27）澤秀俊：川越の切妻屋根、新建築住宅特集 住宅特集 2014年10月号屋根がつくる空間・屋根が映す風土、2014.10

6.3 ウッドチェンジによる世界と日本の低炭素化

　以降、建物をコンクリートから木造へとウッドチェンジするとどんな効果があるか述べる。

　木造は、解体後も木質燃料としての利用が可能であり、その際 CO_2 が大気に放出されても、新たに育った若齢木が、放出した二酸化炭素を吸収する。その上、RC 造や鉄骨プレハブ建築に比べて、木造構造物は廃棄物が少なく、生産時の CO_2 排出量が少なく、しかも炭素（C）を長期間貯蔵でき、低炭素循環型のまちづくりに大きな役割を果たすことが期待できる。

　上記を具体的な数字で見てみよう。

(1) 世界の建物建設時のCO_2排出量の傾向と森林資源の状況

　建築設備部門の横山計三は、世界産業連関表を用いて CO_2 排出量を分析した[28]。2009 年の EU27 カ国と世界の主要 13 カ国の合計 40 カ国の、エネルギー起源の CO_2 排出量は 279 億 t であった。その全排出量に対する「建設部門」の EG 比率（全 CO_2 排出量とその部門での CO_2 排出量との比率）は、20％であった。国別では、中国が 36％で最も高く、続いてインドが 25％、インドネシアが 21％である。発展途上国が、豊かな社会を目指して発展する際に、建設 EG が増加する傾向があるので、中国やインドの削減が望まれる。

　また、世界の「建設部門」での CO_2 排出量の中で、三分の一を占めるセメント製造と、鉄鋼の生産、エネルギー供給源の影響が大きい。

---

28) 横山計三：各国の建築によるEmbodied Impactに関する研究、日本建築学会環境系論文集、86、779、101-109、2021

この3項目について低炭素化を考慮した技術の開発、提供が有効であり、建物の木造化と、エネルギー供給源の再エネ利用が、低炭素化に寄与する有用な技術として期待できる。

G. Churkina.et al. も[29]、世界的に見て、今後数十年にわたっての世界人口の成長と都市化は、新しい住宅、商業ビル、および付随するインフラを含め、これに伴う、セメント、鉄鋼、その他の建築生産は、温室効果ガスの主な排出源となりうると指摘している。

世界の建設部門の木造化の現状を把握するために、世界の丸太消費量・輸入量を**図6－8**に示す。消費量は生産量に輸入量を加え、輸出量を除いている。2018年、世界の産業用丸太消費量は、約20億㎥で、日本の最盛期の約20倍であり、2000年以降で約2割増えている。その内約2.4億㎥は中国が占めていて、2005年から約2倍になっている。

一方、世界の森林資源蓄積量と伐採量に注目すると、蓄積量は

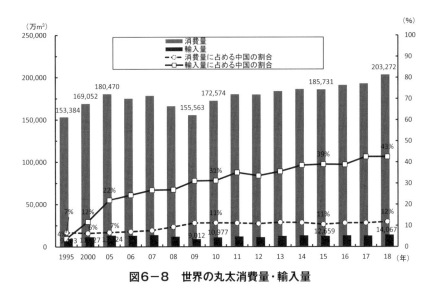

図6－8　世界の丸太消費量・輸入量

資料:令和元年度森林・林業白書より

29) G. Churkina, A. Organschi, C. P. O. Reyer, A. Ruff, K. Vinke, Z. Liu, B. K. Reck, T. E. Graedel and H. J. Schellnhuber :Buildings as a global carbon sink, Nature Sustainability, 3, 269-276(2020)

2020 年に 5,570 億㎥で、日本の 53 億㎥の約 100 倍、ブラジルの 1,200 億㎥が最も高くなっており（世界森林資源評価（FRA）2020 による）、伐採量は 2011 年に 30 億㎥で、うち 49% が木質燃料用となっていた（「世界の農林水産」、winter 2015, No.841 による）。

② 日本の「建設部門」のCO₂排出量の傾向と 木材化の効果

　日本の建設関連部門の CO_2 排出量も横山により求められている [30]。2011 年の「建設部門」での CO_2 排出量は 1.78 億 t で、総排出量 12.5 億 t の約 14.9% の EG 比率を占めている。その内訳は、建築部門が 0.54 億 t、土木部門が 1 億 t、建設補修が 0.23 億 t で、それぞれ日本全体の 4.4%、8.0%、1.9% を占める。

1）土木部門

　土木部門では、戦後鋼材やコンクリートなどの普及によって、強度や耐久性で課題があった木材の利用が激減する時代が長く続いていた。土木木材投入推計では [31]、1990 年代のピークで 200 万㎥、2,000 年代には 100 万㎥と、概ね 1 億㎥の輸入製品を含めた木材総供給量（**図2－1**参照）の 1 ～ 2 % を占めるに過ぎなかった。2010 年の木促法には、木製の道路施設の設置を促す条文も含まれ、土木分野における木材利用も新規需要として期待されるようになった。

　写真6－3のように、町の景観・デザインやアメニティーの視点の観点から、木橋が多くなってきている。それは、木質材料の製造技術や加工技術の革新があったからで、1984 年から 2006 年までに 277 件の実績がある。近年土木部門の木材利用で注目されるのが、水中の軟弱地盤を対象とした木杭による地盤改良、杭基礎としての木材利用と、

30）横山計三：2011年度産業連関表によるエネルギー消費量・CO2排出量原単位の算出と建築物のEmbodied Impactの評価、日本建築学会環境系論文集、84、757、335-343、2019
31）土木における木材の利用拡大に関する横断的研究会：「土木における木材利用拡大に関する横断的研究」、2009.3

橋梁用の床板材への CLT（直交集成材）の利用が挙げられる。

　丸太打設による地盤改良は、木杭を地下深く硬い地層まで多数打ち込んでいる伊ヴェネチアのように、海水中の地盤の密度を上げて液状化や沈下を起こりにくくする方法である。これは、大量の木材の需要につながり、水中下の丸太は、長期間劣化しにくく、土木分野での木材利用の課題である耐久性が解決できる。原材料調達・製品生産過程と施工過程では、丸太杭の温室効果ガス排出量は、セメント杭の七分の一である[32]。

　一方、現在日本の橋梁総数は 73 万橋であり、そのほとんどが鋼橋やコンクリート橋で、建設後 50 年を経過した橋梁の割合は、2018 年時点で 25%、10 年後には約 50% に急増すると見込まれ、今後膨大な橋梁の補修が必要になる。鋼製の鉄橋の場合、劣化要因の約 6 割は床板損傷である。CLT は、厚みのある大きい板の製造が可能で、単位体積重量がコンクリートの六分の一〜四分の一で軽量であり、橋桁や橋台の補強を行わず、老朽した床板を簡易・安価で改修できる。他の建設材料に比べて輸送面や施工面に加えて、温室効果ガス排出量も RC 床板に比べて 25% 削減でき、環境面でも優位性を有している[33]。橋梁の床板改修は、今後土木部門での木材利用分野の大きな需要として期待される。

　その他の土木部門での木材利用分野としては、木製治山ダム、木材チップ舗装、木製ガードレール、木製遮音壁が注目されている[32]。上記の土木分野での屋外での地産地消の木材ニーズについて、土木分野の木材利用研究者である佐々木貴信は、以下のように述べている。「耐久性を優先させることで、外観では木材利用を認識できない使い方ではあるが、「軽さ」や「炭素固定効果」など他の建設資材にはない木材・木質材料の特徴が、土木分野で生かされる可能性はあ

32) 加用千裕：木製土木構造物のLCA、ライフサイクルアセスメント、16、2、86-92、2020
33) 岩瀬鉄也、佐々木貴信、橋本征二、荒木昇吾、加用千裕：直交集成板を床板に用いた橋梁のライフサイクル温室効果ガス排出量、木材利用研究論文報告集、18、40-46、2019

る[34)]」。

2) 建築部門

「建設部門」での EG 比率は、1990 年 23.1％から 2000 年 16.1％と減少傾向で、「建築部門」でも同じ期間での着工床面積の二分の一以下の減少（**図6－3**参照）に伴い、1990 年 12.1％から 2011 年 4.4％と減少傾向である。着工床面積での木造率は現在 40％台であるが、ここで、恒次祐子らによる、建築や家具の木造・木製化率について、今後、現状維持と増やした場合と、CO_2 削減効果を比較した結果を紹介する[35)]。

毎年建設される建物や家具のうち、2006 年の木造・木製化率が 35％（**図6－3**参照）であるデータを基に、2050 年まで同じ傾向が続く「現状シナリオ」と、2050 年までに木造・木製化が 70％になる振興シナリオを比較した結果を、**図6－9**に示す。ここでは、毎年解体される建築物や家具から得られた木材を、すべて燃料利用した場合の効果を、「化石燃料代替効果」としている。木造住宅などの建築物の柱や梁、家具に木材使用量を増やすことは、樹木が吸収する CO_2 貯蔵量を増やすことになり、これを「炭素貯蔵効果」と称する。

図6－9では、2050 年に向けた「現状シナリオ」は、人口・世帯数の縮小傾向により、建築物、家具、紙の需要も全体的に減る傾向にあるので、解体・破棄する炭素量が、生産される木材中の炭素量を上回る。「炭素貯蔵効果」は徐々に減少し、2016 年以降はマイナス、つまり排出になり 2050 年はマイナス 300 万 t、化石燃料代替効果（800 万 t）はあるが、2050 年の CO_2 削減量は合計で約 500 万 t に留まる。一方、振興シナリオでは、木に生産貯蔵される炭素量が、解体・破棄からの炭素量を上回り、2050 年には「炭素貯蔵効果」によって約 200 万 t、非木材建築物の代わりに木造建築物を建てた「省エネ効果」で

---

34) 佐々木貴信：木材の土木的利用の近年の展開、木材保存、44-3、204-207、2018
35) 恒次祐子・外崎真理雄：2050年までの木材利用によるCO2削減効果のシミュレーション、森林総合研究所 平成21年度研究成果選集、12-13、2009

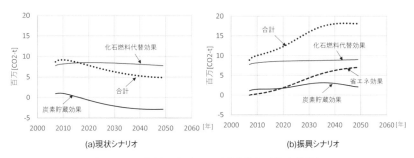

図6−9　木材によるCO₂削減効果（炭素換算）

資料提供:森林総合研究所

約 700 万 t、廃棄する木材のエネルギー利用による「化石燃料代替効果」で約 900 万 t、2050 年の合計では約 1,800 万 t の削減が得られた。これは、日本の 2018 年度 CO₂ 総排出量 11.3 億 t の 1.6% に相当する。

　両シナリオの CO₂ 削減効果の差は、主に「炭素貯蔵効果」の差に起因し、木製の建築・家具には樹木として吸収した CO₂ が蓄えられ、それらが増えると CO₂ 貯蔵量が増加するので、大気中から CO₂ が取り除かれたことになる。しかし今後は、人口・経済の縮小傾向に伴い建築物、家具、紙の需要が全体的に減る傾向にあるので、紙製品・竹製品による金属・プラスチックの代替や、土木分野を含めて木材利用拡大を進める必要があると、外崎らは主張している[36]。それとともに、国産材利用率（輸入材は京都議定書下の算定・報告ルールでは炭素貯蔵量に含まれない）の向上も、「炭素貯蔵効果」に寄与する[37]。

　一方、解析で用いた建築物建設のための資材生産エネルギー（CO₂排出量原単位[*1]）は、SRC（鉄骨鉄筋コンクリート）造、RC（鉄骨コンクリート）造、S（鉄骨）造で、それぞれ 0.592t/㎡、0.487t/㎡、0.311t/㎡で、木造の 0.216t/㎡ より、1.4 〜 2.6 倍大きく、木造は「省エネ効果」に寄与している（*1 原単位は、床面積 1㎡ 当たりの CO₂ 排出量の値

36) 外崎真理雄・恒次祐子：地球温暖化防止と木材利用、木材工業、63、2、136-141、2009
37) 矢ケ崎和喜・浅野良晴：統計学的手法を用いた中部山岳域における木造住宅の炭素固定効果の推定、日本建築学会環境系論文集、81、726、715-721、2016

を示す）。そのうえ、木造は、スギ、カラマツでそれぞれ 0.11 t/㎥、0.17 t/㎥の CO_2 固定量が確保できる。

　「炭素貯蔵効果」、資材生産エネルギーの「省エネ効果」の両方で CO_2 削減に貢献するために、今後は建築に限らず土木構造物と家具を含めて木材利用を増やし、木造・木製化率を向上させなければならない。

　一方、この「炭素貯蔵効果」であるが、建築物の解体・破棄時に、二酸化炭素として大気へ放出されることになる。木材は植林によって再生産（資源更新）される循環資源なので、建築のライフサイクル期間を通して炭素放出にならないようにするためには、建築物の耐用年数は、炭素蓄積期間であると同時に、木材伐採跡地への再植林による炭素吸収期間に相当すると考えることができる。環境システム工学の天野耕二によると[38]、2000 年に着工された日本国内の建築物に、木材として貯蔵された CO_2 量は 1,390 万 t であり、建築物の平均耐用年数を 30 年（2011 年調査では、木造専用住宅の平均寿命は 65 年）、これを育林期間と仮定した CO_2 吸収量は 1,640 万 t で 1,390 万 t を上回る。つまり、解体・破棄された際の CO_2 放出量は、建物の耐用年数以上利用する、住み続けることによって、育林期間中の CO_2 吸収量で相殺され、CO_2 の排出量をゼロまたはマイナスにできる。

6.4　森と都市の共生

　都市部に木造建築を建設することにより、快適な空間を体感するだけでなく、国内の森林資源の状況にも関心をもって、森と都市の共生を考えるきっかけとする必要がある。森林資源の豊かな地域が地産地消を訴える程度では、建設需要が増えるはずもなく、域外の都市需要

38）天野耕二・加用千裕：マテリアルフロー分析に基づいた建築分野における木材の炭素収支について、環境システム研究論文集32、2004

の増大を考える必要があると、上田篤、腰原幹雄は主張している[39]。

　6.3項で明らかになったように、都市がリージョナル・コモンズとして、新しく作る木造の建築や土木構造物や家具の割合を増やし続け、それぞれを耐用年数以上まで住み続け、使い続ける一方、ローカル・コモンズが森林で伐採〜植林〜育林の持続可能な森林サイクルを繰り返すことが、CO_2削減に寄与する。日本の森林の蓄積量は現状の利用量の約3倍で余裕があり、都市のリージョナル・コモンズが、国産木材の利用量を増やすことは、「炭素貯蔵効果」に加えて、資材生産エネルギーの「省エネ効果」によってもCO_2削減に貢献できる。しかしながら、今後の日本では人口減に伴う経済の縮小によって、現状維持では木材製品の解体破棄量が生産量を上回ってしまうので、都市のリージョナル・コモンズは、建築、土木構造物、家具すべての領域で、無機系材料を、国産の木材利用に代替する意識を強く持つ必要がある。これは同時に、森林クラスター（第9章）のローカル・コモンズを活性化することになる。ここでも、**図6−10**に示すような、第8章の

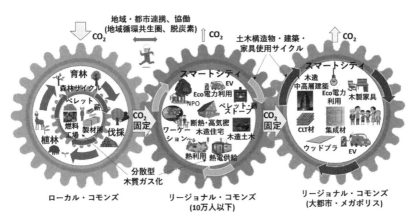

図6−10　木の利活用におけるローカル・コモンズとリージョナル・コモンズの協働

出所:山崎作成

39) 上田篤 編・稲田達夫：木造建築の新しい展開、ウッドファースト！建築に木を使い、日本の山を生かす使い、126-171、藤原書店、2016

木質分散型エネルギー利用と同様に、ローカル・コモンズとリージョナル・コモンズの連携協働が求められる。

　有馬孝禮[40]も、森林を地球温暖化防止のために活用することを期待し、伐採された木材は建築物などに姿を変えて都市にストックし、伐採地では「植林による新たな資源再生産」が始まるという循環が必要との認識を示している。しかし、都市や国際化した市場では、「資源を自らつくりだし、それを利用する」という最も基本的なことが置き去りにされている。再生産された木材資源が生活の中で活かされ、保存されるという「森と都市の連携循環共生」はとても重要で、「木造建築は都市の森林」という言葉もうなずけ、今後地球温暖化対応、日本の伝統文化継承などとともに、地域森林資源の大いなる利活用が期待される。

---

40) 有馬孝禮：なぜ、いま木の建築なのか、学芸出版社、166-169、2009

第 7 章

森林資源の
社会的活用と
コモンズ

7.1 コモンズの概念——定義と分類

（1） コモンズの概念とその拡張

コモンズ（Commons）という語は、従来、「共有地」ないしは「入会地」の意味で用いられてきた。これに対し、1990年代以降、森林、河川、海洋などの自然資源をコモンズとしてとらえる視点から、これらの資源の持続可能な共同利用を保障する法システムとして、入会権をはじめ水利権、漁業権等、旧来の権利形態を再評価しようとする動きがみられる。

また、同様の視点から、今日、未利用間伐材等、木質バイオマス資源の利活用が、地域におけるコモンズの保全と持続的利用を実践する取り組みとして注目を集めている。この場合の「コモンズ」は、従来の用法とは一線を画する新たな概念である。

まず、森林社会学者の井上真によるコモンズの定義づけ[1]を参照しよう。井上は、資源の所有よりも利用・管理を重視する観点から、コモンズを「自然資源の共同管理制度、および共同管理の対象である資源そのもの」と定義し、所有形態——非所有（オープン・アクセス）、公的所有、共的所有または私的所有——を問わず、資源の実質的な利用・管理が共同で行われていることをコモンズの条件とする。そして、地域社会レベルで成立するコモンズを「ローカル・コモンズ」、地球レベルで成立するコモンズを「グローバル・コモンズ」と呼び、前者を自然資源にアクセスする権利が一定の集団・メンバーに限定される管理制度、後者をそうでない管理制度と定義づける。前者はさらに、利用に関する規制の有無を基準として、「タイトなローカル・コモンズ」

---

1) 井上真「自然資源の共同管理制度としてのコモンズ」井上真・宮内泰介編『コモンズの社会学——森・川・海の資源共同管理を考える』（新曜社、2001年）8頁以下。

と「ルーズなローカル・コモンズ」とに区別される。

このようなコモンズの概念を踏まえて、「日本の里山・里海評価」に係る報告書[2]は、「里山・里海の生態系サービスの提供に関連する公益的機能を持続的に維持していくための社会制度」を「新たなコモンズ」と呼び、これを持続可能な開発の基礎に置いている。そして、新たなコモンズの前提条件として、政府や行政の主導ではなく、NPO（非営利団体）やNGO（非政府組織）などの多様な民間主体との協働による「新たな公」の形成を掲げる。

次に、法社会学者の高村学人によるコモンズの定義づけ[3]に注目したい。高村は、財の持つ性質に着目して、コモンズを「利益享受者の総てがルールを守った節度ある利用をするならば持続的に資源から各人が大きな利益を得ることができるが、少数の利用者が近視眼的な自己利益追求を行うならば容易に破壊される性質を有する財」と定義する。そして、このような財の維持・管理のしくみのことを「コモンズのルール」と呼ぶ。

「ここで言う利益享受者や維持管理の参加者は、重層的な広がりを持っており、小地域であるローカル・コミュニティ（入会集団）に限定されない」と述べていることから、高村の定義は、地域社会（コミュニティ）以外に対してもコモンズの管理主体になりうる余地を認める井上の立場と共通する。しかし、コモンズの対象を自然資源（山野海川）に限定せず、上記の定義に当てはまるかぎりで都市景観や都市公園などにも広げている点において、コモンズ概念の質的な拡張が図られている。

---

2) 国際連合大学『里山・里海の生態系と人間の福利—日本の社会生態学的生産ランドスケープ／日本の里山・里海評価 概要版』（2010年）35頁。
3) 高村学人「コモンズ研究のための法概念の再定位—社会諸科学との協働を志向して」『社会科学研究』60巻5・6合併号（2009年）88頁以下。

(2) コモンズの定義と分類

　ここでは、高村の定義に倣って、コモンズを広義に解するとともに、資源そのものとしての「コモンズ」と資源を管理するしくみとしての「コモンズのルール」を区別する。さしあたり、**共同的ないし集団的に利用・管理が行われている資源を「コモンズ」、そして、資源の利用・管理のしくみやきまりを「コモンズのルール」**と呼ぶこととする。

　また、コモンズの分類に関しては、「ローカル・コモンズ」と「グローバル・コモンズ」の中間的形態として「リージョナル・コモンズ」を設けておきたい[4]。井上も指摘しているように、「小規模な地域共有資源とグローバルな地球共有資源とは、実は入れ子状態に連続している」[5]ため、あらゆるコモンズをいずれかの類型に区分することは実際には困難だからだ。

　上記のコモンズの定義と分類に従えば、

① 入会林野、農業用水、地先海域——いわゆる「里山」「里川」「里海」——など、地域社会（例えば農山村の集落）が利用・管理する資源が**ローカル・コモンズ**として、

② 水源林、水系、海域など、より広範な圏域（例えば河川の流域）において利用・管理される資源が**リージョナル・コモンズ**として、

③ 熱帯林、海洋、大気、生物多様性など、地球規模で保全と持続的利用が図られるべき資源が**グローバル・コモンズ**として、

それぞれ位置づけられる。

　さらに、これらの自然資源だけではなく、道路、鉄道、上下水道、通信施設、エネルギー供給施設、公営住宅、公園などの社会資本も、コモンズに含まれうる。例えば、地域住民によって維持・管理されて

---

4) 井上真『焼畑と熱帯林—カリマンタンの伝統的焼畑システムの変容』（弘文堂、1995年）では、コモンズの分類として、ローカル・コモンズとグローバル・コモンズの二分説とともに、その中間にリージョナル・コモンズを設ける三分説が紹介されている（137頁以下）。
5) 井上、前掲論文（注1）10頁。

いる住宅地の公園や公民館は、「都市のローカル・コモンズ」と呼ぶことができる。

　コモンズの管理・保全の担い手として、地域社会に基盤を置くコミュニティ（入会集団等の村落共同体）、より広域なレベルで形成されるアソシエーション（NPO法人等の市民団体）、地球規模で展開するネットワーク（環境NGO等の国際組織）が、それぞれローカル・コモンズ、リージョナル・コモンズ、グローバル・コモンズに対応する[6]（**表7-1**参照）。

表7-1　コモンズの分類

類型	ローカル・コモンズ	リージョナル・コモンズ	グローバル・コモンズ
保全の客体	入会林野・農業用水・地先海域	水源林・水系・海域	熱帯林・海洋・大気・生物多様性
保全の主体	コミュニティ（村落共同体）	アソシエーション（市民団体）	ネットワーク（国際組織）
保全の形態	所有（総有）	所有／参加	参加（連帯）

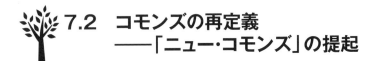

7.2　コモンズの再定義
――「ニュー・コモンズ」の提起

① コモンズのルール

　まず、入会権を例にして、コモンズのルールと国家法との関係を考察する。「入会権」とは、一般に、一定の地域の住民（入会集団）が、一定の山林原野など（入会地）において、共同して収益する――具体的には、主として雑草・秣・薪炭用雑木等を採取する――慣習上の権利をいう[7]。

---

6) 東郷佳朗「コモンズをめぐる権利の動態―慣行水利権の現代的意義に寄せて」『法社会学』58号（2003年）236頁以下。
7) 高橋和之ほか編集代表『法律学小辞典［第5版］』（有斐閣、2016年）36頁。

民法は、入会権を「共有の性質を有する入会権」（263条）と「共有の性質を有しない入会権」（294条）とに区別し、いずれも「各地方の慣習」に従うものとしている。これは、法適用通則法3条にいう「法令の規定により認められた」慣習にあたり、法律と同一の効力が付与されている（慣習法として法源の一角を占める）。各地方の慣習の内容は、主として入会地の利用に係るものであり、入山期間、入山者（資格・人数）、採取対象（場所・種類・量）、採取道具・運搬手段、採取方法、共同作業、違反者に対する制裁等、多岐にわたる。

　例えば、静岡県裾野市の深良財産区では、条例等によって、「入会地に入山し、林野産物を採取することができる者（以下「入山採取権者」という。）は、大正6年2月27日現在大字深良の住民で1戸1人に限る」と定め、さらに、「入山採取権者が大字深良から他に転出した場合には、その権利を失う」としている。また、「入会地に自生するけやき、木地木（材料用一切の木）及び新竹等は、伐採することを禁ずる」「伐採期間は、薪は毎年12月15日から翌年3月末日まで、竹は毎年11月20日から翌年2月20日まで、煤竹は毎年7月25日から翌年2月20日までとする」など、採取対象・期間についても制限を設ける。そして、違反者に対しては、「3年以内において林野産物の採取を差し止めることができる」など、制裁を科している。

　上記の例は「各地方の慣習」が条例化されている珍しいケースだが、通常の場合、それは必ずしも成文化されているとは限らない。また、その内容は、自然資源の賦存状況の違いなどから地域によってさまざまに異なりうる。それゆえ、入会権は、国家法（民法）で統一的・画一的に規律することにはなじまないと考えられた。先祖代々伝わる村の掟として各地で守り従われてきた入会慣行とこれに基づく山林原野の利用秩序、いわば「社会の法」（あるいは「生ける法」）が、明治期に民法が制定されるにあたり、不文法（慣習法）として国家法に組み入れられたとみることができる。

② コモンズのルールとしての入会慣行

　かつて日本の農山村では、用材、肥料、飼料、食料、薬材等の生活・生産必需品の調達を、集落の周囲の山林原野（入会地）に依存していた。ところが、日本の国土は狭隘で資源の賦存量も限られることから、住民（あるいは外来者）が収奪的・非持続的な土地利用を行うならば自然資源の枯渇、いわゆる「コモンズの悲劇」が起きてしまう。そうなると、農山村の住民は、生活や生産が立ち行かなくなるどころか、生存すら脅かされることになる。よって、入会慣行は、入会地の利用や処分に制限を設けることで資源の持続的利用を確保し、コモンズの悲劇を回避することを狙ったものと解される。

　近年、入会のそのような側面が地域資源の持続可能な利用形態として見直され、入会の環境保全機能として脚光を浴びている。例えば、環境社会学者の藤村美穂は、琵琶湖岸の集落の入会慣行として、「薪を切るときには『カマ止め』と呼ばれる規制が存在し、鎌で切れる程度の家庭用の薪に限られていた」ことや、「内湖では、ある個人がむら（区）から借りて畑をつくったり葭の群生地の利用権を落札したとしても利用期限が限られており、そこを売買したり処分したりすることは不可能であった」ことなどに触れ、「入会地では、個人の一存で処分できないことによって、大規模な開発や自然の改変が防がれてきた」と評価する[8]。また、環境倫理学者の丸山徳次は、入会地としての里山に人の手が入ることによって、結果的に高度の生物多様性が維持されるとともに人間と野生動物の間に緩衝地帯が確保され、人と自然の関係性が保たれたと指摘している[9]。

　一方、文化財保存学が専門の黒田乃生らは、世界文化遺産に登録さ

---

8) 藤村美穂「『みんなのもの』とは何か—むらの土地と人」井上・宮内編、前掲書（注1）37頁以下。
9) 丸山徳次「人間中心主義と人間非中心主義との不毛な対立」加藤尚武編『環境と倫理—自然と人間の共生を求めて［新版］』（有斐閣、2005年）36頁以下。

れている岐阜県白川郷において、構成資産をなす合掌造り家屋（**写真 7－1参照**）の屋根の葺き替えが、人的には「結い」と呼ばれる村民の相互扶助組織によって、物的には入会地としての茅場によって支えられてきたことを明らかにした[10]。

　このような観点から入会の機能に光を当て直してみると、それは、入会集団の外部に対する機能（対外的機能）と内部に対する機能（対内的機能）に区別される。前者は、メンバーシップ（入会地の利用資格）を入会集団の構成員に限定するとともに入会財産の管理・処分に関して全員一致原則をとることによって外部からの新規参入を防ぎ、資源の排他的利用を確保する機能である。これに対して後者は、入会集団の構成員に対して入会地の利用規制（入会慣行の遵守）を課すことによって濫用・濫獲を防ぎ、資源の持続的利用を確保する機能である。深良財産区の例でいうと、入山採取権者の資格制限や転出失権の

写真7－1　岐阜県白川郷・合掌造り集落（2019年9月6日、東郷撮影）

10) 黒田乃生「白川村荻町の森林における利用と景観の変容に関する研究」『ランドスケープ研究』65巻5号（2002年）659頁以下。内海美佳・黒田乃生「白川村の『結い』と『屋根葺き替え』の変遷に関する研究」『ランドスケープ研究』72巻5号（2009年）665頁以下。

規定は前者の機能に、採取対象・期間の制限や違反者に対する制裁の規定は後者の機能に関わっている。

このように入会慣行を「コモンズのルール」としてとらえ直したとき、民法の入会権に関する規定は、社会の法ないし生ける法として妥当しているコモンズのルールを国家法に接続する役割を果たしているとみることもできる。

(3) コモンズの原理

それでは、上述のコモンズのルールの根底には、どのような行為規準いわば「コモンズの原理」を見出しうるだろうか。私見によれば、それは、第一に公平性への配慮、第二に持続可能性の維持、第三に多様性の確保である。

①公平性（Equality）

コモンズのルールは資源の配分に関わるものなので、まずもって公平性への配慮が要請される。これに関して、環境社会学者の鳥越皓之は、日本の村落共同体（ムラ）には、共有地（入会地）の利用資格について、すでに個人である場所を広く占有している構成員はそうでない構成員よりも優先権が劣るという考え方があり、それゆえ入会が「弱者生活権」の保全というべき機能を果たしてきたと指摘する[11]。同じく環境社会学者の宮内泰介の調査によれば、石巻市北上町女川集落では、かつて、営林署から払い下げを受けた場所を各戸に割り当てて炭焼き用の木を伐っていたが、その際、実質的な平等に配慮した子細な取り決めに基づいて「山分け」が行われていたという[12]。これらの指摘を踏まえると、コモンズのルールは、地域資源の配分ルールとして、成員間の形式的のみならず実質的な平等の確保にも寄与してきたと評価することができる。

---

11) 鳥越皓之「コモンズの利用権を享受する者」『環境社会学研究』3号（1997年）7頁以下。
12) 宮内泰介『歩く、見る、聞く 人びとの自然再生』（岩波書店、2017年）99頁以下。

ところで、環境倫理学者の加藤尚武によれば、環境倫理学の主張は、①地球の有限性、②世代間倫理、③生物種保護の三点に要約される[13]。そうだとすれば、コモンズの原理が要請する公平性への配慮も、同世代内の公平にとどまらず、世代間（現在世代と将来世代）の公平、さらには生物種間（人間と他の生きもの）の公平をも含む規準であることが求められる。このうち世代間の公平（世代間倫理）の観点から持続可能性の維持が、また生物種間の公平（生物種保護）の観点からは多様性の確保が、コモンズのルールに要請されることとなる。

②持続可能性（Sustainability）

　国連の「環境と開発に関する世界委員会」（通称・ブルントラント委員会）が1987年に公表した報告書『Our Common Future（我ら共有の未来）』は、「持続可能な開発（Sustainable Development）」について、「将来の世代の欲求を満たしつつ、現在の世代の欲求も満足させるような開発」と定義したうえで、「技術・社会的組織のあり方によって規定される、現在及び将来の世代の欲求を満たせるだけの環境の能力の限界についての概念である」としている。このような意味での持続可能性は、2015年に国連総会で採択された「持続可能な開発のための2030アジェンダ」にも謳われているとおり、経済、社会及び環境の三側面において維持すべきものとされる。

　先に触れた入会の対内的機能——入会集団の構成員に対して入会地の利用規制（入会慣行の遵守）を課すことによって濫用・濫獲を防ぎ、資源の持続的利用を確保する機能——は、第一次的には、生活・生産共同体としてのムラやイエの維持・存続を可能にしたという意味で経済的・社会的側面における持続可能性に関わる。この側面を重視する立場として、法社会学者の楜澤能生は、「入会権は、それ自体として自然資源の維持管理に適合的な権利形態であるというよりは、資源の

---

13) 加藤尚武「環境問題を倫理学で解決できるだろうか」同編、前掲書（注9）9頁。同『環境倫理学のすすめ』（丸善、1991年）1頁以下も参照。

持続的な生産的利用を確保する手段として位置付けなければならないということ」を強調し、「資源が地域住民の生産と生活に直結していなければ、その持続的な維持管理の実現は困難である」と説く[14]。

これに対し、副次的であれ、豊かな生物多様性や人間と野生動物の共存をもたらしたという意味では、入会の対内的機能が環境面における持続可能性の維持にも寄与したと評価することができる。今日、法学以外の分野からはむしろこちらの側面に光が当てられていることは、先に述べたとおりである。

③多様性（Diversity）

1992年に採択され、1993年に発効した生物多様性条約は、「生物の多様性（Biological Diversity）」について、「すべての生物（中略）の間の変異性をいうものとし、種内の多様性、種間の多様性及び生態系の多様性を含む」と定義したうえで、生態学上、遺伝上、社会上、経済上、科学上、教育上、文化上、レクリエーション上及び芸術上の価値（いわゆる「生態系サービス」の価値）ばかりでなく、内在的な価値をも認めている。また、生物多様性の「持続可能な利用（Sustainable Use）」については、「生物の多様性の長期的な減少をもたらさない方法及び速度で生物の多様性の構成要素を利用し、もって、現在及び将来の世代の必要及び願望を満たすように生物の多様性の可能性を維持すること」と定義している。

このように生物多様性が持続可能性と不可分な関係にあるとすれば、まずは世代間の公平の観点から、生物多様性の確保がコモンズの原理として位置づけられうる。さらに生物多様性が内在的価値を有するとすれば、生物種間の公平の観点からも、生物多様性の確保がコモンズのルールに要請されることとなろう。

ところで、生物多様性条約は、「生物の多様性の保全及び持続可能

---

14) 棚澤能生「持続的生産活動を通じた自然資源の維持管理—ローカルコモンズ論への法社会学からの応答」『法社会学』73号（2010年）211頁。

な利用に関連する伝統的な生活様式を有する原住民の社会及び地域社会の知識、工夫及び慣行を尊重し、保存し及び維持すること」や、「保全又は持続可能な利用の要請と両立する伝統的な文化的慣行に沿った生物資源の利用慣行を保護し及び奨励すること」を締約国に課している。これらの規定からは、生物多様性は文化の多様性とも、いわば車の両輪のように密接に関わり合っているとみる起草者の認識が読み取れる。ここで社会の持続可能性にも目を向けるならば、その基本要件として、文化多様性の確保といういま一つの要請がコモンズのルールの根底に見て取れるだろう。

さらに、文化の多様性の前提として、人間の多様性が確保されなければならない。それは、個人の多様性を——性別、年齢、国籍、人種、宗教、障害の有無、性的志向などにかかわりなく——互いに認め合う自由で寛容な社会を築いていくことにほかならない。

④ 「ニュー・コモンズ」とその社会像

上述の三つの原理に着目してあらためてコモンズを定義するならば、**公平性、持続可能性及び多様性に配慮して共同で利用・管理が行われている資源を「コモンズ」**、そして、そのような資源の利用・管理に係るしくみやきまりを「コモンズのルール」と呼ぶべきこととなる。このような意味でのコモンズに、ここでは「ニュー・コモンズ」の名を与えることとしたい。

先に参照した「日本の里山・里海評価」の「新たなコモンズ」像は、「里山・里海の生態系サービスの提供に関連する公益的機能」を公平性への配慮、持続可能性の維持及び多様性の確保と解する場合には、上記のコモンズの再定義と重なりうる。もっとも、いまやコモンズの概念は、里山や里海に育まれた自然資源に尽きるものではなく、また、地域社会に根差したローカル・コモンズに限られるものでもない。

コモンズの原理のうち、世代間の公平性への配慮と持続可能性の維持からは現在世代と将来世代との共生が、生物種間の公平性への配慮

と生物多様性の保全からは人間と自然との共生が、文化多様性の尊重からは自文化と異文化との共生が、そして、同世代内の公平性への配慮と人間の多様性の承認からは自己と他者との共生が、それぞれ帰結される。したがって、四重の意味——世代間、生物種間、異文化間及び諸個人間という四つのレベル——での「共生社会」が、ニュー・コモンズに対応した社会像として目指されるべきこととなる。そのような社会では、たんに官民の協働にとどまらない多元的・多層的な共生と対話——見えざるもの、語らざるものとの対話を含む——こそが、コモンズの前提条件をなす「新たな公」の形成に寄与する。

7.3 ニュー・コモンズの実践——高山市における木質バイオマス利活用の取り組みに即して

　ここでは、ニュー・コモンズの構築に向けた実践として岐阜県高山市の事例を取り上げる。以下に述べるとおり、高山市では、目下、森林資源とりわけ木質バイオマスを活用した持続可能な地域づくりの取り組みが進められている。そのなかにコモンズの新しいかたちを見出してみたい。

(1) 高山市の森林・林業の現状

　高山市は、岐阜県の北部、飛騨地方の中央に位置する。面積は217,761ha で、市域は東西約 81km、南北約 55km に及び、東京都の面積に匹敵する日本一広い市である。うち森林面積は 200,531ha で、市域の 92.1％を占める（2018 年度、以下同じ）[15]。このうち国有林が 80,843ha で 40.3％、民有林（公有林及び私有林）が 119,688ha で59.7％を占めており、県内の他地域に比べて国有林の割合が高い（岐阜県全体の国有林率は 20.7％）。民有林においては、主としてスギや

---

15) 岐阜県林政部林政課「岐阜県森林・林業統計書 平成30年度版」（2020年3月）による。

ヒノキなどの針葉樹からなる人工林が 45,440ha で 38.0％ を占め、他地域に比べて人工林の割合が低い（県全体の人工林率は 45.2％）。残りは、マツ類やコナラ、ミズナラ、ブナなどの広葉樹からなる天然林が大半を占めている。なお、民有林には慣行共有林 1,720ha、財産区有林 1ha が含まれる。

　高山市の人口は 89,182 人、世帯数は 32,670 世帯（2015 年国勢調査、以下同じ）[16]　で、2005 年以降、人口は減少に転じている。第一次産業の就業者数は 5,264 人（10.8％）で、うち林業従事者は、林家数（保有山林面積 1ha 以上）4,426 戸に対して 283 人（就業者全体に占める割合は 0.6％）しかいない。また、産業別の市内総生産（2016 年度）における第一次産業の総生産額は 113 億 1,500 万円（3.1％）で、うち林業は 13 億 9,800 万円（市内総生産に占める割合は 0.4％）に過ぎない。

　以上から、高山市において、森林は市域の 9 割以上を占める重要な自然資源であるにもかかわらず、林業の地域経済に占める地位は著しく低く、森林管理の担い手が不足していることが分かる。実際、下刈りや除伐・間伐などの手入れが行き届かず、特に民有林の人工林では、間伐が必要な 3 〜 9 齢級の森林面積が約 4 割（約 18,000ha）を占めているのに対し、最近 6 年間（2013 〜 2018 年度）の間伐実績はその 4 割程度（7,369ha）にとどまる。その結果、間伐が手遅れとなっている 10 〜 12 齢級の森林面積が、民有林の人工林のうちの 45％（約 2 万 ha）に達している[17]。

　また、間伐を実施しても伐採された木（間伐材）の多くが林内に放置されている現状は、森林資源の有効利用という観点ばかりでなく、防災や地球温暖化対策の観点からも問題がある。そのため、主伐残材とあわせ、未利用材の活用促進が焦眉の課題となっている。

---

16) 高山市「令和元年度版 高山市のあらまし」（2019年11月）による。
17) 高山市「高山市森林整備計画書」（2020年2月）による。

⓶ 新エネルギービジョンの策定

　一方、高山市は、2014 年 3 月、「高山市新エネルギービジョン（平成 26 年度〜平成 32 年度)」を策定し、「市民誰もが身近で豊かな自然を利用し、自然エネルギーの利用による暮らしの豊かさを実感できる自然エネルギー利用日本一の都市」を目指すべき将来像として設定した。

　本ビジョンは、森林や河川など、飛騨高山が誇る豊かな自然資源を「私たちの貴重な財産（資本)」いわばコモンズと位置づけ、「その財産（資本）を守るとともに有効に活用することが私たちの権利であり使命」であると謳っている。そして、かかる権利を行使し、または使命を遂行するには、森林を活かしたバイオマス発電や熱利用、水の流れを活かした中小水力発電など、豊かな自然エネルギーの利用を進めるとともに、これを暮らしの豊かさにつなげることが大切だと説く。そのような意味での「持続可能なまちづくり」を理念として掲げ、自然エネルギー利用日本一の都市を目指して、

　①新エネルギーの導入や省エネルギーの推進
　②新エネルギーを活かした地域産業の発展
　③新エネルギーを活かした特色ある地域づくり
　④新エネルギーを活かした安全安心なまちづくり

に取り組むこととしている。自然エネルギーの利用をまちづくりに活かすことで、環境面の持続可能性を経済面及び社会面の持続可能性に転化することが狙われている点に、本ビジョンの特色が見て取れよう。

　また、本ビジョンは、2020 年度を目標年次として、新エネルギーによる電力の創出に係る目標値を 9 万 MWh/ 年（市民 1 人当たり約 1 MWh/ 年）、また、化石燃料から新エネルギーへの転換に係る目標値を 9,000kℓ（原油換算）/ 年（市民 1 人当たり約 100ℓ（原油換算）/ 年）に設定した。2012 年度の高山市内の新エネルギーによる発電量は約 3,000MWh/ 年、化石燃料から新エネルギーへの転換量は約 2,200kℓ（原

油換算)／年であることから、意欲的な数値目標だということができる。

(3) 自然エネルギーによるまちづくりの提言

　新エネルギービジョンの策定を受け、2014年4月、「高山市が有する豊かな自然エネルギーを活用したまちづくりの実現に必要な方策等を検討する」ため、有識者やNPO、事業所、金融機関等の代表者からなる「高山市自然エネルギーによるまちづくり検討委員会」が設置された。同委員会は、2年間にわたる議論を踏まえて、2016年1月、「高山市自然エネルギーによるまちづくりに関する提言書」を取りまとめ、市長に提出した。

　本提言書によれば、「日本一広大な森林の活用を図ることが林業の振興や雇用の拡大、地域経済循環の促進といった面で大きな効果が期待できるものであることから、当面の最優先の取り組みとして『木質バイオマスの活用と事業化』を自然エネルギーによるまちづくりのテーマとして決定した」という。木質バイオマスの活用の意義として、
　①森に資金還元されることにより健全な森づくりに貢献する
　②地域内での経済循環につながり、地域の産業づくりに貢献する
　③化石燃料依存度の低減に貢献する
　④人々の生活と森が近くなるライフスタイルやワークスタイルの実現に貢献し、自然エネルギーによるまちづくりに大きな効果が期待できる
ものであることを挙げている。

　そのうえで、高山市における自然エネルギーによるまちづくりを実現するため、以下の4項目の提言を行った。

　第一に、持続可能な森林経営と森林資源の適正な需要拡大を推進するとともに、木質バイオマスの安定供給を実現するしくみを構築すること。

　第二に、地域の民間事業者が主体となった公益性のある熱供給ビジ

ネスの創出により、木質バイオマスの需要先の拡大を図ること。

　第三に、公共施設において、民設民営の木質バイオマスによる熱供給ビジネスのパイロット事業を実施し、そのノウハウを蓄積・共有化することにより、地域における人材育成を推進すること。

　第四に、自然エネルギーによるまちづくりの将来像の共有化や自然エネルギーを推進する体制を整えることにより、自然エネルギーの利用を促進すること。

　さらに、これらの取り組みに多くの市民、事業者等が参画し、自然エネルギーの導入拡大に資するため、

①フォレスターによる木質バイオマスサプライチェーンの構築と管理

②地域の民間事業者が主体となった公益性のある熱供給ビジネスの構築

③オール高山で自然エネルギー利用を推進する体制づくり

からなる「飛騨高山モデル」の構築を提案している。

　上記の提言は、市域の9割以上を占める森林をローカル・コモンズの中核に位置づけたうえで、木質バイオマスの利用と事業化によりコモンズの保全と持続的利用を図り、自然環境の持続可能性のみならず、地域経済ひいては地域社会の持続可能性の維持をも狙ったものということができる。それとともに、「飛騨高山モデル」の名の下、市民、事業者、行政等の多様な主体がコモンズの保全に参画し、対話・協働する過程を通じて、まちづくりをめぐる共通認識いわば「新たな公」が醸成され、ニュー・コモンズとそのルールが形成されていくことを企図しているとみることもできるだろう。

⑷ 飛騨高山しぶきの湯バイオマス発電所の建設・運用

　上述のとおり、「高山市自然エネルギーによるまちづくりに関する提言書」は、地域の民間事業者が主体となった公益性のある熱供給ビジネスの創出を提言し、これを飛騨高山モデルの一環に位置づける。

すなわち、「将来的な市内における木質バイオマスの需要拡大や地域経済の活性化、雇用の創出を図るため、地域の民間事業者が主体となり公益性をもって取り組む、熱供給ビジネスの構築に向けた取り組みが必要である」と。

　この提言を受け、自然エネルギーを利用した熱供給事業及び発電事業を担う地場企業として、2014年8月、「飛騨高山グリーンヒート合同会社」（谷渕庸次代表取締役社長）が設立される。同社は、岐阜県の「清流の国ぎふ森林・環境基金事業」や高山市の「企業立地支援制度」の支援を受け、総事業費2億650万円をかけて、高山市国府町に出力165kWの「飛騨高山しぶきの湯小型木質バイオマス発電所」を建設し、2017年4月より発電と熱供給を開始した[18]（**図7－1**参照）。

　当発電所は、ドイツのブルクハルト社製の小型高効率木質バイオマス熱電併給システム（ガス化ユニット及び熱電併給ユニット）を採用

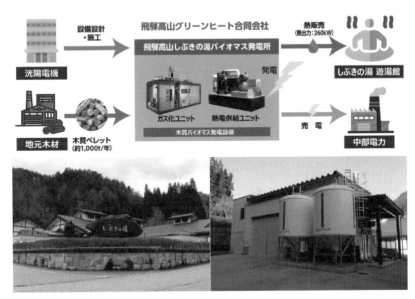

図7－1　飛騨高山しぶきの湯バイオマス発電所

出所:シン・エナジー株式会社(旧・株式会社洸陽電機)のWebサイト
https://www.symenergy.co.jp/business_ec/hidatakayama_shibukinoyuより

しており、発電効率は 30％だが、発電時の排熱で温水をつくること
により総合エネルギー効率は最大で 75％に達する。年間発電量は約
126 万 kWh、うち送電量は約 120 万 kWh を見込んでおり、これは一
般家庭約 368 世帯分の年間消費電力に相当する。発電した電力は、再
生可能エネルギーの固定価格買取制度（FIT）を利用し、中部電力
に単価 40 円 /kWh で全量売電している。また、熱出力は 260kW で、
隣接する市営の温浴施設「宇津江四十八滝温泉しぶきの湯 遊湯館」
に年間約 1,100MWh の熱を単価 9.7 円 /kWh（≒ 2.7 円 /MJ）で販売
している。これにより、ボイラーで使用する灯油を年間約 124kℓ削
減できるという。

　発電燃料は、年間約 930t の木質ペレットを、地元の「木質燃料株
式会社」から単価 35,000 円 /t で購入することとした。同社は、高山
市とその周辺の森林から発生する未利用材を市内の工場でペレットに
加工し、販売することから、森林資源の有効利用や新たな雇用の創出
が期待された。

　高山市では、先に見たとおり、豊富な森林資源がローカル・コモン
ズの中核をなすが、それは、いまや過少利用による劣化・荒廃が懸念
されている。これを回避してコモンズの保全と持続的利用を図り、な
おかつ、エネルギーの地産地消を通じた持続可能な地域づくりを進め
ていくうえで、木質バイオマス発電所が鍵となる役割を担っている。
そのような意味で、社会資本としての発電所（及びこれを含むエネル
ギー供給施設）もニュー・コモンズの一環をなしうるということがで
きるだろう。

18）飛騨高山グリーンヒート合同会社「『宇津江四十八滝温泉しぶきの湯』にてバイオマス発電・
熱利用の実証事業を実施」<https://www.hidagreenheat.org/取組み/>。シン・エナジー株式会社
「飛騨高山しぶきの湯小型木質バイオマス発電所」<https://www.symenergy.co.jp/business_ec/
hidatakayama_shibukinoyu/>。なお、シン・エナジー株式会社（旧・株式会社洸陽電機）は飛騨高
山グリーンヒート合同会社に資本参加している。

⑤ 高山市木の駅プロジェクトの運営

　高山市は、2014年1月、新エネルギービジョンの策定（同年3月）に先立ち、「高山エネルギー大作戦～自然エネルギー利用日本一のまち」をテーマとするフォーラムを開催した。これを機に市民の間でも自然エネルギー活用の機運が高まり、同年4月、「自然エネルギーを利用した発電、里山人の手による間伐材・残材活用によって森を守る、など化石燃料に代わる活エネルギーを実践することにより、地域の発展に貢献する」ことなどを目的として、「特定非営利活動法人 活エネルギーアカデミー」（山崎昌彦理事長）が設立された。

　ところで、「高山市自然エネルギーによるまちづくりに関する提言書」は、木質バイオマスの安定供給を実現するしくみの構築を提言するとともに、オール高山で自然エネルギー利用を推進する体制づくりを飛騨高山モデルの一環に位置づけている。そして、具体的な取り組みの一つとして木の駅プロジェクトへの支援を盛り込んだ。

　「木の駅プロジェクト」とは、林家等が自ら間伐を行って軽トラック等で間伐材を搬出し、地域住民やNPO等からなる実行委員会がこれを地域通貨で買い取り、チップ原料やバイオマス燃料として販売する取り組み[19]であり、2019年時点で全国約80カ所において展開されている。高山市では2014年6月に始まり、活エネルギーアカデミーが「高山市木の駅プロジェクト」の事務局を担うこととなった。そのしくみは以下のとおりである（**図7－2**参照）。

　市内に設置された9カ所（2019年4月現在）の「木の駅」（土場）に地元の林家等が間伐材（原木）を持ち込むと、事務局が軽トラック1台当たり2,000円（6,000円/t）分の地域通貨「エネポ」（1枚500円分、**写真7－2**参照）を支払う。週1回、市が運行する集材トラック「積まマイカー」が木の駅を回って原木を収集し、市内のペレット

---

19) 林野庁『平成27年度 森林及び林業の動向』（2016年）113頁。

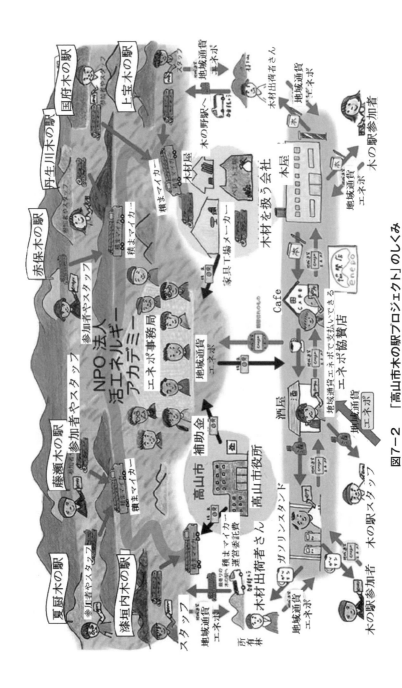

図7-2 「高山市木の駅プロジェクト」のしくみ

出所:NPO法人活エネルギーアカデミーのFacebook https://www.facebook.com/enepo.takayama/より ※原図は左記Facebookを参照のこと

写真7－2　地域通貨「エネポ」

工場等に搬入する。原木の代金として、3,000円/tが事務局に支払われる。買取価格との差額分（3,000円/t）は、県や市の補助金で賄われる。エネポは、市内74店舗（2021年2月現在）の協賛店で現金の代わりに使用することができる（有効期限3カ月）。協賛店がエネポを提携の金融機関に持ち込むと、事務局から口座に現金が振り込まれる[20]。

　市内で最初に木の駅プロジェクトに取り組んだ赤保木地区では、住民ら約20名が間伐作業に参加している。住民の所有山林や地区の共有林（約120ha）を共同で間伐して材を搬出し、収益（対価として支払われたエネポ）を文字どおり「山分け」する。作業は毎週水曜日と木曜日の午前中に行っており、参加者は必ずしも山林所有者に限られない。イノシシなどによる農業被害が深刻化したことから里山の手入れの必要性を痛感し、作業に加わるようになった人もいるという。こ

20）「定年後、山に目覚める 農家林家が続々誕生／岐阜県『高山市木の駅プロジェクト』」『季刊地域』32号（2018年）8頁以下。

193

の場合、参加者に支払われる地域通貨は、活エネルギーアカデミーの山崎理事長が語っているように、私人の労働に対する報酬というよりも、市民の志や善意に対する「感謝の証し」といった意味合いが強い。

高山市全体の間伐材の出荷量は、初年度（2014年度）約30ｔだったが、3年後に500ｔ、4年後には1,000ｔを超え、これに応じてエネポの流通量も増大している（1,000ｔの間伐材に対して600万円分のエネポが発行される）。ここでは、地域通貨を媒介として、コモンズのもたらす便益が自治体や市民によって正当に評価され、コモンズの保全と持続的利用が地域経済の活性化と結びついている。そのような意味で、木の駅プロジェクトは、環境面の持続可能性の確保を経済面及び社会面の持続可能性の維持に変換する仕掛けとみなすことができる。

表7－1（176頁）に示したように、コモンズの維持・管理のあり方には二つの形態がありうる。一つは、入会集団などの特定の所有者がもっぱら保全主体となる形態である（あるいは、ナショナル・トラスト団体などの特定の保全主体が所有権をもつ場合もありうる）。いま一つは、所有権の帰属にかかわりなく、NPO法人やボランティア・サークルなど、不特定の善意ある市民が保全に参加しうる形態である。

前者の形態から後者の形態への移行、言い換えれば、ローカル・コモンズからリージョナル・コモンズへの進化を促す媒体として、コモンズをより開かれたものに変革していく契機を地域通貨に見出すことができるだろう。

（6）生物多様性ひだたかやま戦略

なお、コモンズの原理のうち多様性の確保に関しては、生物多様性基本法に基づく生物多様性地域戦略である「生物多様性ひだたかやま戦略」（2010年策定、2020年改訂）が注目に値する。

本戦略はまず、「長い年月をかけて積み上げられてきた生物多様性のめぐみの利用については、食文化や芸能、工芸などの面で現代に伝承されているものも多く、（中略）生物多様性に関する戦略を策定す

る際には、先人から受けついだ飛騨の豊かな自然と、それを利用する知恵を未来の市民につなげていく視点が大切」だとする。ここでは、飛騨高山の多彩な文化——これもまたローカル・コモンズに含まれうる——は当地の豊かな生物多様性の所産にほかならない、という認識が示されている。

　このような視点から、本戦略の基本理念として「生物多様性を保全し、そのめぐみを将来にわたって享受することができる、自然と共生するまち『ひだたかやま』」を掲げ、「豊かな自然環境のもと、すべての生物との共生を目指すとともに持続的な利用をすすめ、保全と利用の両方を重視したまちづくりをすすめ」ることとしている。ここには、「自然との共生」の名の下、生物多様性を文化多様性と表裏一体のものとして保全していくことが、生態系のみならずコミュニティの持続可能性の維持にも資するという、いわば「共生社会」の思想を読み取ることができる。

7.4 コモンズの再生に向けて ——「地域循環共生圏」の創造のために

　2018年4月に閣議決定された第五次環境基本計画は、「持続可能な開発のための2030アジェンダ」の掲げる持続可能な開発目標（SDGs）の実現に向け、目指すべき持続可能な社会の姿として「**地域循環共生圏**」を提示している。それは、「各地域がその特性を活かした強みを発揮し、地域ごとに異なる資源が循環する自立・分散型の社会を形成しつつ、それぞれの地域の特性に応じて近隣地域等と共生・対流し、より広域的なネットワーク（自然的なつながり（森・里・川・海の連関）や経済的つながり（人、資金等））を構築していくことで、新たなバリューチェーンを生み出し、地域資源を補完し支え合いながら農山漁村も都市も活かす」地域のあり方とされる。

　これをニュー・コモンズの構築と関連づけるならば、ここにいう「地

域資源」は、人工的なストックもこれに含まれることから、自然資源のみならず社会資本をも包摂する多様なコモンズを指すものと解される。また、「地域」を、集落・街区レベル、市町村レベル、都道府県レベル、流域レベルなど多層的に捉えていることから、コモンズの形態は、コミュニティに根拠を置くローカル・コモンズにとどまらず、より広域的なネットワークを形づくるリージョナル・コモンズにもわたる。そして、「共生」については、「人・生きもの・環境が不可分に相互作用している状態」と説明されることから、先に示した四つのレベルの共生を――さらに、都市と農村との共生をも――含みうる。従って、地域循環共生圏の構想は、ニュー・コモンズに対応した社会像としての「共生社会」と重なり合うものとみることができる。

本計画は、「『地域循環共生圏』の創造の要諦は、地域資源を再認識するとともに、それを活用することである」と述べ、その例として木質バイオマスの利活用を挙げている。すなわち、「地域におけるバイオマスを活用した発電・熱利用は、化石資源の代替と長距離輸送の削減によって低炭素・省資源を実現しつつ、地域雇用の創出、災害時のエネルギー確保によるレジリエンスの強化といった経済・社会的な効用をも生み出す。これが間伐や里山整備で生じた資源の活用であれば、健全な森林の維持・管理にも貢献することにつながり、豊かな自然の恵み（生態系サービス）を享受することにもなる」と。

そうだとすれば、高山市をはじめ各地で進められている森林資源の社会的活用、とりわけ木質バイオマスを活かした持続可能な地域づくりの取り組みは、コモンズの保全・再生を通じた地域循環共生圏の創造の営みにほかならない。そこでは、**市民（地域住民、ボランティア、NPO 等）、企業（事業者、起業家、金融機関等）、行政（地方自治体、中央政府）など、多様なステークホルダーがコモンズのガバナンスに主体的かつ協調的に関わり合うことによって、物質とエネルギーが地域の内外を過不足なく循環し、経済、社会及び環境の持続可能性が維持される**ものと想定される（図7－3参照）。

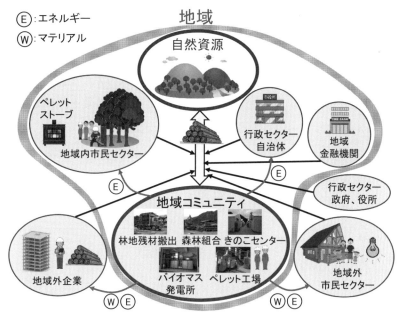

図7-3　木質バイオマスを活かした持続可能な地域づくりの取り組み

山崎慶太作成

　とはいえ、解決すべき課題も少なくなく、楽観は決して許されない。実際、高山市では、飛騨高山モデルが掲げる「原材料供給者や熱需要者などをはじめ地域が一体となった資源・資金循環による持続可能な地域経済の活性化、森林再生」の実現に向けて、地域材の利活用のしくみづくりが急がれている。

　バイオマス発電事業の多くは再生可能エネルギーの固定価格買取制度（FIT）を前提としてはじめて成り立っており、現状では、20年間の買取期間が終了した後も事業が継続できる保証はない。また、木の駅プロジェクトは、間伐材の買取りに自治体が相当額の補助金を出すことによって支えられており、仮に補助金が打ち切られた場合、早晩立ち行かなくなるのは目に見えている。より一般化するならば、ニュー・コモンズを構築するうえで、経済面における持続可能性をいかに確保していくか、そのためのしくみをいかに確立していくか、と

いう難題は避けて通ることができないと言わなければならない。

　正解は容易には見つからないが、ここではさしあたり、国家レベル
の通貨とは異なり、善意や感謝など貨幣価値への換算が困難なもの同
士の交換、あるいは、景観やアメニティなど「ローカルな便益」の正
当な評価を可能にする地域通貨の試みに、問題を解く鍵を見出してお
きたい。

第 8 章

コモンズの変遷と
木質分散型
エネルギーの
導入事例

8.1 森林資源とコモンズの変遷

　ここでは、森林と深い関係にある、江戸時代から今日までのコモンズを振り返り、将来の「求められるコモンズ像」について展望したい。

① コモンズの始まりは江戸時代から

　江戸初期、水田は小規模水田群が中心だったが、土木技術の向上により江戸中期の水田は、以前と比べ 1.7 倍の 2,970 歩（1,000ha）にまで拡大した[1]。しかし、耕地面積と農村人口の増大は、農用林や生活林としての里山への利用圧力を高め、結果、里山は全国的に疲弊していった。

　一方、江戸期には、城郭や邸宅、社寺、城下町の全国的な建設ラッシュと時折の大火、人口増により、その都市の拡大維持は絶えず森林に圧力をかけ、木材の窮乏を招き材価は急騰した。そして、乱伐的林業や里山の植生劣化は、洪水や山崩れ、渇水による大干魃などの自然災害の多発を招いていった。

　ジャレド・ダイアモンドによると[2]、1700 年頃から幕府は森林管理を「誰が、何を、どこで、いつ、どのように、いくらの価格で行うかを明確」に指定する周密なシステムを整えた。将軍や大名は、領地の森林管理者を指名し、木材伐採や家畜放牧をする際の、農民の権利を明確に定めた免許を発行。その一方で村の管轄下となった森林と里地を、名主が村人全員の利用、共同管理する共用財産とし、林産物の収穫規則を作成し、「よそもの」の利用も禁じた。外部の新規参入者を防ぐ、資源の排他的利用の確保から「コモンズ（共有）のルール」が始まった。

---

1) 大石慎三郎：江戸時代、中公新書476、中央公論新社、37、1977
2) ジャレド・ダイアモンド　楡井浩一　訳：文明崩壊 滅亡と存続の命運を分けるもの 下巻、草思社、61-70、2012

肥料用の山野草や落葉、炊事用の燃料は不可欠で、針葉樹から広葉落葉樹への変化で、差し迫った飼料、肥料、燃料の需要を満たすことができるようになり、山林の有用性がいっそう高まった。

徐々に森林管理は長期的な既得権をもつ、村人の手に委ねられたことで、子供に森林の利用権を継がせることが期待でき[3]、入会地が持つ機能による「環境面」や、現世代と将来世代の「世代間公平」の両面において、持続可能な「コモンズの原理とルール」になった。

(2) 江戸時代のコモンズ

図8−1に、江戸前期（享保の改革以前）のコモンズを示す。

この時代は、耕地面積と農村人口の増大で、農用林や生活林として

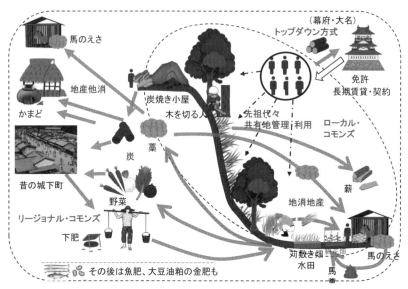

図8−1　江戸前期のローカル・コモンズとリージョナル・コモンズを組み合わせた循環型社会、地域循環圏

出所:山崎作成

---

3) コンラッド・タットマン　熊崎実　訳:日本人はどのように森をつくってきたのか、築地書館、183-200、1998

の里山への利用が拡大した。森林学の太田によると[4]、農民は刈敷や秣（馬の飼料）、薪などを自由に採取することが難しくなり、農民が秩序をもって共同で利用する「入会」の制度が、徐々に浸透した。ローカル・コモンズが成立していった。東京大学教授で経済学者の故宇沢弘文は、耕作の神、土地の神を祭った建築物、神社を指す「社」は村の中心で、村人達は、「社」に集まって相談し、森林や草地、水等の自然資源の利用に関する社会的規範など、重要なことを決め、「社」は人々の集まり、組織集団を指すようになり、ローカル・コモンズそのものであった[5]と記している。

　林業を兼ねた百姓は稲・糠・籾・薪・炭の生産者兼消費者でもあり、木や藁で家屋を修理し、藁を家畜飼料とした。馬は耕作や年貢米輸送などを担い、その糞尿は肥料とし、馬糞は炊飯用燃料に使われた。そして町場（城下町：都市）へ野菜や薪・木炭を売り、下肥や竈の灰を買った。江戸時代を通じて、江戸の人口は110万人以下で、現代と違い都市人口が増えることがなかったので、農山村のローカル・コモンズは、都市の下肥量に基づいて食料を生産する一方、薪・木炭の消費量に見合った立木密度や伐採時期を工夫した、雑木林の管理方法を確立して燃料を生産し、持続可能なシステムが成立していた。このように藁や糞尿、灰などは捨てられることなく、ローカルの農村部とリージョナルの町場（都市）の両コモンズ社会内部で循環、再利用社会が成立していた。ここで着目すべきは、循環や再利用の社会が成立していただけでなく、都市での下肥や生ゴミが農村部へ引き取られた結果、河川や海洋が汚染されることなく、貴重なタンパク源である豊富な水産資源が庶民の口に入り、双方互恵の関係にあった点である[6]。両コモンズは、舟での輸送を除けば、人力、牛馬で食料、下肥、薪・木炭、木材を輸送できる範囲の距離で結び付き、地域循環共生圏を構成して

---

4) 太田猛彦：森林飽和 国土の変貌を考える、NHK出版、100、2012
5) 宇沢弘文：社会的共通資本、岩波書店、70、2000
6) 石川英輔：大江戸リサイクル事情、講談社、154-266、1997

いた。

18世紀前半の新田開発ピークで、入会地や里山での緑肥用採草地までもが開発され、肥料と薪炭用の木材の確保が難しくなった。新田開発が滞ると、生産性が高く収量の増える白米生産を選んだため、肥料が大量に必要となった。そのため江戸中期では、自給の下肥や草肥が不足するとともに、木綿や蝋、早生野菜などの特産物農業がはじまり、多量の速効性肥料を必要とするようになり、イワシ、ニシンなどの魚肥や、菜種や大豆の油粕の金肥を大量に使うようになった。その金肥購入の範囲が、ローカルとリージョナルのコモンズの外側の海洋にまで拡がり、水田に支えられた江戸期後期の社会は、地域で循環型社会を維持しているとは言えなくなった[7]。

そこで農民は、山野の資源を枯渇させないように改めて、共同利用のコモンズのルールを自主的に定め、領主や幕府と対立や協調をしながら資源保護を進めた結果、環境は修復不可能なまでには崩壊しなかったと、宮下らは述べている[8]。一方、徳川行政史研究所によると[9]、18世紀初めには、幕府・諸藩の植林政策によって、各地の荒廃した森林に植林が促され、領主と農民の分収制度が整ってくると、植育林にも明るい兆しが見え、次第にその技術の水準も上がってきた。

(3) 明治維新以降のコモンズ

1) 近代国家となり衰退の一途を辿ったローカル・コモンズ

哲学者の内山節の見解では[10]、明治維新以降、中央集権的な構造から、共同体（ローカル・コモンズ）は解体過程に入った。しかし、用水路確保と水配分は共同体の仕事であり、薪炭林用の資源維持のためにも、山林の利用管理規定を厳しく定め維持する「コモンズ」と、「コ

7) 武井弘一：江戸日本の転換点 水田の激増は何をもたらしたのか、NHK出版、215-221、2015
8) 宮下直・西廣淳：人と生態系のダイナミクス ①農地・草地の歴史と未来、朝倉書店、37、2019
9) 徳川林政史研究所：徳川の歴史再発見 森林の江戸学、東京堂出版、71-73、2012
10) 内山節：増補共同体の基礎理論、農山漁村文化協会、163-165、2015

モンズのルール」は必要だった。その他にも茅屋根の茅場の火入れや維持も、共同体管理され、茅の採取・葺き替え作業は、集落を挙げての共同作業による相互扶助のしくみが最近まで存在した[10]。

　ローカル・コモンズ解体の流れは、共有の森林活用を生活の軸から、自分達のわずかな収入の一要素へとすり替えた。また第2章図2−1に示したように、用材（材積）供給量は、木材を自給していた時代から戦後は概ね半減し、経済構造、サプライチェーンの変化もあり、山林所得も大幅に減り、森林の所有と事業意欲を失わせて、多くの人達は共有林からも離れた。高度成長期の人口流出も大きく影響し、地方の空洞化が進んだ。森林クラスターの衰退と、基盤となる人口の減少によって、森林管理のローカル・コモンズは維持が困難となり、森林の荒廃と地域の衰退に拍車がかかった。

2) ローカル・コモンズ衰退に拍車をかけた化石資源利用革命

　木材は15万年以上も利用されてきた。しかし木の持つ本来の多面的価値に気づかず、木は鉄鋼やセメント、石油製品、化石燃料に取って代わられ、1970年前後より著しく使われる量は低下した。さらに図8−2に見るように、世界のどこでも、グローバル・コモンズとして化石燃料を無限に使えることが、当然の前提とされて構築された社会となった。そのため、エネルギー・肥料と、建物・家具、道具と関係が薄くなった地域資源の里山・森林は見捨てられ、ローカル・コモンズは衰退した。これと併せて、水管理や屋根材の萱刈などのために残っていたローカル・コモンズも、農村の高齢化、高度経済成長での人口流出に伴い、過疎化により急激に消滅しつつあった。

　このように化石燃料依存や食糧輸入が、国内資源の未利用や過少利用となり、生物多様性による供給サービスの低下、地域の文化や景観衰退・少力化、山主不在などと、コモンズは縮小や崩壊、消滅への道を辿った。

　一方、エネルギー、食料や木材の低い自給率から分かるように、国内資源のアンダーユースは、それら輸入資源のオーバーユースと不可

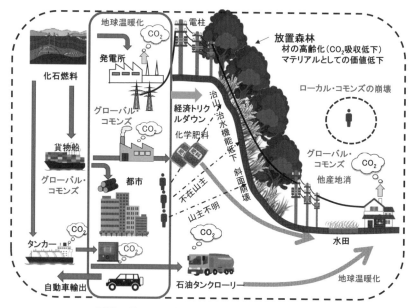

図8-2　ローカル・コモンズが崩壊した現状

出所:山崎作成

分である。オーバーユースとアンダーユースの問題はセットで考えない限り根本解決は難しい。裏を返せばローカル・コモンズの復活による食料や木材の自給率向上や地産地消が進むと、同時解決が望めるはずの重要課題ともいえる、このように宮下らは見ている [11]。

3) 求められる今後のコモンズ像

　グローバルな時代こそ、ナショナルよりローカルなものが前面に出る。ローカルなもの、地域共同体的なものの方が、人間が人らしく生きている姿とすれば、むしろグローバル時代は、もっと人らしく生きられる時代になってしかるべきで、地域共同体とグローバルな世界が、ともに公海的な空間としてつながっていく。ヒト・モノ・カネが国境を「越える」時代だからこそ、国境を越えた支え合いも求められるの

---

11) 宮下直・西廣淳:人と生態系のダイナミクス ①農地・草地の歴史と未来、朝倉書店、58、2019

が、グローバル時代の本質と浜矩子と佐高信は書いている[12]。

　さらに、「グローバル化の限界」が見え始めているのが、現在の世界であり、今後は「ローカライゼーション」という方向が新しい形で進んでいく時代を迎える。まずは地域の中でできる限り食料や特に自然エネルギーを調達し、かつヒト・モノ・カネが地域内で循環するような経済をつくっていくことが、地下資源の有限性という観点から望ましいという考え方が徐々に広がり始めている。「グローバル化の先」の姿には、最近勢いを増してきた「拡大と成長志向・利潤極大化」、そして排外主義とセットになったナショナリズム的な方向ではなく、ローカルな経済循環やコミュニティから出発し、それをナショナル、グローバルへと積み上げながら「持続可能な福祉社会」と呼びうる姿を志向する方向が模索されている。それは、「個人の生活保障や分配

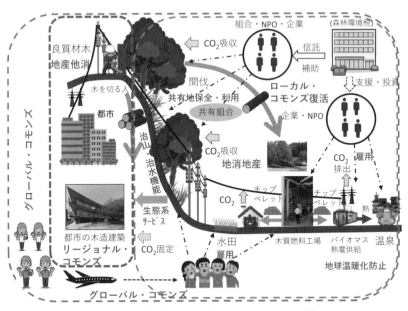

図8-3　求められる今後のニュー・コモンズ像

出所:山崎作成

---

12) 佐高信・浜矩子:どアホノミクスの正体、講談社、76-79、2016

の公正が実現されつつ、環境・資源制約とも調和しながら長期にわたって存続できるような社会」であると、2019年に科学哲学者の広井良典は述べている[13]。

図8-3に求められるニュー・コモンズ像を示す。

ローカル・グローバルな環境課題解決に向け、森林資源の自然資本から、木質燃料生産、熱電併給システム、地域新電力、低中層木造建築、橋梁等土木木造構造物、将来の化学素材原料などの社会資本をも包摂する循環型社会を構築する「ニュー・コモンズ」（第7章7.4項参照）のあり方が今後模索されていく。

自治体や官民連携体、森林組合は、森林環境税、森林環境譲与税などを活用し、不在や不明の山林地主と、部落管理財産区の森林などを信託・保全管理する新たなしくみ、「コモンズのルール」の導入が始まっている。これにより、放置林にも手が入り、生態系サービス機能も復活し、電力や木材の購入者でもある都市住民も恩恵を受け、地域と都市が地域資源を活用した地域間循環システムを促進する、環境・経済・社会の一体的取り組みが可能になる。

🌳 8.2 事例紹介にあたり

ここでは、「求められる今後のコモンズ像」として、木質エネルギーに焦点をあて、森林資源の利用による、持続可能な地域循環システムを促進する社会・経済的取り組みが展開されている地域を、紹介する。

ここで地域を、農山村集落のような地域社会に基盤を置く「ローカル・コモンズ」と、より広範な河川流域圏において形成される「リージョナル・コモンズ」に分類する。そして、森林資源を中核とするローカル・コモンズだけでなく、都市部の社会資本をも含めたリージョナル・コモンズが、地域における社会・経済的取り組みの中で担う役割

---

13) 広井良典：人口減少社会のデザイン、東洋経済新聞社、280-282、2019

について、俯瞰的な検証を試みる。

　ローカル・コモンズの担い手としてのコミュニティや自治体が、木質バイオマス資源を活用して、森林保全に寄与しながら、環境改善と地域内経済循環向上を実践する。そして、その周辺の都市はエネルギー利用と技術や金融の事業支援で、その実践を支え補完することを担うことでリージョナル・コモンズとなる。このように地域と都市のそれぞれの役割が位置づけられる。

　まず、6カ所の事例を、環境・社会・経済の観点から、地域資源の集団的・共同的な所有、利用および管理のありかたについて調査した（**図8−4**参照）。その中から5地区を本章に、また高山市については第7章に記述。これらの地域は、第11章**図11−1** SDGs の自然資本（目標 7, 13, 15）から、社会関係資本（目標 3,11）、金融・経済（目標 8,9）にわたる多様な SDGs に取り組んでいる。6カ所に追加して、最新の木質ガス化熱電併給設備による集合住宅と病院の2カ所の事例を、技術的側面を中心に紹介する。

　薪販売の東かがわ市と上野村の発電と、熱電供給の病院の事例以外は、森林基本計画に基づく間伐材（未利用材）を利用した FIT 制度

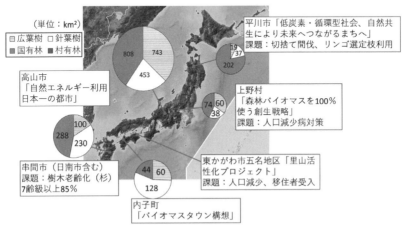

図8−4　今回の調査地の位置および森林資源の内訳、地域課題

出所:山崎作成

による売電である。木質エネルギー活用が、ローカル・コモンズとしての森林資源の保全と持続的利用に寄与するとすれば、発電所等のエネルギー供給施設それ自体もコモンズに含みうる（第7章7.3(4)項参照）。

　事業規模が内子町、串間市、高山市のように小規模であれば、ローカル・コモンズに、平川市のように中規模であればリージョナル・コモンズの一環をなすといえる。前者の3市町では、事業主体の地元企業のみならず、域外の出資者もローカル・コモンズの担い手に位置づけられる。一方、後者の平川市では、事業主体の地域外企業のみならず、出資者の地元自治体も、リージョナル・コモンズの担い手と呼ぶことができる。

8.3　愛媛県内子町バイオマス発電所

(1) 愛媛県内子町の現状と経緯

　内子町は、松山市の南約40kmの位置にあり、1982年、四国で初めて国の重要伝統的建造物群保存地区に選定された、江戸末期から明治時代にかけて建てられた豪壮な屋敷や土蔵などが、軒を連ねる街並みで知られている。

　平均気温約16℃、年間平均降水量約1,700mmであるが、降水量が年間3,000mmにも達する南面の四国山地を背にしている。現在、人口は1.7万人弱、町の面積約3万haで、その内の約8割を森林が占め、その内民有林約2万ha、国有林4.4千haである。民有林の内約7割弱の1.3万haがスギ・ヒノキの人工林であり、その内7齢級以上が90％を占め460万㎥の材積となる。内子町森林組合では、2017年の取扱量が約3.2万㎥で、2013年の約2万㎥の約1.6倍になっており、路網整備などにより安定した原木供給量が確保されている。

　2007（平成19）年3月、「内子町バイオマスタウン構想」により、

内子町は小学校、中学校、保育園や温泉施設の公共施設、施設園芸用ハウスなどの民間事業者への、木質ペレットボイラーとストーブによる熱利用を積極的に進めてきた。

　内子町の内藤鋼業は、2011（平成23）年に生産能力2,500 t/ 年のペレット工場を稼働させて以来、「バイオマスタウン構想」により普及が進んできた暖房機器に、木質ペレットを供給してきた。しかし、温水プール・温浴施設を除いて、いずれも使用量が少なく、かつ需要が冬季に偏り、化石燃料の価格をペレットが上回る場合には化石燃料に切り替えられ、乱高下する石油の価格に左右されて、安定した需要が確保できなかった。

　このような状況の中で、エンジニアリング会社のシン・エナジーと内藤鋼業は、地元木材を活用した「地域主体・地産地消型木質バイオマス発電協働事業」について、検討した。発電事業は年間を通して安定したペレット需要が見込め、しかもFIT制度の活用により常に一定した収入が得られるため、資金調達計画も容易である。同時に、山における安定した木材需要の確保によって、「木質資源はあるが供給先が無い」という地域の林業や、山林整備などの課題も解決でき、山からの材の搬出に伴う雇用の増大にも、寄与できると考えた。

　内子町森林組合の小田原木材市場は、現状の取扱量3.2万㎥の内2割のD材と、無理せず搬出可能な切り捨て間伐材（未利用材）（**写真8−1 (a)**参照）2割ぐらい、合わせて1.2万㎥(t)/ 年を発電量に見合う持続的な供給可能量とした。そこから発電に要する1万㎥/ 年は、組合取扱量の三分の一ならば、6,000円/㎥（運送費＋伐採費）＋500円/㎥（森林組合費用）＋500円/㎥（山主）＝7,000円/㎥で供給できると試算。さらに、地域の森林保全にも寄与し、かつ近隣製材所へも影響を及ぼさないと想定した。それらの材は、内子町内の半径15〜20kmの範囲から調達可能となった。結果、内藤鋼業等は、当初計画の2MWの発電規模を変更し、1MWの発電規模がこの地域では適切と決定した。

(a)森林に放置された切り捨て間伐材

(c)間伐材が除去されて下層植生が豊かな森林

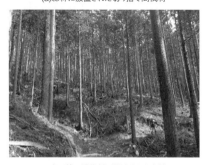
(b)切り捨て間伐材が搬出された森林

(d)林道左側：間伐材　林道右側：一般材

写真8-1　間伐前後の森林と林道の間伐材・一般材

写真提供:内子町森林組合

(2) 内子町バイオマス発電所·木質ペレット燃料工場の概要

　発電所は、木質ガス化熱電併給設備ドイツ・ブルクハルト社 165kW の6台連結と、熱電併給設備を熱源とした米国アクセスエナジー社のバイナリー発電設備 125kW1 台で、構成されている。定格総出力は 1,115kW、熱電併給設備の発電端効率は 30％となる。2019年4月から本格操業を開始した。発電に木質ペレット 5,700t/ 年が用いられ、一般家庭 2,500 世帯の電力消費量に相当する 811 万 kWh/ 年が送電され、FIT 制度によって 40 円 /kWh で四国電力に全量売電している。熱電併給設備は電気出力 165kW に対して、設備消費電力は 8kW/ 基で、蒸気発電プラントに比べて著しく小さいという特徴を

持っている（4.1 参照）。

　発電所は、町有団地内の森林組合の木材市場と、旧内藤鋼業木質ペレット工場に隣接して建設された。

　内藤鋼業は、旧ペレット工場設備の改造と増設新工場とを併せたペレット工場を、発電所と隣接させた。それにより、ベルトコンベアで欧州規格（EN Plus A1）に準じた木質ペレットを発電所へ搬送し、ペレット単価の低減を図った。

　投資額 2.0 億円の新工場は、生産能力 3t/ 日、1t/ 日のペレタイザー（ペレット成形機）を設置し、35 〜 40t/ 日の原木から、18t/ 日、約 6,000t/ 年の全木（スギ 80%、20% ヒノキの樹皮付き）ペレットを発電所に供給し、他に、ストーブやボイラー用として、2,000 〜 2,500t/ 年のホワイトペレットも生産し、合計 8,000t/ 年の生産能力である。工場は、ペレタイザー（ペレット成形機）やペレットの冷却、キルン乾燥炉などで、電気代が約 200 万円 / 月かかっている。

(3) 環境・経済・社会の地域循環システム

　発電所の事業初期投資額 13.5 億円の内、10.7 億円は地元の伊予銀行により 15 年ローン融資 、残りの 2.8 億円の内 1.7 億円は NEC キャピタル社の優先融資を受け、資本金 1.1 億円の 35% をシン・エナジー、残りを地元の内藤鋼業 35%、藤岡林業 20%、バイオマスペレット製造機器の製造・設置工事会社新興工機が 10% 出資し、特別目的会社（SPC）が設立された。

　このように、発電プロジェクトの成否を担う木質ペレット燃料を安定供給をするために、地元企業が先頭に立ち、一連の流れ「山→林業→木質燃料工場（燃料製造機器製造含む）」を網羅しまとめきった。それにより燃料供給が担保されたので、新会社の信用が増し、FIT制度が 20 年間の売電収入を保証していることと合わせ、伊予銀行からスムーズな融資を受けることができた。また内子町は当事業の必要性を認識し、種々行政手続きも円滑に承認され、発電所の固定資産税

の３年間免除や、発電所とペレット工場の土地を貸与するなどの支援も行った。

森林組合は、マテリアル利用しにくい林地残材（未利用材）を林内に放置せず、林道の片側には一般材を林道と垂直方向に、反対側には林道と並行方向に林地残材をそれぞれ並べ、林業者が引き取りやすいような丸太の置き方を工夫した（**写真８−１(ｄ)**参照）。それによって、林地残材は、林業者が手の空いている雨の日か、市場のある日（一般材が下ろせない日）に山から運搬される。間伐による林地残材が、林内に放置されないので、光が確保され下草が繁茂するようになり、土壌侵食による土壌災害の防止にも寄与している（**写真８−１(ｂ),(ｃ)**参照）。

町では、**図８−５**に示すように、３日/月、半年間、町営の「木こり市場」が開かれている。そこへ町民参加者が、軽トラックで不用材を約500ｔ/年出荷する。出荷代金8,000円/ｔのうち、5,000円を現金で、3,000円を地域通貨（ドン券、１枚500円）で、併せて参加者66人に

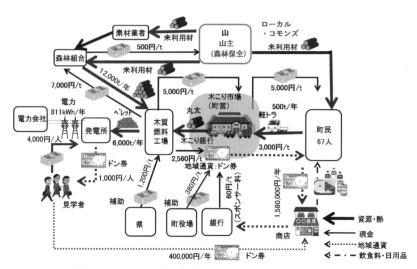

図８−５　愛媛県内子町の地域通貨「ドン券」と環境・経済・社会の地域循環システム（平成30年度事業）

出所:山崎作成

年間約425万円（532t）が支払われている。2018（平成30）年度事業では、8,000円/tの内訳は、木材価格7,560円（うち県補助1,200円）＋町補助380円＋スポンサー60円である。2018年には、町営の「きこり銀行」によって3,165枚のドン券が発券され、それが地元の地域通貨取扱店で使用された。発電所視察料4,000円からも、1,000円分のドン券が視察者に戻され、約800枚（40万円）が地元で使われた。結果、「木こり市場」発行分と合わせて、約200万円の地域通貨が、地元商店で流通したことになる。第7章7.3(5)の高山市「木の駅プロジェクト」と同様に、地域通貨を媒介として、ローカル・コモンズのもたらす便益が自治体や市民によって正当に評価され、コモンズの保全と持続的利用が地域経済の活性化と結びつくことが期待される。

(4) 8.3項のまとめと今後の課題

　市の一部出資もある岡山県真庭市の、中型10MW木質バイオマス発電所とは異なり、内子町では、民間企業のみの出資で、町からの支援は免税と借地のみで、1MW発電所の稼働に漕ぎ着けた。これは面積の半分以上を森林が占める他の自治体（全自治体数の60％）においても、FIT制度を活用しての、民間だけによる発電所建設実現が可能なモデル事業となる（**図8－5**参照）。町役場も、2007年のバイオマスタウン構想により、比較的早い時期からペレットを燃料としたボイラー、ストーブの普及を進め、熱利用需要（現在ペレット約1,000t/年、内藤鋼業から供給）の拡大に寄与する一方、地域通貨を活用した一般市民への木材供給活動の働きかけで、木質バイオマスによる「まちづくり」についての、市民への啓蒙活動を継続してきた。現状、町内の温水プール・混浴施設・教育施設での熱利用需要の500t/年のペレットが内藤鋼業により供給されている。これらの政策により、ペレット製造技術に精通した地域のリーダーの内藤鋼業は、木質小型ガス化熱電併給設備にマッチングする、規格に適合した高品質なペレット製造技術を他の地域より早く確立し、自立分散型発電所の早期稼働に漕

ぎつけた。これが社会と経済の繋がりといえる。

　内子町では、森林資源を利用した木質バイオマスエネルギー事業が、江戸末期からの街並みや木橋を資源とした観光産業などの既存の産業に加わることで、産業の多様化が進み、地域経済の安定化が進む[14]ことになる。

　今後、燃料用木材需要の大きい、大型 12.5MW 松山木質燃焼蒸気発電所の集材範囲が内子町の森林に及び、丸太の価格が上昇することも懸念される。ようやく、環境・経済・社会を統合、つなぎあわせたローカル・コモンズを形成しても、地域外の要因により資源供給バランスが崩れ、「森林資源の持続的利用と地域循環システム」が不成立とならないようにする施策が課題だ。

8.4　群馬県上野村バイオマス発電

(1)　群馬県上野村の現状と経緯

　群馬県上野村は、高崎市から車で約 1 時間半を要する標高 1,500m ほどの山村であり、村の中央を流れる神流川を挟む両側に住居、公共施設が点在する村だ。畑作地も少なく、水田が 1 枚もない森林大国である。年平均気温約 12℃、年間平均降水量約 1,100mm である。

　戦後の一時期は薪炭生産に多くの人々が関わり、人口は 1950（昭和 30）年では 5,000 人を数えた。化石燃料へのエネルギー転換とともに人口が激減し、現在の人口は約 1,200 人弱で、内 220 人ほどが U・I ターン定住者である。

　面積約 1.8 万 ha の 95%、約 1.7 万 ha が森林である。その内訳は民有林が 1 万 ha 弱、国有林は 0.7 万 ha だ。民有林の内、6 割が広葉樹、4 割がスギ、ヒノキの人工林である。国有林の広葉樹とスギ、ヒノキ

14）宮﨑雅人：地域衰退、岩波書店、153-160、2021

もほぼ同じような比率である。

　江戸時代の村は、将軍家に献上する鷹の繁殖地とされ、御守林として総名主のもとに森林が管理されていた。

　2005（平成17）年に、東京電力による原子力発電対応の、夜間揚水式では世界最大級の47万kWの神流川発電所が運転を開始した。村はその電源立地法による保障資金、税収を活用し、将来に備えた地域発展と地域森林資源の最大活用を目指してきた。これまでに、木材、木炭、きのこ、きのこ栽培用オガ粉、ペレットなどと多種の生産を手がけ、それらを村直営または第三セクター方式で運営してきた。2011年より生産されたペレットは、村営住宅を含む家庭、温浴施設、ホテルと旅館、村役場と関連施設などのストーブやボイラーに供給されている。木質燃料としてペレットを選定した理由としては、チップに比べてハンドリングに優れ、ボイラーやストーブを村民に普及させやすく、化石燃料を使用していた既設施設を改修する際、チップに比べてサイロを含めたスペースが大幅に節約できるなどが挙げられる。その後さらに、森林組合の製材工場も、年間5,000㎡の規模で稼働を開始した。

　そのような中、㈱上野村きのこセンターでは、シイタケを年間約500t生産し、販売額約3億円弱を確保している。きのこ栽培で肝要な点は、その生育環境を整え、収穫量、大きさ、肉厚などが一定となるように管理することである。そこで、シイタケの生産には年間昼夜を通し、菌床室内は20℃を維持管理することが重要かつ必須で、電気ヒートポンプ冷暖房と廃菌床蒸気ボイラーの組み合わせで、温度調整を行ってきた。しかし、東日本での震災・福島原発事故以降、電力のコストが大幅に上昇したため、収支が悪化した。そこで災害時の停電対応も含め、「自前による電力と熱の創出」ができないかという検討が始まった。2011年に「村の豊富な森林資源を活用し、きのこセンターに熱と電気を同時に生産供給できる施設を導入する」ことを、前村長神田氏が信念を持ち実行した。黒澤課長（現村長）が国内外の

調査を行う一方、センターにおける熱と電気の消費パターンなどの調査を実施した。その結果をもとに、ペレット燃料で稼働するドイツ・ブルクハルト社の熱電併給設備（CHP）180kW の導入を決めた。

⑵ 木質ペレット工場、木質熱電併給システムの概要

　林野庁補助による村営ペレット工場では、原木を概ね針葉樹（スギとカラマツ）7 と、日本で初めて使われる広葉樹 3 の利用割合で使用している。広葉樹は固く、ペレット生産のペレタイザーの傷みが激しいが、工夫をこらし、スギ原料に混合している。これは、薪炭生産が盛んであったため、森の 60％を広葉樹が占め、広葉樹をできるだけエネルギーで最大限活用し、保安林、環境（CO_2 削減含む）林、秋の観光用として役立ち優れた、広葉樹の自然萌芽更新を進めていこうという村の方針である。また、針葉樹伐採後も、人員が確保できないので下草狩り・植林せずに、広葉樹林化させ、森林資源の持続的利用を図っている。

　急傾斜地が多く手間の掛かる広葉樹の丸太価格は、補助を含め 14,400 円 /t、スギは補助込み 5,000 円 /t で供給されている（2019 年）。土場で半年間乾燥させた約 30cm 径のスギ、カラマツ、広葉樹を 1〜3mm 以下の粉砕オガ粉にし、500℃のキルン乾燥炉で、水分率 8〜10％に乾燥させる。広葉樹は一般に成形が難しいが、フラットダイ方式のペレット成型機により、生産が可能となっている。ブルクハルト社のペレット仕様は、欧州規格の ENplusA1 で、樹皮の無い針葉樹のみを対象としている。日本も一般的には樹皮無しスギ材のみだが、上野村ではすべて樹皮付きのスギ、広葉樹、カラマツ材利用で、水分率 9％内外のペレット 960t/ 年を CHP に供給している。そのため規格に適合せず、運転当初は順調に稼働しなかったが、ペレットの生産方式に始まり、ガス化炉の運転管理方式まで工夫し、習熟した結果、順調稼働している。現在、ペレットの原料は、スギ、カラマツ、広葉樹の材の在庫に応じ混合利用している。2020 年より建設稼働してい

る、第二ペレット工場も 1,600t/ 年の生産能力を有し、600t/ 年のペレットは、農協を通して村内の暖房・給湯用として供給している。

村営木質ガス化熱電併給設備の選定理由は、すでにペレット工場が稼働しており、その利用量拡大が狙いでもあった。CHP 設備は、出力 180kW、発電効率 30％、ガス化炉関連消費電力は約 8kW、熱出力は 270kW（約 90℃温水）である。この CHP は、2015 年に竣工し、建屋を含め林野庁助成を受けて、きのこセンター敷地内に建設された。CHP は、樹皮付き広葉樹混交ペレット使用のため、2 〜 4 週間に 1 回、運転を停止し、半日の炉内掃除などのメンテナンス作業が行われる。

きのこセンターでの CHP の熱利用は「菌床殺菌用」と「生産棟での冷暖房空調用」である。発生する温水熱は、安定した冷房需要が見込まれ、また最も熱需要が大きい培養 12 棟の冷房用のみに使用される。熱源供給施設の温水熱を活用した吸収式冷水機から、冷房熱の供給を行うことで、既設の電気式ヒートポンプの稼働量は抑制された。

CHP の電力は、発生棟・加温抑制棟・培養棟での電気式ヒートポンプのほか、電灯、冷凍機、ボイラー、ポンプ用などに使われている。総発電量 180kW から、最大施設総消費電力 20kW を引いた 160kW が使用可能となるが、内きのこセンターに年間平均で 125kW 振り向けられ、余剰電力は FIT の対象にならないので、東京電力へ 8 円 /kWh で安く売電している。ただし生産棟での冷房需要がピークになる時期には、160kW すべてがセンターで使われ、余剰は出ない。2019 年は、きのこセンターの年間消費電力の内、60％強が CHP で、40％弱がバックアップ用の契約である商用電力で賄われた[15]。

(3) 環境・経済・社会の地域循環システム

森林素材業者は 4 社で、12,000㎥の原木伐採・搬出・運搬により、

---

15) 上野村：木質バイオマスエネルギーの最大限の活用に資する交通・移動システムの実現可能性調査報告書、2020.3

1億円の収入を得て、25人の雇用を創出している。その内、ペレット用を除く約半分は、市場へ出荷し、残りは森林組合へ原木を納入、マテリアル利用されている。一方、作業道・路網整備と下草刈り・獣害防止作業などで、6,000万円の収入を得て、山で10人の雇用を創出している。

　森林組合は、組合員数360名、従業員数35名を数え、建物の一部は村の補助で建設され、村全体での林業従事者は毎年増えて今は50名を超える。

　ペレット工場は、県補助半分、村の予算半分により、2.7億円で建設された。素材業者から4.4千㎥の丸太、森林組合から製材端材1.8千㎥を買い取り約1,600tのペレットを生産している。

　発電所用としては、価格25円/kgで年間約960tを供給している。それ以外の村各施設の熱利用にはペレットを600t/年供給し、ボイラー用は36円/kg、ストーブ用は42円/kgで、それぞれ村内の農協を通して供給している。ペレット販売額は、発電所から約2,300万円、3軒のホテル・温浴施設、一般家庭(現在ペレットストーブ77台普及)、農業ハウス・福祉施設供給の合計670t/年で約2,400万円、発電所と合計4,700万円の収入を得て、約200万円/年の利益を出し、4人の雇用を創出している。なお、熱を利用しているホテル・温泉では、約30人の雇用を創出している。

　発電所は、きのこセンターに電力約2,000万円/年(熱は夏のみでわずか)を販売し、メンテナンス費用は500万円/年、0.5人で管理しており、赤字である。

　きのこセンターは農水省補助を得て、当初総事業費10億円で建設された。当初村営であったが、2015年に新きのこセンターが8,000万円の村の補助で建設され、それにあわせ、㈱上野村きのこセンターとして民営化へ移行した。CHPからの熱と電力の購入によって、通常に比べてエネルギー費を数百万円節約できているのも寄与して、利益は概ね1,000万円確保され、約40人の雇用を創出しているが、そ

の半分は定住支援制度などがあることによる村外、近隣市町村からの雇用で、特に小さい子供を扶養する若い女性が多い。

　経済面をまとめると、森林素材業者の1.6億円、年産約3億円のきのこ工場、ペレット工場の0.5億円、CHPの0.3億円、木工品生産1億円、製材所の0.6億円、ホテル・温泉3.6億円を含めて、総生産額11億円、120人の雇用を、村内地域循環総合システムは生み出している。その中で唯一約1,000万円の赤字の村営発電所は、上記のさまざまな事業のすべてを黒字化とするため、一身に発電所へしわ寄せされた赤字であり、森林林業政策の一部として、村の一般会計予算で処理している（**図8-6**参照）。村全体の事業で見ると、この赤字額を大きく上回る黒字が確保されている。森林資源を利活用したエネルギー（ペレット）を軸に展開した、川上から川下までの事業の収益が、税負担として赤字の発電所の公益的部門へ回り、地域課題の解決・地域インフラの整備維持を行っている点が、シュタットベルケを想起させる（第10章10.2参照）。

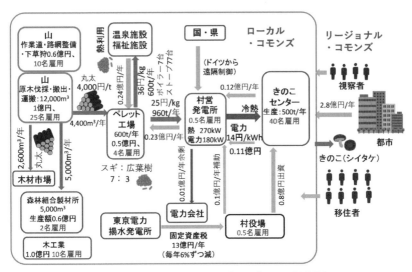

図8-6　群馬県上野村の環境・経済・社会の地域循環システム

出所:山崎作成

新たな試みとして、群馬県内初の地域マイクログリッド構築事業に着手することも、2020 年、表明している先進的な村である。

(4) 8.4項のまとめと今後の課題

人口減対策としての移住者の増加推進と、森林資源の持続的利用と地域循環システム拡大に、村はトップダウン方式で取り組んでいる。そのシステムフロー全体で雇用を生み、村内で電力・熱エネルギーの一部を使い、村外に流失していたエネルギー代金の一部を削減している。村外からの収入は、きのこによる約 3 億円と、製材や木工品の販売から得ている。

上野村で暮らす哲学者内山節は [16]、村では森林資源を活用した地域循環システムを、「村の森が提供した薪を使った、昔のかたちを復元するのではなく、森からエネルギーを提供され、それをペレットとして発電設備や、ボイラーの化石燃料代替として有効に使って暮らし、人間と自然の関係の伝統を再創造する」、環境と経済両立の新しい回帰方策として捉えている。上野村で森林資源を活用した地域循環システムが順調に普及したのは、「歴史的に住民が木に関わってきた生活を送ってきた」背景がある。村内で種々の雇用を生むとともに、村営住宅を 146 戸用意して、「仕事」と「安い住処」をパックで用意したことが、U・I ターン者 220 人の定着に寄与した。それに加えて、土曜、日曜に休みがとれる観光関連以外の職種の若い移住者を、村内 12 地区に分散し、各地区の消防団や祭りの行事の参加により、元からの住民との交流を円滑に進めた村の政策も功を奏した。

1960 年代から 70 年代にかけて、農林業や鉱業といった基盤産業が衰退した地域で人口流出が進んだ。その後も、1990 年代終わりから 2000 年代にかけて、地域内に雇用を生み出してきた製造業、リゾート、建設業も衰退し、地域衰退に拍車がかかった。そんな状況の中で、そ

16) 内山節：増補共同体の基礎理論 内山節著作集15、農山漁村文化協会、204-205、2015

もそも、村の自治力を引き出すことにより、今日の上野村の基礎を築いたのは、1965 ～ 2005 年の間、12 代村長を務めた故黒澤丈夫氏であった。「平成の大合併」でも、自立した自治体として存続する道を選び、緊縮財政を敷く一方、医療・福祉の充実に力を注ぎ、村をあげて地域再生に取り組んだと、川村匡由は村の歩みを捉えている[17]。

住民のワーキンググループによる「村づくり提言書」を踏まえ、「小さな村の自立と協働が地域を支える」をスローガンに、人口減を盛り返すべく、2011 年 ～ 2015 年までに地場産業である農林業を振興し、人口減少対策に重点を置いた雇用創出と、子育て環境の整備を柱に掲げた。

環境（資源）・経済（技術）・社会（自治体・市民）、それぞれ 3 項目をつなぎあわせた取り組みを実践しているコモンズ、「地域資源の集団的・共同的な所有、利用と管理のあり方」の主体は、人口が 1,200人と少ない上野村である。しかもこの取り組みの一部は、前記東京電力揚水発電所からの保障資金や、固定資産税で支えられているが、これが年々減少するので、無くならないうちにさまざまな手段により自立化を図っている。目立った財源がない、数万人前後の自治体においての同様な取り組みは、容易ではないことも想定される。

8.5　宮崎県串間市大生黒潮バイオマス発電所

(1) 宮崎県串間市、南那珂森林組合の現状と経緯

宮崎県串間市は、宮崎市から列車で 2 時間 30 分、宮崎空港から車で 1 時間 30 分、宮崎市から南へ約 70km の宮崎県最南端に位置する。

17）川村匡由：脱・限界集落はスイスイに学べ 住民生活を支えるインフラと自治、農文協、157-162、2016

平均気温約18℃、年間平均降水量約2,700mm である。現在、人口は約1.8万人弱、2018（平成30）年度の町の一般会計予算は約126億円で、市面積は約300km²（3万ha）である。

　その内の77％、2.2万ha を森林が占め、その内民有林1.4万ha、国有林8.4千ha である。南那珂森林組合は、串間市と日南市を合わせた面積5.4万ha の内の80％の森林面積、4.3万ha をエリアとしている。組合管内の森林面積は約6.5万ha あり、民有林の面積は約3.6万ha、その内人工林が約2.3万ha、天然林が約1万ha ある。この地区の素材業者は50社、育林業者は5社、組合では伐採30人、育林30〜40人、その他製材を合わせた約150人が山林事業関係に従事している。管内の伐採面積は約460ha/年であり、2019年取扱高約8万㎥/年は間伐5千㎥/年を除いて皆伐であり、植栽面積は約135ha、育林面積255ha/年で再造林率は55％である。

　当地の飫肥杉は、400年前に藩の財政を助けるために、植林されたのが始まりという歴史を持つ。柔らかく、曲げやすく折れにくく、約1cm/年の肥大成長する特性があり、40年で直径36cm まで成長する大径材である。

　南那珂森林組合の人工林は95％をスギが占め、7齢級以上が82％となっている。スギを主体とした人工林資源は収穫の時期を迎え、径40cm 以上の大口径の材が多くなっているため、組合では90％の森林（杉林）の再造林に迫られている。しかしながら、従来、主な需要先であった船材の需要が衰退したうえに、製材工場の通常の製材機では、径40cm 以上の大口径材は、加工・切断が困難で建築分野での需要が限られるといった課題があり、2009年には大量の在庫を1年間抱える状況となった。そこで森林組合は、韓国・中国への海外輸出に活路を見出し、2017年には5万㎥/年にまで拡大した需要（近隣4組合で結成した木材輸出戦略協議会全体）は[18]、国内市場・木材価格の安定、

18）南那珂森林組合：南那珂森林組合の概況と取組　21世紀の森林管理、17

需要供給の均衡にも貢献したという経緯もある。

　一方、発電所の堀口三千年社長は、「森林資源の有効活用として地元木材で電気を作り、電線を引っ張れば、地域の活力になる。」と考えていた。

　宮崎県の2015（平成27）年度のスギ素材生産は16万㎥ / 年を超え、25年連続日本一であった。しかも6万㎥ / 年を超える素材生産量の南那珂森林組合が、市内にあるにも関わらず、日南市には木材を使う企業として王子製紙があったが、串間市にはなかった。そこで、将来高い成長が見込めない建設業を縮小し、2012年11月に特定目的会社「サンシャインブルータワー」を設立した。土地買収、土地造成をしながら5～6年経過後、林野庁から、群馬県上野村で木質ガス化熱電併給設備が安定稼働していることを聞き、現地視察で確認するとともに、シン・エナジー社や、南那珂森林組合長らの協力を得て、「くしま木質バイオマス株式会社 大生黒潮発電所」（SPC）の稼働に漕ぎつけた。

　森林組合と相談し、2万㎥(t) / 年の未利用材の燃料材を、持続可能な供給量として確保した結果、発電所は2MWの発電規模に設定された。

(2) 大生黒潮バイオマス発電所の概要

　本プロジェクトは、木質ガス化熱電併給設備（165kW発電、ドイツブルクハルト社製の10台連結）、余剰温水利用の小型バイナリー発電設備（125kW 1台米国アクセスエナジー社製）と、日本初の発電所併設型ペレット製造設備（1万t / 年生産能力）から構成されている。電力の合計定格出力は1,940kWで、2018年3月に操業開始され、年間総発電量は1,300万kWh / 年である。

　欧州でのペレット生産は、サプライチェーン最下流の鋸屑、製材端材やオガ粉生産利用が一般的だが、日本では上流の丸太利用が主で、それが課題だ。丸太は、まず原木剥皮装置により樹皮（バーク）と木

部に分け、木部を粉砕か、鋸刃により水分 40 〜 55％オガ粉を生産するが、串間は鋸刃を使う。オガ粉の乾燥も、日本は他のすべての工場ではロータリーキルン乾燥炉だが、ここでは、日本で初めて、オガ粉をベルト上に乗せ、移動させながら温水を熱風に変え乾燥させる。熱源はガス化炉の熱交換による 80℃ 程度の余剰温水である。

　水分率 8 〜 9 ％に乾燥された後、ペレタイザーによりペレットに成形され、それをベルトコンベヤーにより熱電供給設備へ搬送し、ガス化燃料として温水と電力を得ている。なお、さらに余剰温水をバイナリー発電機の熱源（2,056 万 kWh/ 年）に利用している

　運用開始当初は、油分や灰分が多い飫肥杉の特殊性からもクリンカー（灰分の凝縮片、粉）が多く、順調な稼働が行えず大変な苦労があった。しかし、大学などと共同で開発した技術により、現在は稼働率 90％となっている。

(3) 環境・経済・社会の地域循環システム

　事業化にあたり、出力 2MW の発電所と併設するペレット製造施設の総事業費 27 億円の内、地元金融機関からの融資の残り 4.9 億円については、39％がシン・エナジー㈱、残りを地元企業の大王テクノ㈱が 31％、串間森林建設㈲、南国殖産㈱が出資し、（一社）グリーンファイナンス推進機構（環境省地域炭素促進ファンド事業執行団体）からも 3.9 億円の出資を受けている。

　発電に要する、水分 50％の原木の約 2 万㎥の内、約 1 万㎥ / 年の供給を保証した南那珂森林組合は、本事業に欠かせない存在だった。さらに素材供給協議会メンバーである地元素材業者が、残り約 1 万㎥ / 年を納入している。購入価格はそれぞれ、約 7,300 円 /㎥である。稼働後は、SPC（特別目的会社）くしま木質バイオマス㈱が熱電併給設備の運転・管理を担当しているが、発電所の設計・施工を請け負ったシン・エナジーも、SPC の出資者に加わることで、ペレット工場を含めた稼働後の技術的・金融リスクを一部引き受けている。

南那珂森林組合の人工林は伐期を迎えていため、90％の人工林の再造林を火急実施する必要に迫られている。今後20年間、買取価格が保証されている2万㎥／年の原木供給は、再造林を進めるために約束された需要ととらえることができ、地域資源の有効活用によって、森林保全に貢献すると考えられる。A材、B材のみ山から下ろされていた現状の皆伐での搬出材に、放置小径木と林地残材のC、D材バイオマス利用分が加わっている。組合は、バイオマス発電所の材買い上げで、売り上げは増えることになり、森林所有者の所得向上に寄与する。これは、山主の収入増と林地残材の除去に貢献し、造林・地拵えを促し、その結果として伐採再造林、森林保全、生態系維持の循環型林業の構築への寄与が期待される。

　また、SPCは20人弱を雇用し、地域の経済活性化に貢献している。串間市は、2014（平成26）年3月に策定した、「串間市エネルギービジョン 再生可能エネルギーによるまちづくり」を推進している。宮崎県が進める飫肥杉の利活用方針を取り入れながら、市のビジョンどおりに、本発電事業は燃料製造、発電で雇用創出を行い、市のまちづくりに大きく貢献している。

(4) 8.5項のまとめと今後の課題

　本発電所は、一般家庭約4,000世帯の電力消費量に相当する1,300万kWh／年が送電され（想定値）、FIT制度によって40円／kWhで九州電力に全量売電される。串間では森林組合によって再造林も進められているので、発電した電力によるCO_2削減効果は年間約4,800tである（ただし、ペレット製造・運搬でのCO_2発生量を考慮していない）。

　内子町、高山市、上野村には既設のペレット工場があり、ペレットについてのノウハウは蓄積されていた。それに対し、串間市には既存のペレット工場がないため、木質ペレット製造施設を発電所と同じ敷地内にセットで建設した。またペレットは、海外や国内の他地方とは

特性の大きく異なる飫肥杉を原料として使用し、国内で先例のないオガ粉のベルトコンベヤー温風低温乾燥により製造された。燃料生産と熱電供給設備の併設により、輸送費が不要なうえに、熱電供給設備からの熱をオガ粉乾燥に活用できたので、ペレット単価の低減が図られた。言い換えると、小型ガス化熱電併給の発電量維持の前提となる、高品質な木質ペレットについて、「川上から川下まで」一貫した管理が容易であるという利点がある。

　今後本プラントは、既設木質ペレット工場のない地域での、木質ガス化熱電併給設備導入のモデル事業として展開できる。

8.6　集合住宅や病院における自立分散型木質ガス化熱電併給設備導入事例

① 集合住宅における事例

　これは、「サスティナヴィレジ鳴子」と名付け、2020年11月第1期完成のエネルギー施設と、集合住宅とのミニミニコミュニティ事業とも言えるもの。宮城県大崎市内の鳴子温泉地域に、林業、製材、製紙チップの一貫生産企業と同一系列の建設企業が、新規事業として3haの敷地内に単独で開発建設した。このプロジェクトマネージャーは、栗原市の㈱くりこまくんえんの大場隆博である。大場は、2011年の東日本大震災による大惨事を目の当たりにし、災害において「エネルギーが自立していることが重要、かつ木材活用できる」と確信した。この10年掛かりでの竣工は、執念の賜である。

　ちなみに、資金の一部は大手銀行とコンサル会社の出資協力があったが、他公的な助成は一切ない状態での建設である。

　施設は1期工事にて、集合住宅2棟（4軒／棟）および戸建て1棟、宿泊研修所、足湯施設の合計5棟、9軒、他エネルギー棟施設でスタート。現在2期工事中で、集合住宅2棟（4軒／棟）追加し、合計17

軒への熱供給を実施する。

　熱供給システムは、未利用木材チップを年間330t使用する木質ガス化熱電併給設備を主とし、この主機の事故停止や定期メンテナンス時の補助として輸入チップボイラーを据えた。ボイラー用チップは、主に枝葉、小枝などのD材であり、一定保管による乾燥後に使用している。このシステムからお湯を得て空調と給湯を行う。したがって、化石燃料は一切使用されない。熱管理は、チップボイラー標準装備の制御システムにより、5t蓄熱タンク4基の温度管理を行い、大きな熱需要の変動にも対応し、安定した熱供給を実現している。空調は、吸着式冷水器を採用し、夏期は冷房と給湯、冬期は暖房と給湯を行う。

　受電と受水は事業企業が一括で行う。熱電併給設備の電力はFIT販売である。50kWの低圧接続にも関わらず、電力会社との接続に2年も要し、着工が大幅に延び、建設リーダーである大場氏は大変苦労された。災害時の停電には、系統と解列し、売電から敷地内への配電に切り替える。切り替えは、熱電併給設備の電力調整ユニットから受電設備に接続し、系統とは独立した電力の供給体制となる。また電力需要の変動には、電力調整ユニット、蓄電池を活用して対応する（**図8-7**参照）。

　ここで、上野村の事例の吸収式冷水器と、この吸着式冷水器では以下の特徴の違いがある。吸収式冷水器は10℃以下の冷水供給が可能であり、化石燃料によるセントラルヒーティングも10℃程度となり、併用で使用されている。その反面、化石燃料による吸収式冷水器と、化石燃料セントラルヒーティングの併用導入や新規導入においては、年間のメンテナンスコストが高く、導入効果がコスト面ではマイナスとなり、導入が進んでいなかった。

　これに対して吸着式冷水器は導入コストが若干高く、供給温度は15℃以下と少し高い。しかし、導入後の年間メンテナンスコストは非常に安く、コストメリットが出やすくなる。そのため、本事例のように新規導入の場合や機器の入替時には適した設備と考えられる。

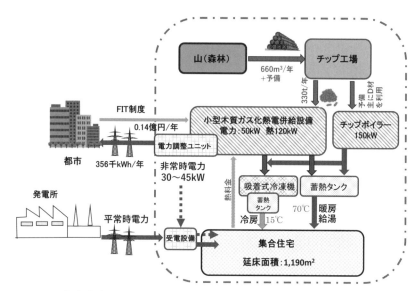

図8−7　集合住宅における小型木質ガス化熱電併給設備による熱電供給システム

出所:山崎、谷渕作成

② 病院における事例

　串間市から 2020 年 12 月に出された、2050 年に CO_2 排出量実質ゼロにする「串間市ゼロカーボンシティ宣言」のもと、令和２年度の環境省補助事業にて建設を行っている、串間市民病院エネルギー改修施設を紹介する。木質ガス化熱電併給設備と蒸気ボイラーの燃料は、ペレットで、前記の「大生黒潮発電所」のペレット工場から供給され、ローカル・コモンズによる地域内循環システムの促進に寄与している。

　空調設備更新に伴い、熱源を木質に変換するとともに、災害時に災害拠点としてエネルギーを確保するための事業である。既存施設では、灯油蒸気ボイラーによる殺菌用蒸気供給、温水器による給湯、吸収式冷温水器およびパッケージエアコンによる空調を行っていた。この化石燃料蒸気ボイラー・温水器・吸収式冷温水器の熱源を、極力木質に転換するために、「木質ガス化熱電併給設備・木質蒸気ボイラー・ジェ

ネリンク式吸収式冷温水器・電気チラー」の導入を行った。

　ジェネリンク式吸収式冷温水器とは、2種類の熱源（温水・灯油）を活用して冷温水を供給するシステムである。低出力時は温水のみを熱源として運用し、一定の出力を超えると不足分を灯油で補うしくみとなっている。設備更新時に、ジェネリンク式吸収式冷温水器を採用する利点は、メンテナンスコストは従来の吸収式冷温水器とほぼ変わらないが、灯油削減がランニングコスト削減となりコスト面で大きく寄与する。今後の吸収式冷温水器の入替時の木質熱源化に、大きな期待が持てるようになる。そこでCO_2排出削減効果を最大化させるために、以下の3段階の制御を行う。

　低負荷時：バイオマスによる温水のみで運用
　中負荷時：バイオマスによる温水のみと電気式チラーで運用
　高負荷時：バイオマスによる温水・灯油と電気チラーで運用
　※ここで冬期の暖房の際は、電気式チラーは使用しない。

　この空調の熱源対策として、木質ガス化熱電併給設備を導入し、灯油量軽減と、電気チラーに必要な電力供給を担う。電気チラーが稼働していない場合は、施設内の電源として活用する。空調負荷の少ない中間期には、給湯用の熱源としても活用することで、熱電併給設備から発生する熱を優先的に活用する。しかしながら、熱電併給設備はお湯の供給であり、蒸気への対応ができないため、木質蒸気ボイラーの導入を行う。ただし、蒸気の病院内需要は、時間や熱量に制限があるため、余剰熱を給湯利用や熱電併給設備のバックアップ、空調熱源の補填に活用する。これにより、従来使用していた灯油を限りなく使用しないしくみを実現できる（図8－8参照）。

　地域災害対応レジリエンスとして、災害時（停電）には非常用発電機（400kW規模）の電源を系統（目標電源）と見立てて、熱電併給設備から発生する電気を連系することで、災害時の独立電源を確保している。

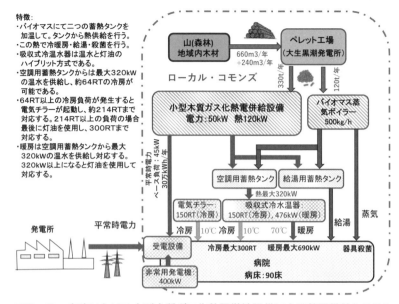

特徴:
・バイオマスにて二つの蓄熱タンクを
　加温して。タンクから熱供給を行う。
・この熱で冷暖房・給湯・殺菌を行う。
・吸収式冷温水器は温水と灯油の
　ハイブリット方式である。
・空調用蓄熱タンクからは最大320kW
　の温水を供給し、約64RTの冷房が
　可能である。
・64RT以上の冷房負荷が発生すると
　電気チラーが起動し、約214RTまで
　対応する。214RT以上の負荷の場合
　最後に灯油を使用し、300RTまで
　対応する。
・暖房は空調用蓄熱タンクから最大
　320kWの温水を供給し対応する。
　320kW以上になると灯油を使用して
　対応する。

図8−8　病院における小型木質ガス化熱電併給設備による熱電供給システム

出所:山崎、谷渕作成

8.7　自立分散木質ガス化熱電併給以外の事例−青森県平川市と香川県東かがわ市五名地区

⓵ 青森県平川市・津軽バイオマスエナジー平川発電所

　平川市では、「低炭素・循環型社会、自然共生により未来へつながるまちへ」の基本計画を基に、電力の地産地消を目指し、地元自治体の資本参加を得て、津軽バイオマスエナジー平川発電所が建設された。発電方式は中型ボイラー蒸気式発電6.25MWで、トマトの農産物生産での熱利用と併せて紹介する。

　リンゴの木は、樹齢40〜50年で果実数が減るにしたがい伐採されるが、伐採後に残る木の幹と剪定枝は、以前は薪ストーブの燃料とし

て利用されていた。しかし、現在は石油ストーブの普及により燃料需要がなく、野焼き処分も禁止されているので、畑の隅に放置された幹や剪定枝は、ネズミの巣にされ衛生面で問題があった。一方、津軽地方には間伐材を処理・加工する工場がなく、県南の八戸か秋田県県北まで行かないとその買い手がないので、移送費用などを考えると売却しても採算が合わず、結果、間伐材はそのまま山に放置されていた。

　市民・素材生産者・土建業者と自治体関係者、約55人で構成された「新エネルギー研究会」において、2012年からおよそ3年間、木質バイオマスエネルギーの利活用を図るため、その地域の経済や環境への効果や、実施体制、実施上の課題について検討が加えられた。その結果、2森林組合、8素材生産業者が協定を結び、木質チップの製造会社「津軽バイオチップ株式会社」にも株主として出資することで、材（丸太）の供給の持続可能性を担保し、協力体制を整えた。これにより、概ね半径50km圏内で、今後30年間の発電に必要な、8万t/年の放置間伐材を集める目途をつけた（**図8－9**参照）。材の種類はマツ、スギで、ほとんどが国有林から供給され、森林基本計画による未利用材（国有林の間伐材）は32円/kWhで、同計画が策定されていない一般木質材は24円/kWhで、それぞれFIT売電される。リンゴの幹・剪定枝は、燃料材として500t/年が購入され、農家は全体で年間300万円の収入を得ている。業者買取価格は、6,000円/tだが、その内の2,000円/t（100万円／年）を市が負担している。

　発電所はボイラー蒸気式の直接燃焼方式で、発電効率27％、発電出力6,250kW、送電端出力5,450kW、年間送電量は40,000MWhであり、地域外企業が主な出資者で、地元平川市と東北地方の3生協も出資に加わり、総事業費28億円をかけて建設された。隣接する総事業費8億円の津軽バイオマスチップの木質燃料工場から、7.5万t/年のチップが供給される。約40℃の低温排熱は温室で活用し、年間を通して高糖度トマト栽培に利用している。温室の建設には1.3億円を要し、黒字化のために25t/年の生産量を目指しているが、最近の高外

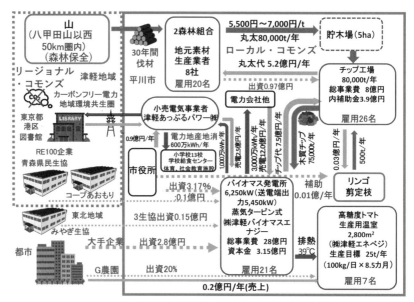

図8−9　青森県平川市の津軽バイオマスエナジー概要と環境・経済・社会の地域循環システム

出所:山崎作成

　気温により、7〜8月は通常月の生産量の四分の一程度に落ち込むため、現状は17t/年に留まっている。発電所の出資者の、コープあおもりと青森県民生協は、トマトの納入先でもあり、リージョナル・コモンズの一環をなしている。温室以外では、排熱は燃料工場の床暖房に利用しているが、低いエクセルギー(価値の低い)40℃の大量の排熱は、概ね未利用である(第10章10.3(2)参照)。

　本プロジェクトは、半径50km圏内の山林からの丸太の供給や、チップ工場、発電所、温室合わせて80人以上の雇用により、森林や果樹園の保全とともに、地域経済にも寄与している。電力会社他以外に、発電量のうち約25%は、電力小売会社「株式会社津軽あっぷるパワー」が平川市内の小中学校13校や市民会館、給食センターなど、市関係団体に販売し、エネルギーの地産地消を実践している。その他に、東京都港区図書館など、低炭素のエコ電力購入希望団体や、RE100を

宣言している企業などにも電力を販売している（**図8−9**参照）。

さらに、発電所は出資者の平川市に毎年 100 万円配当するとともに、毎年 30 万円、13 年間で計 390 万円を、図書費として市内の小中学校に寄付する予定となっており、「質の高い教育をみんなに」という目標「SDGs4」の達成にも協力している。

リージョナル・コモンズの一環をなす平川市は、小学校を含めた市の施設で電力を購入する（0.9 億円／年）以外にも、発電所とチップ工場の固定資産税の 3,000 万円／年を 5 年間免除し、4ha 以上必要な貯木場確保についても農地転用、林業地転用などで支援して、地域での発電事業の持続可能性に貢献した。この事業では、地元間伐材供給最大手の素材業者社長と、発電所誘致・稼働に関わった市担当者がリーダーシップを発揮した。

図8−9を俯瞰的に眺めると、本事業は、主体となっている山〜燃料工場〜発電のローカル・コモンズだけでなく、電力小売と排熱利用によるトマト販売を通して、小中学校の児童、生徒、給食センターや体育施設、社会教育施設に勤務する人もローカル・コモンズに加わり、出資にも参加している先述の 2 生協、都市の低炭素のエコ電力購入希望団体や RE100 を宣言している企業、都市のスーパー・マーケットも、リージョナル・コモンズに加わっている。第 7 章 7.4 で述べたように、コモンズのガバナンスに協調的に関わり合うステークホルダーが地域外に広がり、多様になっていることが、本事業の持続可能性を高めていると捉えることができる。

（2）香川県東かがわ市五名地区の「里山を地域資源とした薪の製造・販売による地域循環システム」

南側で徳島県と接し、人口約 3 万人の香川県東かがわ市の西端に位置する、約 300 人、150 世帯の五名地区は、住民が主体となり、「里山（雑木林）の保全と薪の製造・販売」に取り組んでいる。

第 2 章 2.1（2）の説明のように、化石燃料の普及に伴い、燃料材とし

て使われず放置された里山では、70〜80年を過ぎたクヌギ、ナラ、サクラなどの雑木が大量に実をつけるため、イノシシ、シカは繁殖が進み、頻繁に里に出没するようになり、獣害対策が必要になった。そこで、雑木を伐採し世代更新を図り、イノシシ、シカの繁殖を抑制するとともに、伐採した雑木を地域資源とみなして、薪炭やシイタケ原木に加工して地域外に販売し、外貨を稼ぎ雇用を産み出す、地域内で経済を循環させながら「里山整備を持続可能な活動につなげるしくみ」の構築が試みられている。

この取り組みを主導したのは、「五名里山を守る会」代表の地域の長老、木村薫氏である。木村氏は、当初のボランティア中心の体制では、里山整備の面積に限界があることに気づいた。そこで、薪など雑木の加工品の販売を拡充し、域外からの収入がエンジンとなって経済を回すことにより雇用を創出し、域外からの人材を確保する。並行して製品を加工するための機材の購入、拠点の整備を進めることが、持続可能な里山整備、地域創生の条件であると考え行動してきた。本活動は、人材の確保については国の制度の地方協力隊隊員の参加、薪ステーションでの薪加工用の機材の購入、拠点の整備については特別交付金の給付など、立ち上げ時の3年間、多方面で自治体の東かがわ市の支援を得た。

五名地区の薪の製造・販売の概要と、環境・経済・社会の地域循環システムを**図8−10**に示す。

①守る会は、森林整備をしつつ、薪用の原木伐採購入費として山主へ10万円/ha を支払う

②その作業は3人のメンバーが山に入り、年間延べ80人工で機械を活用して伐採作業に従事し、80t/年の雑木を薪ステーションへ運搬し総額80万円の所得を得る

③薪ステーションでは、山に入らない時期の②の3名と他1名の計4名が丸太処理、薪割り、薪乾燥、箱詰めを行い、薪130t/年、ほだ木2,000本/年の発送を行い総額で160万円の所得を得る。

図8−10　香川県東かがわ市五名地区の薪の製造・販売の概要と環境・経済・社会の地域循環システム

出所：山崎作成

④薪ステーションは、薪需要に対し原木不足分の年間70 t の雑木丸太を、森林組合から70万円で購入

⑤ふるさと納税制度活用の地域外顧客500戸による3,200万円寄付中、お礼品の100 t の薪の1,200万円を得ているが、500万円は輸送代として消えている。

⑥地域内直送としては、20戸の顧客に30 t/ 年の薪を販売し、年間100万円、シイタケ用2,000本の「ほだ木」18 t を販売し、年間60万円の売り上げを得ている。

　ふるさと納税では、東京などの首都圏、長野県など遠方の顧客が多いことに、守る会のメンバーは驚いている。化石燃料による暖房や湯沸かし器などは、単一用途に限定されて利用される。それに比べ、薪

利用ストーブは家全体を暖め、CO_2削減に寄与するのみならず、洗濯物乾燥、おでん、焼き芋、パンなど料理にも活用でき、炎の色も含め団らんの雰囲気を醸し出し、そのうえ、半年間以上分の薪棚で乾燥した薪は、災害時対応を含めた長期エネルギー貯蔵の役割を果たすなど、都市生活においても多様な利便性が得られる（宝塚市在住の河内正治氏コメント）。加えて、目に見える形で里山の環境整備保全に直接協力できる点などが、ふるさと納税者などの顧客のモチベーションとして考えられる。

　整備が必要な里山約400haの内、伐採整備面積は今のところ1ha/年に留まり、猪と鹿の出没数にはまだ目立った変化は見られていない。しかし、ふるさと納税により、市へ2,400万円の税金をもたらした。

　地域循環システムの経済評価のために、この薪などによる地域経済への影響を、地域内乗数（Local Multiplier）により解析、評価した。資金が里山から薪ステーション全体の地域内循環を1巡（Round 1：R1）、2巡目（Round 2：R2）は薪ステーションの域内資金投入（地域内丸太購入、丸太加工人件費、森林組合丸太販売費）、3巡目（Round 3：R3）の森林への地域内資金投入（原木丸太伐採費、山主収入）として（**図8−11**参照）、次式で計算した。

$$LM3 = (R1 + R2 + R3)/R1 \cdots 式（1）$$

　「いったん薪ステーションに入ったお金が最終的に地域内で何回使われているか」をここでは、地域内乗数効果と呼び、LM3が1.52ということは、地域へ1.52倍の価値を生み出したことを「見える化」している。現状のLM3の1.52を大きくするには、輸送費のかからない地域内や隣接する地区など、直送の顧客を増やし、域外への支出の大きな部分を占めるふるさと納税の薪輸送費500万円を減らすことが、有効である。また、地域外へ支払う重機リース代、ガソリン代の305万円/年は、伐採費用の大きな部分を占めるが、少数人員での伐

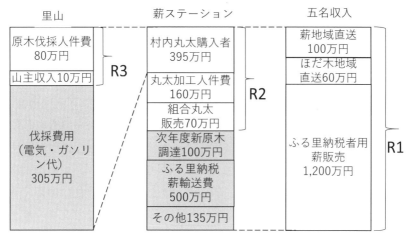

【LM3】（原木伐採人件費＋山主収入）90万円＋
　　　　（村内丸太購入者＋丸太加工人件費＋組合丸太購入者）625万円＋
　　　　（薪地域直送＋ ほだ木地域直送＋ふるさと納税）1360万円
　　　　　上記計2075万円÷1360万円＝1.52
　　　　　　… 地域へ1.52倍の価値を生み出した

図8−11　香川県東かがわ市五名地区の薪の製造・販売の地域循環システムの経済評価のための資金フロー

出所:山崎作成

採や、薪割り作業の生産性の向上には、やむを得ない費用である。

　一方、収入では、薪などの加工製品販売量の需要を拡大して原木伐採人件費、丸太加工人件費が増えても、LM3 は変わらないが、地域内外に使われるお金の割合が変化しなければ、経済規模が大きくなった結果、経済循環効果が上がる。さらに、地域内で使われるお金の割合が増えると、経済循環効果が高まり、LM3 も増加する。ふるさと納税での全国・地域内の加工品（薪）の顧客を増やす、あるいは市経営の温泉施設での熱源を、薪に切り替えてもらうことなどが需要拡大に繋がるが、それに伴い、原木伐採と薪加工の作業に従事する担い手となる移住者を、増やす必要がある。五名地区は、現在でも移住者が住民の１割、30 人を占め、元々移住者の定着率の高い地域であるが、持続可能な里山整備、地域の創生のために、本活動のために雇用され

る新たな移住者の出現が期待される。本地域循環システムの活動は、約50年前に、エネルギー革命によって薪炭材が利用されなくなり、日本中で放置されたままになった里山、広葉樹林の、新たな持続可能な保全管理のありかたとして、注目される。

　今、求められるのは開きつつ閉じ、閉じつつ開くコモンズであり、地域に軸足を置き、重要な意思決定は地域で確実に行いつつも、移住者や地域外から関わろうとする者、あるいはゆるやかにつながるサポーターなどに、関与の度合いに応じて門戸を開くような、柔軟な（森林）資源利用制度が望まれる。その際、移住や二地域居住に加え、ふるさと納税やクラウドファンディング、オーナー制度などをツールとする連帯の経済の形成により、幅広く地域を支えるネットワークを、森林、田園空間や美しい農山漁村の「ニュー・コモンズ」と位置付けることができると、田村典江は五名地区のような活動を総括している[19]。

8.8　事例のまとめ

(1)　国内導入事例のまとめ

　本項では、第7章で述べた高山市の事例を含めてまとめる。

　人口1,500人以下の群馬県上野村は、人口減対策と移住者の誘致定着を主眼に、自治体みずからローカル・コモンズの担い手となっている。森林資源を利用した燃料の電力、熱によるエネルギーの活用とともに、シイタケをはじめとした、幅広く多様な付加価値の高い商品やサービスを域外へ販売する事業を起こし、持続可能な地域循環システムを構築して雇用創出を図っている。併せて、地域外から積極的に視

19) 田村典江：公と私を超えて –自治と連帯の新たなコモンズ-、ランドスケープ研究、83(1)、pp.32～33、2019

察者を招致し、関係人口を増やして事業の発展と移住者の増加につなげている。

　人口2万人弱の宮崎県串間市、愛媛県内子町、3万人強の青森県平川市（主出資者は都市企業）および9万人弱の岐阜県高山市では、地元金融機関の支援や自治体の支援も受け、地元企業経営者等と森林資源の管理者がローカル・コモンズの担い手となり、FIT制度による発電事業で収入を得ている。

　そして、彼らは、持続可能な森林資源による地域循環システムを発展させ、さらなる新たな産業創出や地域社会の構築を目指している。

　8.3〜6項の6事例で採用された小型ガス化熱電併給設備は、第3，4章にあるように、発電効率が高く、供給燃料原木量が少ないので、集材範囲も概ね地域内に収まり、小規模の木質エネルギー利活用に適している。1MW内子町、2MW串間市事業では、電力のみでも採算の確保が図れ、さらに165kWの小規模の高山市でも、電力に加えて熱を販売することで採算を確保している。中・大規模発電事業では投資も高くなり、さらに燃料を海外に求めるケースが多い。しかも事業主体は都市の大手企業が多い。それに対して、ローカルな地域内のエネルギー事業は、投資額も比較的小さく、これら3市町では、地元企業が出資の過半を占め、事業主体になっている点が評価される。木質発電は、FITによる買取価格が20年間保証されて、事業リスクが除去されるので、地域密着型の事業が可能である。

　熱電併給設備導入の鳴子集合住宅事例は、通常時ではFIT売電で収入を得、停電時は系統から独立した電力供給体制となり、レジリエンス機能が強化された電力供給システムである。熱源として木質ガス化熱電供給設備を常用、チップボイラーをバックアップ用に設置し、化石燃料を一切使わない熱供給システムである点に特徴がある。

　もう一つの事例である串間市民病院は、空調設備更新に伴い、熱源を油から木質に変え、災害時に災害拠点として施設内にエネルギー供給を確保するための事業である。木質ガス化熱電併給設備から発生す

る電力は、通常時は電気チラーを中心に施設内の電源とする自家利用で、その熱も優先的に活用する。また、ジェネリンク式吸収式冷温水機を追加ではなく、既存の冷凍機と入れ替えることで、冷凍機のメンテ費用を現状より増やすことなく、メンテナンスコストの削減により木質利用転換での障害を取り除いた。この事業は、地元の大生黒潮発電所からペレットを購入し、「地域資源を利用した地域循環システム」の促進に寄与している。

　二つの事例とも、電力は災害時・停電時のレジリエンス機能、熱は地球温暖化の影響で需要が高まっている冷房負荷に対応している点に、特徴がある。さらに、熱需要が高い病院、集合住宅での、木質ガス化熱電併給設備の熱の利用率を高め、電力と熱を組み合わせた総合エネルギー効率を現状より大幅に向上させることで、熱電利用での温室効果ガスを削減できる目途とされる[20]、エネルギー総合利用効率の70%以上の確保が期待される。

　木質ガス化熱電併給設備は、熱供給温度が90℃内外で比較的高いので、冷房→給湯→暖房→低レベル熱利用（ロードヒーティングなど）のように、高い温度から低い温度まで、多様なエネルギー需要に利用できる。言い換えれば、上記の病院で見られたように、多様な熱需要がある施設では、最もエクセルギーが高い「電力」に始まり、「エクセルギー（価値）の高い熱」から「エクセルギー（価値）の低い熱」まで（第10章 10.3(2)参照）のカスケード利用ができ、それがいわゆる、エネルギー総合利用効率の向上につながると、考えることができる。

(2) 環境・経済・社会を統合、つなぎあわせ森林資源を中核とするローカル・コモンズの形成

　図8−12に、内子町の域内・域外調達の資金フロー図（発電所〜燃料工場〜森林）を示す。図中の濃い灰色部が域内投入、薄い灰色部

---

20) NPO法人バイオマス産業社会ネットワークBIN：バイオマス白書2019、13、2020

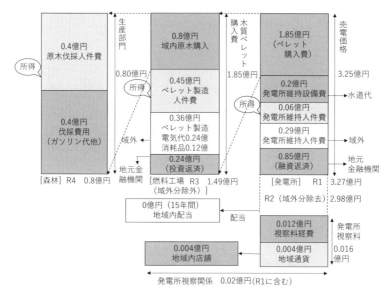

図8−12　内子町の地域循環システムの経済評価のための発電所〜燃料工場〜森林の資金フロー（地域内乗数）

出所:山崎作成

が域内投入給与、白抜部が域外投入（地域外・県外・国外流出）を示す。この図から、藤山ら[21]を参照して、エネルギー施設の売上金が地域内の燃料工場や林業部門など他の部門にどれだけ流れ、循環しているかを明らかにするLM3（地域内乗数 3）、LM4（地域内乗数 4）を求めた。域内での経済循環率の高さが乗数を決定する。Round1（R1）を発電所全体、Round2（R2）を発電所の域内投入、Round3（R3）を燃料工場の域内投入、Round4（R4）を森林の域内投入として、それぞれの Round での賃金や資材、融資返済などの域内循環の合計額 R2、R3、R4 を求め、地域内乗数 LM3、LM4 を下式で計算した。LM3 が発電所から燃料工場まで、LM4 が発電所から森林まで、それぞれで

21）藤山浩・有田昭一郎・豊田知世・小菅良豪・重藤さわ子：Local Economic Circulation 「循環型経済」をつくる. 農文協, 22〜80, 2018

の「いったん発電所に入ったお金が最終的に地域内で何回使われているか」を示している。

LM3 ＝((R3(1.49億円)＋R2(2.97億円)＋R1(3.27億円))／R1(3.27億円)＝2.36

LM4 ＝((R4(0.8億円)＋R3(1.49億円)＋R2(2.97億円)＋R1(3.27億円))／R1(3.27億円)＝2.61

　同様の計算で、高山市のLM3は2.34、LM4は2.51で、内子町と同等であった。

　地域外の大手企業が出資し管理運営している、大規模（10MW以上）型発電専用施設の地域内乗数LM3の数値1.41（藤山ら[21]のp.72表4－3より）に比べて、内子町の2.36は高く、LM4も2.61とLM3より高い。

　内子町、高山市の地域内乗数が高かった要因としては、以下が挙げられる。まず、発電所は小規模で、燃料材の集材範囲が20km以内で地域内に収まり、森林の原木伐採人件費・伐採費用がほぼ域内投入となり、輸送費も少額である。さらに、投資額が比較的小さく、地元企業が出資の過半を占めており、それで地域内の金融機関が融資をし、融資返済費用が域内投入となっている。なお、燃料工場は地元企業の全額出資である。これらから、森林組合を中心とした林業者とエネルギー事業者が主体となって、地域金融機関、自治体を含めた新たな「森林クラスター」（第9章）が形成されたととらえることができる。環境社会学の丸山康司の指摘のように、内子町、串間市、高山市では、地域住民（企業）が所有（出資）する再生可能エネルギー事業が、地域社会における持続可能な社会基盤や、地場産業の活性化など、単なるエネルギー事業にとどまらない付加価値を創り出す可能性[22]も見られた。

経済学の岡田知弘が指摘するように[23]、今までのように、地域振興策で企業誘致をしても、地元から一定の労働力を調達するものの、原材料や部品、サービスについては、地元より系列企業から調達する場合も多く、稼ぎ出した収益の多くが大都市に還流していた。その上、せっかく誘致した企業も、生産拠点のグローバル化で撤退や閉鎖を余儀なくされるケースが増え、地域の持続的発展に寄与しているとはいえなかった。それに対し、地域が主体となった、木質エネルギー利用による地域内経済循環システムは、森林組合、素材会社、民間企業、地元金融機関や自治体、NPOをネットワーク化し、地域内経済再投資力および地域内経済循環を構築していることが、高いLM3、LM4によって検証でき、グローバル化の中でも、地域の持続的発展が可能になる。枝廣淳子も、「地域経済を取り戻すためには、いったん地域に入ったお金を滞留・循環させることで生み出される、地域の富や豊かさに焦点を当てる必要がある」と強調している[24]。

一方、平川市は、蒸気式の中規模発電事業で、地域外企業が事業主体になっているが、発電所の出資に自治体が、木質燃料工場の出資に森林組合・素材製造業者が、それぞれ加わることで、LM3が2.00、LM4が2.31で、両方とも前ページ藤山らによる大規模型発電の乗数値1.41より高くなっていた。

域内所得総額は、内子町0.91億円、串間市1億円、高山市0.145億円、平川市2.5億円と、小規模分散型熱供給システムの0.15億円（藤山ら[21]のp.71）を大きく上回り、雇用面でも地域経済に大きな効果を与えている。

一方、環境（資源）では、東かがわ市の薪利用を含めて、木質エネルギーの利活用が、間伐の推進、林地残材の除去、再造林、森林更新

22) 丸山康司：再生可能エネルギーの社会化 社会的受容権から問いなおす、有斐閣、156-159、2014
23) 岡田知弘：地域づくりの経済学入門－地域内再投資力論－増補改訂版、自治体研究所、169-170、2020
24) 枝廣淳子：地元経済を創りなおす－分析・診断・対策、岩波書店、29、2018

を進めるための新たな需要先の確保を促し、森林資源の保全・管理に貢献している。加えて、グローバル・コモンズである地球大気環境において、二酸化炭素を低減することによって、地球温暖化対策に寄与している。

　社会（コミュニティ・自治体）では、雇用の創出により、移住者の増加に寄与し、人口減対策に一役買っている。社会的取り組みとしては、内子町の「木こり市場」や高山市の「木の駅プロジェクト」が、森林の利用と地域循環システムへの住民参加を促し、間伐材の供給促進のみならず、地域のお年寄りの「新たな生活リズムの創出」や、地域通貨を通じた「地域経済の活性化」、「地域コミュニティの創発」など、地域社会に多様な効果を生み出している。高山市、内子町では、ローカル・コモンズからリージョナル・コモンズへの進化を促す媒体として、コモンズをより開かれたものに変革していく契機を地域通貨に見出すことができた（第7章7.3(5)）。これらの取り組みとともに、高山市、内子町、上野村、串間市で展開されている公共施設や家庭における熱利用での木質燃料の地産地消によって、地元商店や一般市民、地域外からの、ローカル・コモンズの新たなプレイヤーの出現が期待される。その一方、エネルギー施設の視察は、地域外での関係人口を増やし、その中からローカル・コモンズを支援する、特に都市の市民、企業のリージョナル・コモンズへの参加も期待される。

　以上をまとめると、各調査地では、森林をローカル・コモンズの中核に位置づけたうえで、環境・経済・社会を統合、つなぎあわせたローカル・コモンズ（**図8－13**参照）を形成し、木質資源の利用と事業化によりコモンズの保全と持続的利用を図り、自然環境の持続可能性のみならず、地域経済ひいては地域社会の持続可能性の維持をも狙った活動がなされていた（第7章7.3(3)）。五名地区では、移住やふるさと納税などをツールとして、地域と地域外が連帯する、森林の新たなコモンズの兆しが見出された。平川市では、電力小売と木質エネルギーの熱利用により収穫された野菜や果物の販売が、コモン

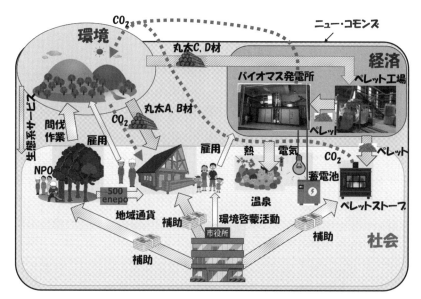

図8−13 低炭素社会を実現した「ニュー・コモンズ像」

出所:山崎作成

ズのガバナンスに協調的に関わりあうステークホルダーを、地域外の
団体や企業、住民に広げ多様にし、エネルギー事業の持続可能性を高
めるとともに、「生産と消費」の関係性によって新たな地域間連携を
生み出す [25] 可能性が見出された。

(3) ローカル・コモンズとリージョナル・コモンズが 地域で担う役割

　以上のように、各調査地点での小規模木質エネルギー施設導入は、
「地域経済の活性化」に寄与し、地域創生に大きく貢献しているとい
える。
　各地で進められている森林資源の社会的活用、とりわけ木質エネル

---

25) 丸山康司:再生可能エネルギーの社会化 社会的受容権から問いなおす、有斐閣、152-153、
2014

ギーを活かした持続可能な地域づくりの取り組みは、コモンズの保全・再生を通じた「地域循環共生圏」の創造の営みにほかならない。地域（ローカル・コモンズ）とその周辺の都市（リージョナル・コモンズ）がともに「地域循環共生圏」を形成することにより、コモンズの面的な広がりを持つことになる（**図6−10**参照）。地方財政論の宮崎雅人によると、農業用水でも、森林資源の保全と同様な課題に直面している。人口減と農家が減ることで、農業用水のローカル・コモンズが衰退し、残った農家も水田が維持できなくなる。そこで、農業団体（ニュー・コモンズ）を形成し、水路網を有効活用して小水力発電を行い、リージョナル・コモンズから現金収入を得て費用の捻出を試みる例が各地で見られている[14]。

　また、持続可能な地域循環システムを構築するためには、多様なステークホルダーの間の合意形成、利害調整そして役割分担が不可欠であり、これを実践できるリーダーが、民間、自治体に存在していることがポイントとなっていた。以上から同様の取り組みを展開するには、持続可能な地域循環システムの資源・経済のフロー全体において、多様なステークホルダー間の調整と協働が前提となり、これを担えるリーダーの確保・育成が必要とされる。SDGs に即していうと、「パートナーシップの活性化」（目標 17）が求められる。市民、事業者、行政等の多様な主体が、森林資源を中核とするコモンズの保全に参画し、対話・協働する過程を通じて、森林の利用を通してのまちづくりをめぐる共通認識いわば「新たな公」が醸成され、今後、「21 世紀コモンズ」とそのルールが形成されていくことが期待される。

オーストリアと日本の森林活用比較

～山林業・エネルギー・地域づくり～

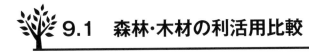

9.1 森林・木材の利活用比較

　「再生可能エネルギー国」と呼ばれるオーストリアは、「豊かな森と水の恵み」を有する国土条件を十分に活かし、2019年の総発電量の78％は再生可能エネルギーだ。最終エネルギー消費でも再生可能エネルギーが三分の一を占め、しかもその内、バイオマスが58％、水力34％、合わせて9割以上である。オーストリア以上に森と水に恵まれた日本を、木材のマテリアル・エネルギー両利用面から比較し、今後の日本の地域づくりを考える。

① 両国の森林・木材の利活用

　表9－1に日本とオーストリア、参考のためドイツを加えた国土条

表9－1　日本とオーストリアの国土条件、森林資源、素材生産量他の比較

	日本	オーストリア	ドイツ
推計人口（2018年）	12,644万人	889万人	8,312万人（2015年）
国土面積	38万km²	8.4万km²	36万km²
森林面積＊	25万km²	4万km²	11万km²
森林率＊	67%	48%	32%
（2017）農用地面積＊＊	4.16万km²	1.32万km²	11.7万km²
穀物の食料自給率＊＊＊＊＊	31%	90%	113%
農業従事者＊＊＊	228万人	19万人	54万人
都市人口率＊＊＊	91.4%	57.7%	77.2%
総材積量＊	52億m³	11億m³	37億m³
年間成長量	約10,000万m³	3,100万m³	12,000～15,000万m³
(2010～2017年)素材生産量	1,800～2,300万m³	2,000～2,600万m³	5,000～6,000万m³
（2017年）製品生産量＊＊＊	929万m³	961万m³	2,317万m³
（2017年）到着旅行客数＊＊＊	2,869万人	2,946万人	3,745万人
(2017年)1人当たり国内総生産＊＊	38,402$	47,718$	44,976$
（2017年）労働生産性＊＊	84,027$	105,091$	100,940$

＊原料:「日本とオーストリアにおける林業と木質バイオマス利用」より
＊＊総務省統計局:世界の統計2020
＊＊＊2020データブック オブ ザ ワールド　世界各国要覧と最新統計、二宮書店
＊＊＊＊帝国書院による

件、森林資源、素材生産量などの比較を示す。

　日本と比べ、オーストリアは人口一五分の一、国土面積約五分の一、森林面積は六分の一であり、森林率は日本の7割。総材積量（蓄積量）は日本がおよそ52億㎥、オーストリアは11億㎥である。日本が成長量の30％前後しか利用していないのに対し、オーストリアでは80％以上利用し、両者の素材生産量は概ね2,000万㎥で変わらない。その上、2018年では750万㎥もの丸太を輸入し、製材品生産量約1,000万㎥の60％を輸出している（Wood Flows in Austria, Issue July 2020/Reference year 2018, AUSTRIAN ENERGY AGENCY より）。ドイツの森林面積は日本の半分弱で、総材積量は7割だが、素材生産量は概ね5,000万㎥であり、日本の2倍強になっている。

　日本と、オーストリア、ドイツとの素材生産量差の要因としては、路網などのインフラ整備率が挙げられる。表9−2に示すように、日本の林地内全路網密度は約20m/ha弱に対して、日本同様に地形の急峻なオーストリアだが、1970年頃から大型トラックが走行できる幅員5m以上の路網密度89m/haが整備され、伐倒した立木、丸太が林道や作業道まで容易に集材・搬出される（ドイツ：路網密度118m/ha）。オーストリアやドイツに比べて、日本は谷や沢が多くヒダの多い複雑な地形的問題、小面積所有者も多く道路建設の合意形成が難しいという問題、さらに建設費が高く、その公的助成額不足などから基盤整備が遅れていると山田容三は指摘している[1]。

表9−2　林内路網密度の国際比較

	日本	オーストリア	ドイツ
林道密度	13m/ha	45m/ha	54m/ha
作業道密度	6.5m/ha	45m/ha	64m/ha
路網密度	20m/ha	89m/ha	118m/ha

データは、「森林管理の理念と技術」、「地域林業のすすめ」より

1) 山田容三：SDGs時代の森林管理の理念と技術　森林と人間の共生の道へ、昭和堂、145-146、2020

伐採技術者の年収は、オーストリアで平均570万円に対して、長野県300万円（勤労5〜10年目）と大きな差がある[2]。これは、長野県の伐採・搬出コストが4,200円/㎥に対して、オーストリアは2,600円/㎥である一方、長野県の山土場での原木販売価格8,000円/㎥はオーストリアの13,000円/㎥より安い。その上、主伐・搬出の生産性も長野県「7㎥/人日：緩急地平均」が、オーストリア「80㎥/人日：緩斜面、20㎥/人日：急斜面」より低いことなどに起因する。

　オーストリアの高度な路網整備や機械の高性能化は、伐出・運材費を削減し、高い立木代を実現でき、森林経営者は意欲を持って林業経営を行っている。対し、日本は丸太価格の低下と、伐出や流通コストが高く立木価格も低いことが、森林経営者の意欲を減退させている要因になっている。

　さらに、伊藤ら[3]の森林・林業の調査によれば、オーストリアでは切り捨て間伐を行なわず、林内には残材も一切残さず、伐った木を枝や葉に至るまで丸ごと搬出し、建築用材から燃料まで無駄なくすべてを活用している。このため搬出率は、長野県の23.4％に対してチロル州は100％になっていると指摘している。

　結果、1985年から2015年までの素材生産量は、オーストリアでは1,200万㎥から1,800万㎥、ドイツでは3,000万㎥から5,500万㎥と、それぞれ上昇したのに対し、日本では3,000万㎥から2,000万㎥と減少した。

　一方、オーストリアやドイツでは、川下の製材業は林業側の重要な顧客かつ最大の需要者であり、製材用原木は他の用途の原木より最も有利な高価格で購入されている。経済グローバル化促進によって、製材業での規模拡大、企業の統廃合により生産集中（寡占化）が進んだ。

2) 青木健太郎・植木達人：地域林業のすすめ、林業先進国オーストリアに学ぶ地域資源活用のしくみ、築地書館、184、2020
3) 伊藤圭介・平沢公彦・堀部泰正：オーストリア林業から学ぶ、平成23年度中部森林技術交流発表集、117-121、2012

加えて、製材の高速化、無人化へと生産性の高い技術をいち早く導入し、効率を高めた結果、飛躍的に拡大した製材品生産量は林業での原木供給量の拡大を促した。今では巨大な木材産業が欧州において展開され、同国の製材業も輸出産業化した。これらの流れは川上側の課題であった木材の伐出、運搬・貯蔵・流通全般にまで影響を及ぼし、山林業のコストダウンも加速した。

オーストリアでは、工場の平均製材生産量が1970年の2,000㎥から、2007年に9,000㎥へと5倍近くの規模となる一方、3,000の工場が約三分の一になり規模の拡大が進んだ。同時に同国の製材品生産量は、1980年の600万㎥/年から現在では900万㎥/年にまで拡大した。[4] ドイツでも、1970年の5,500の工場が2002年に約三分の一になり規模の拡大が進んだ結果、2001年の1,600万㎥/年から2010年2,500万㎥/年にまで製材品生産量が拡大し、2016年には2,200万㎥/年に若干減ったが、オーストリアと同様に製材業の輸出産業化が進んでいる(2.2)。

両国に比べ日本は、1970年から37年間経っても素材生産量は概ね2,000万㎥/年と変わらず、工場数だけは約9,000から半減したが、集約規模拡大も進まず、製材品生産量は大幅に縮小した。

森林総合研究所の久保山によると[4]、オーストリアでは1990年代、現在とも、丸太価格の約2倍で製材品が出荷できるのに対し、日本は1990年代はオーストリアと変わらない2.6倍であったが、現在は4.4倍に上昇し山側にしわ寄せがきている。日本のスギ中丸太価格は、オーストリアの欧州トウヒとほぼ同価格であったが、現在は1990年の約60％へと下がり、一方製材工場の集約合理化が進まないことから製品価格だけが高止まりとなった。逆に欧州の製材業は、集約と合理化、輸出産業化によるいっそうのコストダウンが進んだ。その結果、**図2**

4) 熊崎実・速水亨・石崎涼子編、久保山裕史：第1章－森林未来会議、森を活かす仕組みをつくる、築地書館、52-74、2019

－1に示すように、日本の製材品輸入は1980年代から急激に増加し、1990年代には6,000万㎥を超え、現在は4,500万㎥に至り、国内製材工場の衰退が始まり、製材工場は大きく後れをとった。

日本の林業と製材業は、ともに生産性の遅れと国産材の需要の縮減とが相俟って、すべての山林関係業界（森林クラスター）の衰退につながり、負のサイクルとなったと考える。

林業従事者は、戦前の1939年が23.7万人、戦後は1955年の51.8万人をピークに、高度経済成長以降、エネルギー革命、木材の輸入自由化、木材価格の低迷により、2015年には4.5万人とピーク時の一〇分の一以下にまで減り（**図２－１**参照）、産出額は4,660億円（内約半分は栽培キノコ類生産、2016年）である。

図９－１に見られるように、木材・木製品製造業（家具を除く）は、「従事者：1960年代後半がピークの54万人に対し、2016年は9万人の六分の一」、「産出額：1980年GDP270兆円の2％、5.4兆円をピークに、2015年にはGDP536兆円の約0.5％、2.7兆円、産出額は半減、GDP比は四分の一」になった。

林業と木材・木製品製造業を合わせた林業クラスターでは、「従事者：

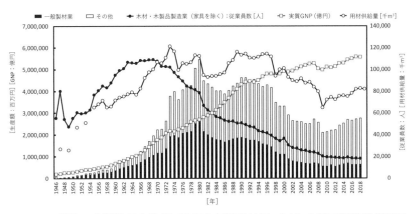

図９－１　戦後の木製造品出荷額、GNPと用材供給量、木材・木製品製造業従業員数の推移

出所:産業別統計表などから山崎作成

255

1960 年代は 90 万人（林業：43 万人、木材・木製品製造業：47 万人）」、「産出額：1980 年の 6.6 兆円（林業：1.1 兆円、木材・木製品製造業：5.5 兆円）」である。それに対して 2015 年の林業クラスター従事者は 13.5 万人で建設業の約 300 万人の 5 ％以下であり、林業クラスター産出額は 3.1 兆円で、1970 年の半分以下で建設業の 64 兆円の 5 ％以下であり、536 兆円の GDP に対し 0.6％にしか過ぎない。つまり、森林が豊富にありながら、地場での森林クラスターが成立しておらず、サプライチェーンマネージメントがなかったことを意味している。

　対し、オーストリア共和国農林環境水資源管理省資料によると[5]、現在、林業従事者で日本の約 4 倍の 17.5 万人、森林経営者 0.6 万人、木材産業で 2.8 万人、合計 21 万人で一般建設業の 25 万人とほぼ同等である。さらに、製紙業 0.8 万人、木造建築業 11.4 万人、家具職人 4 万人、木材販売業 2.3 万人を合わせた木材クラスターで約 29 万人が従事し、生産額も 1 兆 6,200 億円で GDP の 7.5％を占める。オーストリアは、人口、森林面積は日本に比べてきわめて小さな数字だが、林業、木材産業の従事者数と生産額の国内で占める比率、存在感は、日本より圧倒的に大きい。一方、熊崎によると[6]、ドイツでも林業と木材・木製品製造業を合わせた林業クラスターで、雇用者 70 万人、生産額 1,200 億 $（2016 年、100 円／$ 換算で 12 兆円）で、規模的には中小企業が多いが、農村地域での価値創造と雇用では圧倒的なウエートを占めている。

　日本でも、ようやく 2018 年に製材量 40 万㎥を超す工場が現れ、10 万㎥を超す工場も 15 カ所以上に増加し、1 工場当たりの平均製材生産量は急上昇をし始めた。その一方、オーストリアでは大規模工場だけでなく、中小工場も、直径 40 ～ 90cm の大径材か内装や窓枠、家具用の節の少ない高付加価値材の生産に注力し、小規模ならではの創

5）オーストリア共和国　農林環境水資源管理省：オーストリアの森林教育・森林技術者の育成、オーストリアの森林と林業・木材産業について、2012
6）熊崎実：木のルネッサンー林業復活の兆し、株式会社エネルギーフォーラム、178-179、2018

意工夫により存続している。日本でも工場の大規模化だけでなく、物流を低減し運搬コストを下げ、原木の集積による製品加工コストの低減と六次産業化も目指すと同時に、中小の製材業者で廃業する製材業者の後継者育成の役割も兼ねた、木材団地化も高山で進められている。

🌳 9.2 木質エネルギーの活用比較

　日本とオーストリアの、木質燃料ペレットの生産量と消費量について比較する。2018 年の日本は生産量約 13 万 t、輸入含めての消費量は 120 万 t で、自給率は 11％程度であり、化石燃料と同様の輸入依存状況だ。対して 2016 年のオーストリアは、生産量 110 万 t、消費量 90 万 t、輸出超過が約 20 万 t で、外貨を稼いでいる。

　オーストリアでは製材業の発展で木材利用が拡大し、大量に発生した木屑、オガ屑をベースにして、ペレット産業が 2000 年頃から本格的な成長軌道に入った。初期の段階では、日本同様に小規模ペレット工場が多かったが、年産 6 ～ 15 万 t 規模の大型工場に集約された。丸太の年間消費 100 万㎥クラスの製材所は、年間 10 万 t クラスのペレット生産能力を有し、大型工場では 24 時間操業の高性能高効率のペレタイザーや乾燥施設と、安価な乾燥用燃料により、安価で高品質なペレットを安定供給することが可能となった。これには、2005 年の 30 万 t/ 年から 3 倍になった 90 万 t/ 年強（2018 年）の国内消費量の拡大が寄与している。ペレットの消費量の拡大と同時期に、高温下で燃料と空気が良く混合され、酸素との十分な反応時間を確保する一次、二次の燃焼室を設け、かつ燃焼室の酸素濃度に応じて供給する空気量を制御するランダムセンサーを装備した、高性能の木質焚きストーブやボイラーが開発された。また、機器の設置、メンテナンスサービス体制やペレット配達システムが整い、ペレット消費拡大・普及が進んだと西川は指摘している[7]。さらに近年、欧米では PM（未燃の微小粒子状物質などの有害物）を含めた排ガス基準による規制を設け

て、熱効率の高い薪・ペレットストーブの普及を進めている。健康・環境・経済でのインセンティブが「見える化」されて、特に建物密度が高い都市部で新たなユーザーが掘り起こされ、木のエネルギー利用がさらに促進されることが期待される。

　日本では、ヨーロッパの標準とされる3万t/年以上のペレット工場が皆無で、2018年の工場数は154、総生産量13.1万tで頭打ちになっている。1工場の平均生産量は1,150t/年の零細規模のままで、製造コストが割高になり、消費者への販売価格は45円/kgと高く普及が進まない。結果、2018年のペレット輸入量は約106万tで自給率は11%まで低下し、主にベトナム、カナダからの輸入が増加し、原油輸入と似たような点は課題である（林野庁平成30年における木質粒状燃料（木質ペレット）の生産動向について、参考資料より）。第8章の事例でも、発電所の需要に見合う量と、要求する品質を満足する燃料供給が可能な木質燃料工場の立ち上げが、持続可能な循環型社会・経済取り組みの一つの前提条件となっている。

　薪の生産量は、オーストリアで650万㎥（2018年）に対して、日本では販売向けだけで5万㎥（平成30年度森林林業白書より）と少量であるが、根本らは、アンケート調査により薪の消費量は280万㎥と推定しており、生産量が把握されていない生産元が多いと考えている[8]。木材利用図（wood flow）では、オーストリアでは[9]木質エネルギー生産が2,570万㎥（2019年）であり、日本の[10]木質エネルギー利用（工場などでの自家消費を除く）700万㎥（2014年）を上回り、おが屑（260万㎥ペレット用）、樹皮（220万㎥）、黒液（460万㎥）などの多様な燃

7）西川力・熊崎実（解説）：ヨーロッパ・バイオマス産業リポート　なぜオーストリアでは森でエネルギー自給できるのか、築地書館、28-32、2016
8）根本和宣・中村省吾・森保文：家庭向け木質バイオマス燃焼機器の普及と燃料消費量、林業経済研究、63、3、82-91、2017
9）Wood Flows in Austria-Energy Production, Federal Ministry Republic of Austria, IssueJuly 2020/Reference year:2018
10）古林敬顕・住友雄太・中田俊彦：木材加工における残材量の推計に基づく木材フロー図の作成、

料が利用されている。

　オーストリアの木質エネルギー利用は、東北芸術工科大学三浦秀一によると[11]、「薪ボイラーは家庭や小規模ホテルでセントラルヒーティングの熱源、ペレットボイラーは主として住宅の暖房給湯用熱源として、チップボイラーは設備が大型化し経済効果が出る利点を活かした農山村の大きな公共施設や宿泊施設、またはその周辺施設まで合わせた地域熱供給の熱源」として使われている。結果、薪、チップ、ペレット、ブリケットの木質燃料を使用する 2015 年の世帯数は 17.4% に達している[12]。一方、日本では、アンケート調査により、薪ストーブ、ペレットストーブを含めた木質バイオマス燃焼機器を使用する世帯の割合は 1.7% と推定されている[8]。

　さらに、岩手大学農学部原科幸爾によると[12]、オーストリアの木質エネルギー産業は、GDP の 0.8% に相当する 30 億ユーロの売り上げ、2 万人のフルタイム雇用を創出、1,300 万 t の CO_2 排出量削減、一次エネルギーの 20% 以上を産出している。この産業には、4,000 以上の企業、14 万人の森林所有者が関与している。

🌳 9.3　オーストリアの地域熱供給

　木質エネルギープラントはオーストリア国土全体に分布し、2000 年代になり急増した。現在 2,108 カ所の地域熱供給システム（平均熱量規模は 882kW、約 140 〜 180 世帯相当）が稼働し、47 万世帯分の熱を賄っている[12]。この数は、自治体の総数 2,098 を上回っており、ほぼ飽和状態になっている。これらの小規模地域熱供給システムは、行政ではなく、地域の農林家が設立した組合や地域住民の地域コミュ

---

11) 三浦秀一：第2回「オーストリアにおける森林によるマイクロ熱地域熱供給の取組」、DHC、81、12-15、2012.5
12) 原科幸爾：日本とオーストリアにおける林業と木質バイオマス利用、第14回定例セミナー資料、2019年度 岩手・木質バイオマス研究会

ニティが主体で、ボトムアップ型の地域づくり・地域再生の取り組み
が多い。里山の残材や間伐材は、エネルギーとして利用するので、小
規模農家・林家の収入源となると同時に、雇用の創出につながり、地
域外へ漏出していた化石燃料のエネルギー代を、地域内で循環させる
ことができる。地域熱供給では、初期の設備投資、広い設置スペース
と燃料保管庫を、熱供給施設で共有できるので、製造が容易、安価で
自動供給が可能なチップが利用されている。

　日本の木質エネルギープラントによる地域熱供給システムとして
は、北海道下川町（第10章10.4項参照）、岩手県紫波町（チップボ
イラ500kW、給湯・冷暖房、配管長3.5km）、山形県最上町（チップ
ボイラ2,150kW、給湯・冷暖房、配管長800m）、産業用として岩手
県久慈市シイタケ栽培ハウス群（温水（1,200kW）・蒸気（500kW）、
配管長2.3km）など数例があるのみで、下川町、最上町は事業主体が
自治体である。北海道はオーストリアに比較して土地・森林面積はほ
ぼ同等、人口は三分の二、年平均気温は3℃低いが、下川町のみである。

　オーストリアの熱電併給（CHP）は、平均出力2,800kWの発電能
力で現在111カ所、全体で45万世帯分の熱と53万世帯分の電力を賄っ
ている[12]。オーストリアでの電力買取価格は、日本の半分程度で売
電のみでは採算が合わないので、エネルギー効率の高い熱に着目し、
地域熱供給をメインにして、売電するといった形の熱電供給システム
となっている。

　ボイラーとCHPを合わせた地域暖房による熱利用世帯は100万世
帯となり、全世帯381万の27％も占め、2003年の18％から10％近
く増加している。木質バイオマスのオーストリアにおける熱供給の
エネルギーミックスでの比率（2015年）は、化石燃料50％に対して
30％[12]、2019年の電力エネルギーミックスは、水力6割、化石燃料
3割に対して5.5％になっている。規模を熱源出力で見ると1,000kW
前後が多く、導管は、断熱材が巻かれたポリエチレン管の直埋設で、
総延長は1〜5kmが大半で、総需要家数は100軒以内がほとんどで

ある [13]。

　2005年より、人口3,682人のシュタイアーマルク州ヒッツェンドルフ町はメインボイラ700kWが2台と、夏用小型ボイラー150kW（チップ消費量年間200t）の3基で熱供給運営をしている。寺西・石田ら [14] を参照して、この町の木質資源利用のために建設された、地域熱供給設備を事例紹介する。まず42人の森林所有者は、融資や補助金を受けるために組合を設立。地域の森林のローカル・コモンズである組合が、暖房装置と配熱網に投資し、運営、メンテナンス、さらに再投資に責任を持つ地域熱供給事業となる。顧客は接続料金（配管、熱交換機の費用）、基本料金、熱量に応じた従量料金を支払う。組合は顧客へ熱を15年間販売することが基本である（木質エネルギー契約といわれる）。こうした施設の建設は、政府の主導というより、草の根的な取り組みと州レベルの支援により、1980年頃から始まった。

　本地域熱供給事業の投資は130万ユーロで、補助金と自己資金で32％、熱利用者の加入金約20％（1件7,000ユーロ）、残りが融資33％となっている。自己資金は、組合員の出資金（1口500ユーロ）で、出資によってチップ販売の権利を得ることで、供給チップ量とプラント建設時の出資額が連動している。主に半径15km圏内からチップが供給され、供給元は出資者である組合員の所有森林（600ha）と、組合員が連携できる他の森林所有者（400ha）を合わせ、計約1,000ha分の森林であり、現地山元で組合員の1人が移動式チッパーによって木材をチップ化して、4,000㎥／年をプラントに搬入する。

　事業はボイラーで温水をつくり、2基のポンプで往き87℃の温水を高性能の断熱導管2kmを通して需要家へ送り、還りは48℃である。そして各熱需要者は、付設の熱交換器により熱を取り込み、暖房や給

13）三浦秀一：第4回「オーストリアにおける森林による地域熱供給事例と計画」、DHC、83、12-15、2012
14）寺西俊一・石田信隆編：輝く農山村　オーストリアに学ぶ地域再生、中央経済社、138-140、2018

湯に利用する。規模は数戸の個人住宅、学校、高齢者福祉施設、スポーツセンター、イベントホール、融資元のライファイゼン銀行を含めて25カ所である。

第5章5.2項で詳述したように、熱需要の発生する時間帯が異なる施設を組み合わせることで、システムにかかる熱需要を安定、平準化ができている。地域熱供給の年間の発熱量は2,900MWhであるが、配管等の熱損失が約20%の500MWhあり、販売量は2,400Mhで（**図9－2参照**）、これは町の熱需要の三分の一に相当する。年間の売上は22万ユーロで半分がチップ代となる。

地元の農家や森林所有者が、自己資金を投じて地域熱供給の事業を始める際に、事業者は、9.4項で詳述する農林業会議所（LK）の下部組織である、バイオマス協会と森林所有者で構成される、「森林協会」

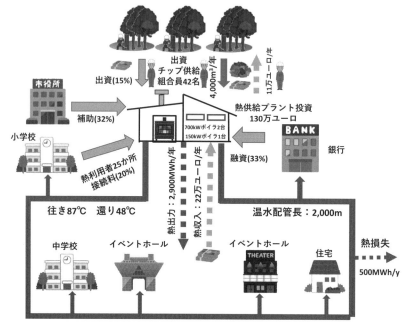

図9－2　オーストリアヒッツェンドルフ町のローカル・コモンズによる地域熱供給施設の環境・経済・社会の地域循環システム

出所:山崎作成

の共同のコンサルティングを受けることができる。

　この地域熱供給は、元町議会議員の消防士であり、森林組合理事長を務める、住民のヨハン・ライヒ組合長のリーダシップのもと、「補助金活用は初期費用のみで自立運営（ローカル・コモンズによる運営）が原則」の姿勢が実践されている。のみならず、地域住民、企業、公共施設（学校、老人ホームなど）を管理する自治体に、経済的メリットや森林エネルギー利用の意義を説明して、熱需要家への参加を説得し、森林と地域熱供給が組み合わされた、新たなローカル・コモンズのプレイヤーを増やし、事業を成立させている。三浦は、オーストリアの地域熱供給ネットワークは、森とまちをつなぎ、森林の整備活用と住民の快適性、そして地球環境の保全を担保する新しい環境インフラであるが、加えて地域経済循環による地域創生に寄与するとしている[15]。これらのオーストリアの小規模な地域熱供給システムは、経済・社会思想の斎藤幸平が[16]、そのポイントを「人々が生産手段を自律的・水平的に共同管理する点」とし、「市民が参加しやすく、持続可能なエネルギーの管理方法を生み出す実践」と定義した、「コモン」そのものである。

　これらは、政府主導ではなく、草の根的な取り組みと州レベルの支援によるもので、建設目的は、環境対策という側面だけでなく、所得低迷に悩む農家に向けた新たな事業創出という側面も大きい。課題は初期投資であったが、その対策として農家が実施するプロジェクトへの補助金制度（建設費の25～30%）が大きな役割を果たした。補助金は、総投資費用20万ユーロ以内（小規模）で、事業が農業者によって行われ、熱供給による収入が副収入であることが支給の条件で[17]、ローカル・コモンズの事業のみを対象としているととらえる

15）三浦秀一：オーストリアにおける木質エネルギー利用　～根を広げる市民のバイオマス利用、グリーンエージ、一般財団法人　日本緑化センター、2008.2
16）斎藤幸平：人新世の「資本論」、集英社、258-259、2020
17）三浦秀一：第3回「オーストリアにおける森林によるマイクロ熱地域熱供給の取組」、DHC、82、12-15、2012.

ことができる。しかし、2006年から採算性や環境性能を確保するため、400kW以上、または配管1,000m以上の地域熱供給に対して、補助金の交付要件として、システム全体の効率が75％以上、計画段階での75％の顧客との締結、年間配管1m当たり950kWh以上の熱を販売するなど、厳しい条件が課せられるようになった[18]。

9.4　草の根的な取り組みを可能にした しくみ・組織

　オーストリアの地域熱供給事業の草の根的な取り組みを可能にしたしくみについて検証する。

　日本は、間伐事業や「木の駅プロジェクト」で発生する赤字に補助金を出し、地域林業やNPO法人などのローカル・コモンズの活動を支援している。このしくみは、グローバリズムの圧力で製材所が大規模・集約化し、製品販売コストを削減すると、地域の中小製材所は淘汰され、製材所に依存する中小規模林家や、NPO法人活動は、補助金が打ち切られた段階で事業から撤退する。結果、森林保全・管理や、林業に依存する製材業を含めた地域経済の持続可能な状況は崩れ、地方、ローカル・コモンズの衰退を招く。補助金頼りは、地域の経済が自立するための草の根的な努力を、削いでしまう側面がある。

　対し、オーストリアでは、1ha以上の森林所有者は、農林会議所LKに加入することが法律で義務付けられ、リージョナル・コモンズともいえる各州の9個の州農林会議所LKの下に、市町村レベルの地域LKが80組織ある。地域のリージョナル・コモンズと政府・自治体の間の組織である、州・地域のLKと森林組合連合が、中小規模農林家や、地域の林業を支える役割を果たしている。州LKの予算は、

18) 青木健太郎・植木達人：地域林業のすすめ、林業先進国オーストリアに学ぶ地域資源活用のしくみ、築地書館、84-105、2020

加盟員からの賦課金、州予算、連邦予算のそれぞれが三分の一となっており、職員は州政府の公務員でも民間でもない形態を取っている。ウィーンにある連邦LKは、政府に対するロビー活動や、産業界との調整を主導し、州LKの役割は林業経営に関する相談対応や、経営計画策定支援などについての、アドバイスや教育による農林家への直接的なバックアップを行う[18]。LKは、全農家が毎年インターネットを通じて条件不利地域直接支払（9.5項参照）の申請に際して、基本的に窓口の役割も果たしている。

前述のバイオマス協会は、地域熱供給事業に対するコンサルティングを行い、事業の導入可能性調査から、規模の検討や機器選定、燃料チップの調達や仕入れ価格、メンテナンス、全体の経済性、場合によっては稼働後の指導まで行っている。それにより、ローカルコモンズの地元の農林家や中小林家が、自己資金を投じて地域熱供給事業を安心して始められるようになり、多くの地域熱供給システムの普及に寄与している。

LKの傘下機関の森林連合組合は、八つの州森林組合連合（州WVB）と、州WVBの出先機関158の地域森林組合（WVB）で構成され、組合員数約66,000人、組合員の保有する森林面積はオーストリア全体の森林面積の27％に及び、農山村部の中小森林所有者を支援している。WVBは日本の森林組合と異なり、自ら素材生産を行わない[18]。

グローバリズムによる1990年以降、合理化した大規模製材工場への小口の丸太販売は不利になる事態になった。WVBの主な役割は、中小森林所有者による原木をまとめて買い付け、大ロットで安定的な供給を可能にし、大手の製材工場等に対してより有利な条件で原木を販売する一方、地元の中小の製材工場が苦手とする原木確保にも寄与することである。堀によると[19]、ドイツにも小規模の林業経営を大規模な製材工場と結びつける、WVBと同じような役割の木材共同販売組織が、各地で設立されている。またWVBは、木材歩留まりを高

めた価値の創出を目的に、中小規模林家からの小径材や低質材を燃料に加工し、販売するための木材集積所を各地に設置して、林家の山林収入の増大を支援し、同時に木質燃料の普及拡大に貢献している。

2010年のオーストリアの全山林所有者数は、14.5万人であり、その内の13.8万人が50ha未満の森林を所有し、その面積は全森林面積の33％に相当、200ha未満の小規模山林所有者の森林面積は、全森林面積の50％である。

一方、日本では、2015年の私有林の山林所有者は、50ha未満が99％の81万9,000人を占め、これが全森林面積の70％を占める。オーストリア、日本とも、5ha未満の零細な山林所有者が全山林所有者に占める割合が高い。1985年のプラザ合意からのグローバル化により、革新された大型製材工場も出現し始めた結果、オーストリア同様、中小森林所有者は小口の丸太販売が不利となり、また中小製材工場も原木を確保しにくくなった。オーストリア、日本共、農業や観光業とともに、地域外から外貨を獲得し、多くの雇用を産み出し、地域の経済活動の核となる役割を担うべき林業と製材業の衰退は、社会・経済と環境の両面における地域の持続可能性に大きく影響する。

日本では、1990年以降に林業と製材業の森林クラスターが衰退した（**図９−１**参照）。これは、雇用減と地域経済の縮小を招き、過疎化の一因となった。加えて、特に小規模森林所有者は、利益を生まなくなった森林への関心が薄れたこともあり、補助金による支援にも関わらず、森林の保全・管理が進まず、森林の荒廃が進行している。これが第8章8.1項で取り上げた、ローカル・コモンズの衰退である。

オーストリアでは、農林会議所や森林組合連合が、グローバリズムによって不利な立場に立たされた中小山林所有者と、それに影響される地域の製材所が、経済的に自立できるようなしくみ作りのために機

---

19) 熊崎実・速水亨・石崎涼子編、堀靖人：第2章−森林未来会議、森を活かす仕組みをつくる、築地書館、81-99、2019

能している。それに加えて、川上から川下までの産業間の連携を強化し、森林クラスター（林業・林産業、紙パルプ含む）を一つにまとめ共通の利益を確保し、協力するためのプラットフォーム FHP（林業木材パルプ産業組合）が、上記 LK を含めたクラスターに関連する六つの組織によって 2005 年に設立された。FHP は、強力なバリューチェーンの構築を進め、クラスター全体の国内・国際の競争力を維持するとともに、包括的な木材の研究開発にも取り組んでいる[18]。

　これらのしくみにより、森林所有者に対して積極的な森林管理を促し、木材の共同販売や木質燃料販売により最大の付加価値を提供し、零細な森林所有者に対し、木材収穫や販売のモチベーションを維持させようと努めている。結果、近年のオーストリア木材生産量 1,600 万 ～ 1,800 万㎥の内、約 6 割に当たる 1,000 万㎥前後が、200ha 未満の小規模森林所有者により供給され、地域林業・林産業の木材流通の要になっている。これが、グローバリズムに取り残されない地域の、「環境・社会・経済」の持続性の維持につながっていると考えられ、日本でも、補助金以上に有効なシステム・しくみ作りが、持続可能な森林保全と地域循環社会の構築には大変重要であることを、示唆している。

　図９－３に、オーストリアの「環境・社会・経済」のつながりをまとめた。オーストリアでは、2000 年頃から林業を国の基幹産業として位置付け、大学などの研究機関も支援して木材の新たな出口として中大規模建用 CLT を開発展し[20]、2016 年には 50 万㎥で世界の生産量の65％を占め[21]、高層木造建築の建設も進められている（6.2.4）。CLT は元々、製材としては売りにくかったサイドボード（丸太から角材を取った後に残る、寸法は小さいが強度のある材料）を有効活用し、歩留まりを高めることが開発のコンセプトであり[22]、オガ屑、樹皮、

---

20) ハウジング・トリビューン編集部編著：地方創生の切り札 新たな建築材料CLTとは、創樹社、28-31、2016
21) G. Schickhofer, G. Flatscher, K. Ganster, R. Sieder, S. Zimmer: A Status Report from the CLT Hot Spot in Europe ¦ Austria, CLT Seminar sola city Conference Center, Tokyo, March 21st 2017

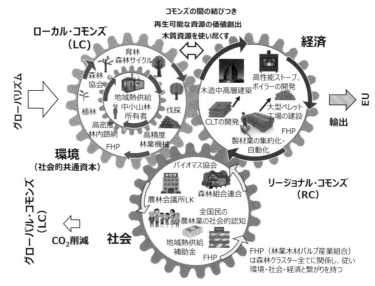

図9−3　オーストリアの「環境・社会・経済」の繋がり

出所：山崎作成

黒液のバイオマス燃料利用と組み合わせ、木材を使い尽くす、資源利用を持続可能にするための総合的な戦略である。建物やエネルギー利用で貴重な資源を余すところなく使い尽くす、再生可能な資源の価値の創出をコンセプトとして、「リージョナル・コモンズ」の「社会」・「経済」がエンジンとなって、「ローカル・コモンズ」の持続可能性を担保して、「グローバリズム」の波から、社会的共通資本である「環境」、森林のサイクルを保全・維持している。オーストリア国民のローカルからグローバルに至る環境に関する高い関心と、9.5項で述べるローカル・コモンズの生業である農林業の維持に関する意識の高さが、「環境・社会・経済」統合の原動力になっている。木のマテリアル・エネルギーの地産地消に取り組むローカル・リージョナルコモンズとして

22）小見山陽介：世界の動向「環境・木造・森林」　第6回オーストリア "ENERGY"、NTTファシリティーズ総研SEINWEBテクニカルコンテンツ、2018.11

の意識が、地球環境と地域森林の保全の「環境」は基より、製材品や木質燃料の、国内需要開拓と国際競争力（「経済・社会」）につながっている（**図6－10**参照）。

　上記「森林クラスター」は、輸出額100億ユーロ、1兆円を超す輸出産業になっていて、「経済」のエンジンを加速させている。CLTや木質燃料機器の最先端の技術開発と、内需に加えてEUに加盟し、周囲をEUの国に囲まれ恵まれた輸出の条件に支えられた「経済」は、豊富な森林資源に恵まれた「環境」、エネルギーとしての木材需要量を、2000年の2倍以上まで増やし続けている。これは、国民の環境に配慮する意識の「社会」とともに、「森林クラスター」のサスティナブルな成長に寄与している。

9.5　社会的共通資本と森林と農業の在り方

　日本の明治期の総人口は、平均約5,000万人で、その80％近い人口が農山漁村で暮らしていた。その後徐々に都市への人口移動があり、昭和の高度経済成長期には、都市人口の比率である都市化率（総人口に占める市部人口の割合）は70％前後になり、2015年には91.4％にまで達した。明治以降における日本の「近代化」と同時に、「工業化」と「都市化」は、日本社会における「人間と自然」、「都市と農村」の関係性を大きく変貌させた[23]。ここでは、オーストリアの政策と「環境・経済・社会」の取り組みを参考にして、社会的共通資本の概念を中心に、これからの森林と農業の営みの支援の意義について、考えてみたい。

　宇沢弘文は、社会的共通資本を、「私的資本とは異なり個々の経済主体によって私的な観点から管理・運営されるものではなく、社会全

---

23) 寺西俊一・石田信隆・山下英俊編：農家が消える　自然資源経済論からの提言、みすず書房、300-301、2018

体にとって共通の資産として、社会的に管理、運営されるようなもの²⁴⁾」と総称した。そして、農林水産業の営みは、自然環境をはじめとする多様な社会的共通資本を持続的に維持しながら、食料を生産し、衣と住の基礎的な原材料をも供給する、農山村という社会的な場を中心として、自然と人間との調和的な関わり方を可能にすることで、文化の基礎を作り出してきたとしている。

　オーストリアでは、条件不利地域の農家を含めた、農業・農山村を財政的に支えることに、国民的な合意が得られている。農業がGDPに占める割合は1.2％と日本と同程度規模で、農業従事者は人口の2％を占めるに過ぎない（**表9－1**参照、日本も2％）。それにも関わらず、2016年の農業所得に占める補助金の割合は、日本の23％に対し、全農家平均で68.5％と高い²⁵⁾。農林業所得に相当する直接支払による山岳農家補助金は、離農を抑制するとともに、山岳景観の創出や、土砂流出の防止、生物多様性の保全など、ローカル・コモンズの担い手としての山岳農家による自然資源管理に貢献している。直接支払によって、農業・農山村の持続可能性を担保することで生じるさまざまな恩恵は、最終的に都市に戻ってくるとの国民的な認識があり、「社会的共通資本を持続的に維持し文化の基礎を作り出してきた」農林業の営みが、社会的に認知されていることになる。これは、外国からの**表9－1**の到着旅客数2,946万人（2017年）にも大きく貢献している。以上のようにオーストリアでは、農業・農山村での生活を切り捨てることなく、生活を政策的に支えようとしたことが、多様な農業・農山村が存続している一つの理由である。

　社会的共通資本の自然環境である森林は、林業に従事する人々が絶えず森林に入って作業を続けていくこと、言い換えると林業経営が可能となるような条件が整備されないときには、森林の保全、維持はき

---

24) 宇沢弘文：社会的共通資本、岩波書店、21-50、2000
25) 寺西俊一・石田信隆 編：輝く農山村 オーストリアに学ぶ地域再生、中央経済社、30-34、2018

わめて困難となる[24]。特に、森林に覆われた日本では、人口の大多数を占める現代の都市の住民にとって、森林の荒廃によって水や電気、食料の供給が受けられなくなる可能性があり、森の手入れをする人が欠かせない。こうした意味で、自然環境をはじめとする多様な社会的共通資本を持続的に維持する農山村自体も、一つの重要な社会的共通資本であり、一つの国が単に経済的な観点だけでなく、社会的、文化的にも安定的な発展を遂げるためには、人口のある一定の割合が農山村で生活し、農山村の規模がある程度安定的に維持されることが不可欠で、日本の場合は 20 〜 25％程度が望ましい農村比率である[26] と、宇沢は指摘している。

また工業部門とは異なり、人々が農業・林業に従事するとき、概ね各人、各コモンズ、それぞれの主体的意志に基づいて生産計画を立て実行に移すことができ、多様な生き方を可能にする。しかし現在の経済制度では、国内では工業と農林業の生産性格差は大きく、農山村の規模は縮小せざるを得ないのが現状であり、その結果、食糧自給率は、近年著しく低下しており、オーストリア、ドイツが概ね 100％であるのに比べて、31％と著しく低くなっている（**表9－1**参照）。また、国際的な観点から、市場原理が適用されると、日本経済は工業部門に特化して、農業や林業の比率は極端に低く、農山村は事実上消滅するという結果になりかねない。

そこで、これからの日本において、「持続可能な林業・農業・農山村の維持・保全」という、課題への取り組みを前進させるためには、まずオーストリアと同様な、農林業の支援に関する国民的理解（特に都市側の住民の理解）をいかに高め、確たる社会的合意をつくり、農山村のローカル・コモンズを支援していけるかが非常に重要だと考える。

---

26) 宇沢弘文：人間の経済、新潮社、156-157、2017

9.6 森林、農産業を中心とした新たな地域づくり

　気候変動、新型コロナウイルスのリスクが典型的に示されているように、大都市の過密こそが、人類の生存を脅かす大きなリスクだとされるようになった。感染症リスクは、三大都市圏が地方より顕著に高い。コロナ禍を深刻にさせているのは、私達が暮らす「大規模・集中・グローバル」一辺倒の文明のあり方自体で、環境省中井事務次官は、これからは「環境・生命文明」への転換をと言っている。そして暮らし、社会、経済のしくみの根本に立ち返ると、今後「小規模・分散・ローカル」を軸にした地域循環型経済が政策ポイントと、環境省も中山間地域論の藤山浩[27]も述べ、さらに藤山は、コロナ禍により、全土での人の流れが細く、あるいは途絶え、しかも空間の利用効率が大幅に低下し、規模と集中の利益が一気に消えていったと指摘している。

　そこで、社会のしくみそのものを、地域で自立して経済を営み、そこで仕事が成り立つような地域分散型に変革していく−新しい生活様式−を求めると同時に、エネルギーシステムは、「集中メインフレーム型」から、IoT や ICT（情報通信技術）を活用した「地域分散ネットワーク型」のへの転換が求められるようになったと、環境と経済の飯田・金子は主張している[28]。

　これからは、地域発電所や燃料工場などによる、ローカル・コモンズの担い手としてのコミュニティや自治体が、木質バイオマス資源を活用して、森林保全に寄与しながら地域内経済循環を実践する。その一方、その周辺の都市による薪やペレットを含むエネルギー利用、木材製品、農産物を含めた特産品の購入と、逆に地域への技術・金融の

27) 藤山浩：日本はどこで間違えたのか　コロナ禍で噴出した「一極集中」の積弊、河出書房新社、16-36、2020
28) 飯田哲也・金子勝：メガリスク時代の「日本再生」戦略、筑摩書房、181-195、2020

事業支援でその実践を支え補完することを担う、リージョナル・コモンズが成立する。これには、地域と都市の双方の役割には、江戸時代とは関係性の違いはあるが、江戸時代と同様の、両コモンズの双方互恵の関係が見て取れる。加えて、第6章6.4項で述べたように、リージョナル・コモンズは、建築、土木構造物、家具すべての領域で、無機系材料から国産の木材利用への代替を積極的に進め、それらを長期間使い続けることで、グローバル・コモンズとしてCO_2削減に寄与し、地球環境保全への貢献を継続する。

　基本は「地域分散ネットワーク型」社会の一つとして、地域の「林業、製材業、エネルギー事業（熱電供給、燃料製造）、地域金融」と、都市の「木造建築業、家具製造業者、木質エネルギー利用者、特産品利用者、エネルギー事業一部出資者」で「林業クラスター」を構成し、森林地域と都市を包含する「ネットワーク型社会」の構築を提案したい（**図9－4**参照）。

　この「森林クラスター」は、オーストリアのように、川上から川下までの産業間、コモンズの連携を強化し、「森林クラスター」の共通の利益を確保するべく、エネルギー、土木建築、家具分野で新市場を開拓し、今までの内需に留まらず視野を広げて、コストを含め国際競争力をつけ、原料の丸太ではなく、木製品やエネルギー機器、建築構法・デザインなどの輸出産業化を目指してもらいたい。我が国でも、国民のローカルからグローバルに至る環境・森林に関する関心を高めるとともに、「森林クラスター」全体での旺盛な技術の開発・発展の継続が、木材需要を安定させることで林業が復活し、低炭素社会構築と、森の恵みと森林の生態系サービス・多面的機能（第2章）が取り戻された、豊かでサスティナブルな国土につながっていくことを、この章でのオーストリアの検証が示唆している。

　最後に、気候変動対策、感染症予防のため、企業や人が、過密な大都市を離れるテレワークや、地方への人口分散が、宇沢が指摘した「ある一定の人が農山村で生活して、農山村が安定的に維持される」きっ

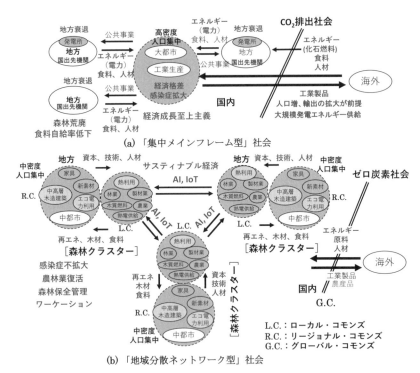

図9-4 「集中メインフレーム型」社会と森林クラスターによる「地域分散ネットワーク型」社会

出所:山崎作成

かけとなる可能性がある。これらのことも考慮しつつ、復活した森林クラスターは、「地域分散ネットワーク型」社会の中核となり、エネルギー産業と林業・製材業で構成されるシステムが、人材の受け口となる、新しいまちの形が見えてくる。

第 10 章

森林資源と
地域創造型循環
スマート
コミュニティ

10.1　ドイツのシュタットベルケ

(1)　シュタットベルケは半行政セクター

　ドイツでは、1,500ほどのシュタットベルケと呼ばれる「地域公共サービスを担う都市公社、ないし共同組合」がある。最近はシュタットベルケ同様、日本の自治体が新電力にも関与し、さらに踏み込んだ地域コミュニティ事業の新たな担い手として想定できる状況だ。これは新しいことではなく、高崎経済大学の西野寿章教授の産業研究第44巻第1号によれば、戦前の1933年には民間や自治体による水力発電開業電気事業は818を数えた。しかし、公共性の認識が希薄であったため、受給できない地区や多くの農山村や離島は無配電地域であった。そこでこの無配電地域は町村営、または電気利用組合による電気供給がなされるようになった。今また、地方都市で自前の再生可能エネルギー利用による発電事業が始まっている。

　村上敦によると[1]、19世紀末から20世紀初頭の欧州では、ほとんどの電力は夜間の「灯り」用のみで、昼間の電力需要はなく、経済性が問題となっていた。昼間の余剰電力の引き受け先として、馬車交通を路面電車に変えるという一石二鳥の策がとられた。しかし、多くの中小都市では、路面電車という公共交通事業と電力事業のセット事業は、初期投資が大きい割に、売電収入はそれほど増えないが、公共性の高い事業であったため、自治体が率先して事業を引き受けた。また、利益のみを追求する民間企業に電力事業を任せてしまうと、経済力のあるエリアや建物のみに電力が供給されるようになってしまう懸念があった。過去には、路面電車と電力需要増大による収益増で、発電所と送配電網の建設をし、発電事業が成立してきた歴史的な経緯があっ

---

1) 村上敦：ドイツのコンパクトシテイはなぜ成功するのか、学芸出版社、92-95、2017

た。

　その後、モータリゼーションの拡大による路面電車の赤字増は、産業と住宅での電力需要の急増による増収益から補填されるようになった。ドイツやスイス、オーストリアでは、この発電、送配電、路面電車という事業分野は、現在でも民営化されていないことが多い。これらに加えて、市営住宅、ガス、上下水道事業などの公営企業は、「シュタットベルケ」と呼ばれ、公益事業体連合（ホールディングス）を組織している。

　シュタットベルケの出資は自治体が主体だが、一部民間の参加、すべて民間のケースもある。公社、組合の運営は民間で、大きな事業体では発電や送配電事業、地域熱供給事業を中心とし、場合によってはガス、上下水道、温水プール、図書館、公共交通事業などの運営維持管理を担っている。

　シュタットベルケで注目されるモデルは、電力や地域熱供給によるエネルギー事業収益の一部が、赤字の交通や図書館、プールなどの公益的部門へ回り、地域課題の解決・地域インフラの整備維持を行っている点である。それを市民は支持し、納得と信頼を寄せ、敢えてシュタットベルケを選び、高い熱や電気代を支払っている。その理由は、利益最大化ではなく便益が住民に還元され、「市民生活の満足度の最大化」による地域ブランディングを認識させ、地域に密着した公的または社会的サービスの提供と、再生可能エネルギー活用による環境意識の高い層の取り込みとなっていることが挙げられると、諸富・稲垣は指摘している[2]。

　発電事業は太陽光や風力や一部木質熱電併給設備で、熱事業は木質ボイラーと補助化石系ボイラーなどの組み合わせが多い。大規模のシュタットベルケでは、電力会社から電力網を買収し、自営線ととも

2) 諸富徹 編著・稲垣憲治：入門 地域付加価値創造分析 再生可能エネルギーが促す地域経済循環、日本評論社、78-80、2019

に送配電事業も行っている例もみられる。この電力関連事業が公共財として活躍し利益を上げ、大手電力会社と互角に戦っている。

これは、地域市民や企業の全体が、この「公社のおかげで、広く公平で公的な恩恵を受けていると認識」しているからであろう。第7章の東郷によると、自然資源だけではなく、道路、鉄道、上下水道、通信施設、エネルギー供給施設、公営住宅、公園などの社会資本も、コモンズに含まれうるので、半行政セクターのシュタットベルケも、「都市のローカル・コモンズ」と呼ぶことができる。

(2) 日本版シュタットベルケとしての群馬県上野村

シュタットベルケに近い例としては、上野村を挙げることができる。キノコ工場、猪豚飼育、川や道の駅、森林関連や土木建設関連事業などの公社、組合、会社の設立と、一部出資は村だが、運営は民間である。それらの一部管理者は村長だが、村出向者はわずか2名に過ぎない。ペレット工場、発電と熱のエネルギー供給事業、上水道、福祉施設、村営住宅、公共交通事業などの運営維持管理は、村が担っている。森林資源を使い、建築材、燃料や電気や熱でつながる諸々の施設による持続可能な地域循環システムフローで、雇用と経済効果を創出している。地域外からの視察者・観光客、キノコ、木工芸と、家具などの販売により村外から外貨を稼いでいる。**図10-1**のように、日本版シュタットベルケの上野村は、地形が急峻で集落が分散しているので、欧州のように温水配管ではなく、木質燃料ペレットによりネットワーク化されている。

木質バイオマス熱電供給からの電力により、村の重要な足である公共EVバス運行も想定されており、この日本版シュタットベルケは、次項、低炭素型木造建築と木質ガス化熱電併給設備を活用した、循環型スマートコミュニティにつながっていく。

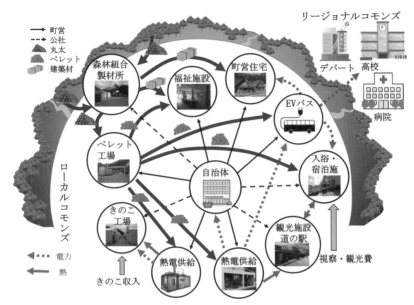

凡例:
町営 →
公社
丸太
ペレット
建築材
電力 ◀┈┈
熱 ◀━━

森林組合
製材所

福祉施設

町営住宅

EVバス

ペレット
工場

自治体

入浴・
宿泊施設

ローカルコモンズ

きのこ
工場

熱電供給

熱電供給

観光施設
道の駅

きのこ収入

視察・観光費

リージョナルコモンズ

デパート　高校

病院

図10−1　日本版シュタットベルケ群馬県上野村の俯瞰図

出所:山崎作成

10.2　木造建築と木質熱電併給を活用した循環型スマートコミュニティ

(1) データを活用した人中心の都市・まちづくり

　内閣府は 2017 年、近未来社会を Society5.0 とし、次のように説明している。

　Society5.0 で実現する社会は、IoT ですべての人とモノがつながり、さまざまな知識や情報が共有され、今までにない新たな価値を生み出すことで、これからの課題や困難を克服する。また、「人工知能（AI）により、必要な情報が必要な時に提供されるようになり、ロボットや自動走行車の技術で、少子高齢化、地方の過疎化、貧富の格差などの課題が克服される」とある。そして、世代を超えて互いに尊重し合え

る社会、一人ひとりが快適で活躍できる社会構築を目指さねばならない。

　Society5.0 では、情報化とインターネットによるイノベーションを、企業や組織の外側、すなわち都市や社会へ広げていくことになると、海老原城一、中村彰二朗は言っている[3]。

　以下、中島健祐を参照する[4]。さらに、過去の日本版スマートシティの議論は、「スマートグリッドや BEMS（ビルエネルギー管理システム）などのエネルギー・ソリューションに関係する「インフラ整備」が中心で、都市のインフラ技術を開発して、産業を促進させるためにスマートシティを展開していた。しかも、ソリューションの社会実装については、大半が「エネルギー管理系や交通系」の実証プロジェクトであり、スマートシティのプロジェクトの主な参加者は、地方自治体、電力会社、IT 企業、ゼネコン、ハウスメーカなどと限られた構成になっていた。

　それに対してデンマークでは、スマートシティが対象とする範囲は広く、持続可能な廃棄物管理、交通などのモビリティ、水管理、ビル管理、暖房と冷房、エネルギー、ビッグデータなど包括的なアプローチをとり、都市政策、エネルギー政策、環境政策に加えて、市民サービスが相互に関連して議論されている。スマートシティで重視されているのは、SDGs 同様「人間中心」という思想で、参加者も多岐にわたり、自治体や IT 企業に加え、大学などの研究機関、建築家、デザイナー、文化人類学者と市民も、メンバーとして参画している。デンマークのスマートシティビジョンの定義は、「スマートシティは住みやすさと持続可能性、そして繁栄の実現を目的として、革新的なエコシステムに市民の参加を可能とするしくみを構築し、デジタルソ

---

3) 海老原城一・中村彰二朗：SMART CITY5.0 地方創生を加速する都市OS、インプレス、114-115、2019
4) 中島健祐：デンマークのスマートシティ データを活用した人間中心の都市づくり、学系出版社、146-156、2019

リューションを活用する社会である。大切なことは、新しい技術と新しいガバナンスのモデルが、ソリューションそのものよりも、市民にとって福祉と自足的な成長の手段になるということである」となっている。

デンマークは、世界に先駆けてカーボンニュートラルを目指すことだけが目的ではなく、暮らしを念頭にきれいな空気、快適な住居、グリーンモビリティが提供される、生活の質が高いスマートシティをつくることこそが、目的とされている。さらに、エネルギーと環境問題を解決しながら、結果として産業を含めた地域の経済的発展を実現する、「グリーン成長」へのアプローチを形成している。

何よりも、新しい技術とガバナンスモデルが、ソリューションそのものよりも市民にとって「福祉と自足的な成長」の手段となっている。

(2) 知育循環型スマートシティ

それでは、日本はどうなっているか？

地域循環型スマートシティとして、神奈川県藤沢市の官民一体型の藤沢サスティナブル・スマートタウン（FSST）では、すべての戸建て住宅が、太陽光発電システムと蓄電池を備えたスマートハウスである [5]。また、スマートなホームエネルギーマネジメント（HEMS）を使い、テレビ、照明など家庭内の家電を効率的に管理し、エネルギーの地産地消を目指し、環境と安心・安全の数値目標を定め、電気やガス、水道の使用量をリアルタイムで「見える化」している。

FSSTは新規開発ということもあり、基本的に住民は「技術起点」から「くらし起点（エネルギー、セキュリティ、モビリティ、ウェルネス、コミュニティ、非常時対応）」へ、という街のコンセプトに賛同して入居している。そこで、住民の多くが新しいサービスの創出や、そのた

---

5) 海老原城一・中村彰二朗：SMART CITY5.0 地方創生を加速する都市OS、インプレス、180-182、2019

めのデータ利用に対して積極的であり、住民参加型で、運営会社である企業の力を活かして、街を発展させていくしくみを実現している。

　会津若松市でも、「エネルギー見える化プロジェクト」で、スマートメーターを使い電力消費データを収集し、家族構成や、誰がどのくらい電気を使っているかを、ほぼリアルタイムで「見える化」している。

　そのデータ分析結果から、省エネ方法などを市民へアドバイスする方策により、効果的な省エネ対策を実践し、電気代を削減するとともに、CO_2 削減で社会貢献がなされ、市民の行動変容を促している。

　前項で述べたように、日本の従来型スマートシティでは、企業が提供する最新技術、地球環境に貢献するソーラーパネルなどのエネルギーシステムや、安全安心に暮らせるセキュリティシステムによって、住民に共通するニーズを満たす物理的な高品質な空間と、それを維持する高品質なサービスを提供していた。しかし、こうした快適な空間・サービスが提供されても、肝心な住民の行動が変わらなければ、地域単位での大きな成果は得られない。

　「柏の葉スマートシティプロジェクト…健康情報の見えるかを通じた総合健康支援」、「IoT ヘルスケアプラットホーム」などのような、地域レベルの高度な医療個人データ活用を前提とする「データ駆動型」スマートシティでは、地域単位で個人の属性や趣味嗜好、健康情報などのディープデータを活用することで、パーソライズ（個人に特化）した空間やサービスを提供している。それによって、節電行動や、自分の健康管理など、個人の生活を向上させるための、住民の行動が変わる可能性が高まる。データ駆動型では、パーソライズされた住民サービスの提供が、スマートシティの付加価値を高めることから、住民もそれらのサービスを積極的に利用し、コミュニティも活発になると、海老原・中村は強調している[6]。

---

6) 海老原城一・中村彰二朗：SMART CITY5.0 地方創生を加速する都市OS、インプレス、171-174、2019

ここで、「データ駆動型」スマートシティとして、地域にある「木材の建物と木質エネルギー」の利活用を組み込んだ、「地域循環型スマートシティ」を**図10－2**に示し提案する。その理由は、住居とエネルギーは、全世界共通で必要不可欠、重要な「暮らしに、生業になくてはならない公共財・インフラ」といえるからだ。それ故、SDGsには「住み続けられるまちづくり＃11」と「エネルギーをみんなに、そしてクリーンに＃7」が掲げられているのだ。

　地域で自分事として自然資源を使い、環境を棄損させることなく持続的利用可能なエネルギーを創出する、第3章での木質ガス化50kW発電、120kW熱のCHPを、スマートコミュニティ1と2それぞれに導入する。各スマートコミュニティの住宅は、3～5階のCLTなどを用いた低層木造か、1～2階建ての木造で、RC造・鉄骨造に比べ

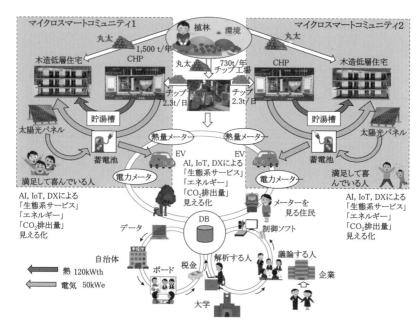

図10－2　地域の木を建物・エネルギーに利活用した地域循環型スマートシティの俯瞰図

出所：山崎作成

て生産に要するエネルギー消費、炭素放出量が小さく、しかも RC 造・鉄骨造と違い二酸化炭素を貯蔵できる。建物、燃料のための木の植栽、育林、伐採の循環を地域で行えば、森林はサスティナブルな再生利用が可能で、地域循環型スマートシティが成り立つ。燃料は、高山「木の駅プロジェクト」例から、地域の NPO でも供給可能である。丸太や木質燃料の大量の備蓄は、長期にわたる災害時のレジリエンス電源、熱源の確保にも有効である。

　CHP を 330 日、7,200 時間稼働したと想定すると、電力量は約 40 万 kWh/ 年、熱は 95 万 kWh/ 年が産出される。この熱は関東（暖房・給湯のエネルギー消費量 25GJ/ 世帯・年、灯油約 680 リットル）では約 130 世帯分、北海道（同消費量 51GJ/ 世帯・年、灯油約 1,400 リットル相当）では約 60 世帯分に相当する。一方電力消費量は東京電力資料では月に約 250kWh/ 世帯、電気事業連合会資料では約 290kWh/ 世帯、大目に見て 300kWh/ 世帯と考えられる。よって、CHP からの産出電力量は 110 世帯分に相当する。大手電力会社が兼営の配電事業者への接続も可能であるが、発電者（民間企業、組合、自治体等）が自営線を設け、地域内で自由に使うことも可能で、環境省助成もある。CHP の採算を良くし、木のエネルギーを利用し尽くすという点では、熱と電力の使い切りが必須である。木質ボイラーと違い、ハードとソフトと蓄エネルギー（蓄熱・蓄電池・EV）システムを組み合わせ、AI や IoT を活用してエネルギーシステムの運用を効率的に行う。第 5 章 5.2 項でも触れたが、一定の熱供給を行い余剰熱が発生すれば、放熱するのが CHP の通例だが、最近では、蓄熱タンクや予備タンクを活用することにより、システム効率を低下させないことが重要なポイントとなる。あるいは、再生可能エネルギー利用 100％を目指すためには、住宅や EV の負荷状況と収支の最大化を考慮して、太陽光発電を含む電力、熱どちらかの負荷を優先して CHP を運転する。場合によっては、余剰電力を使って、電熱ヒーターやヒートポンプを動かし、発生した熱を暖房・給湯に利用する、パワー・トゥ・ヒート

を含めたエネルギーシステムの運用も考えられる。防災減災の観点から、住居はもちろん公共施設関連へ多く設置すると、平時も非常時も利用できる。

　各スマートコミュニティでは、住宅と EV での電力・熱消費量による熱電利用効率と、太陽光発電量を含めて求めた CO_2 排出量、再生可能エネルギー利用率、モニタリング住居の熱と電力の料金、木質燃料消費量、木質燃料価格など川下側の情報が、住民に「見える化」される。さらに、森林資源の現状や、燃料用丸太のストック状況や、森林の生態系サービスの状況についての環境指標など、川上側の情報も、森林保全・利用に携わる林業者とともに、住民にも「見える化」され、両者で共有される。

　住民は、まず「川下側」の情報によって、エネルギー代金と CO_2 排出量を下げ、再生可能エネルギー利用率を向上させるため、EV の利用を含めた電力、冷暖房・給湯の熱、それぞれのスマートな利用についての行動が喚起される。加えて、「川上側」の情報によって、森林のマテリアル・エネルギーの持続的利用と、生態系サービス維持のための伐採・保全作業への市民参加も、促される。また、地域内の林業活性化を目的とし、自らの木造住宅の快適な住み心地を基に、木造建物利用促進のための地域外への PR 活動など、住民が地域の森林のローカル・コモンズの一員として、森林を核とした環境保護のための新たな行動変容と、コミュニティの活発化が促されることも期待される。エネルギーと環境問題を解決しながら、結果として産業を含めた地域の経済的発展を実現する、「グリーン成長」へのアプローチともいえる。

　上記の事柄をさらに進めるには、まず自治体と市民が協働で、「山川まち、域内森林、田畑」などのデータベース化と、「人と生態系、暮らしと産業、行政関連」などのデータベース化とを合わせ、地域独自の IoT による域内社会のシステムのソフト構築が望まれる。

　具体的に森林関連に注目すると「河川なども含めた地域環境や森林

資源、木質燃料と自然再エネ」のデータ作成、一方、地域社会では「住民の暮らしと健康福祉関連、住民の足となる EV 無人バスなど交通関係、文化を学び、地域内ちょい仕事や雇用、さまざまな行政告知手続き」などのデータベースを準備する。その二つから双方が住民参加型で活用し合える幅広い社会システムをつくる。

　こうすることで、分かりやすくいえば幼児や独居老人の見守り、災害時での対応等を含め、住民へ安心と安全を届け、もはや無限のあり得ない経済成長を望むよりも、木の香りがする住みやすく穏やかな、自然と調和した新しい生活が日常となる日々が見えてくる。

10.3　集住化住宅の森林資源供給元から総需要端までの電力・熱エクセルギー消費フローと快適性

① 一の橋バイオビレッジ集住化住宅

　以下、山崎らの報告[7]を参照する。北海道下川町一の橋バイオビレッジ集住化住宅（全 26 戸）は、南面の大きな開口部から光を取り入れ、壁・床・天井に断熱材が入り、窓は Low-E ペアガラスで断熱・気密性に優れ、実測した熱損失係数 Q（断熱性能の高低を表す：単位床面積当たりの暖房利用熱量／室内外温度差）も 0.64 [W/m²K] と 1.0 以下で低く、断熱性能が著しく高かった。各住戸の玄関は、半屋外廊下（雨雪風が入らない廊下、以降半廊下と称す）で住棟間をつないでいる。半廊下は、厳冬期でも住人達の行動を身軽にし、子供の遊び場や、孤立感を減らして住人同士のつながりを生み出す空間として、設計されている。また、集住化住宅は、内外の仕上げ材に下川地域の地

7) 山崎慶太・斉藤雅也・宿谷昌則：木質バイオマスを活かす地域熱供給システムのエクセルギー解析 北海道下川町を事例として、日本建築学会環境系論文集、82、721、295-305、2016

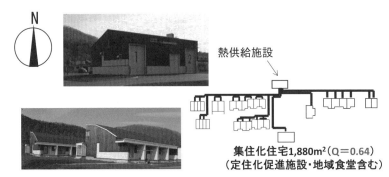

熱供給施設

集住化住宅1,880m²（Q＝0.64）
（定住化促進施設・地域食堂含む）

図10-3　一の橋地域熱供給システム全体の配管径路・建物配置図

出所:山崎他:日本建築学会環境系論文集、82、721、295-305、2016より

　域材または道産材を極力使用し、特に外装には、燻煙処理をした地域
材のカラマツ材を多用している（**図10-3**参照）。

　集住化住宅には、定格550kW の木質バイオマスチップボイラー2
台から、ポンプによって、地下深さ1.2m に埋設された配管を通して、
暖房・給湯用の熱が送られ、各室内には、2～3個の放射暖房パネル
ヒーターが設置されている。戸建て住宅での化石燃料から木質燃料へ
の切り替えには、各家庭ごとの燃料の貯蔵作業とそのスペース確保、

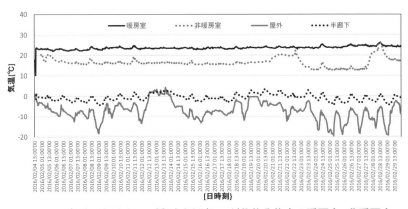

**図10-4　冬季における一の橋バイオビレッジ集住化住宅の暖房室、非暖房室、
半廊下、屋外の気温連続測定結果**

測定協力:下川町
出所:山崎作成

燃料の供給手間、灰処理などの課題がともなう。それらが、集住化による大型共有熱供給施設の設置により一括管理することで、解決されている。

　冬季2016年2月の集住化住宅における暖房室、非暖房室、半廊下、屋外の気温連続測定結果を示す（**図10−4**参照）。屋外気温がマイナス20℃に度々達しても、暖房室内では22℃以上が維持され、暖房無し室内でも12℃以上に保たれ、かつ時間帯、部屋で温度差が小さく、高断熱・気密化の効果が見られる。高断熱・気密化は、浴室・脱衣室の寒さが原因になっている可能性が高い風呂の事故、窓や壁の寒い部分の結露に起因するアレルギー症状、それぞれの健康面でのリスク低減にも寄与する[8]。また、半廊下でも0℃〜マイナス3.5℃の範囲に収まっている。

② 一の橋木造集住化住宅と 札幌RC造住宅との断熱性比較

　建物の断熱性の比較は、熱が逃げやすいかどうかだが、熱の価値と質を併せて検討すると、かなり難解な内容であるが、**図10−5**を参照しながらお読みいただきたい。

　(1)項での高断熱性能で熱が逃げにくい木造集住化住宅（a）と、灯油暖房で普通の断熱性能の札幌RC造（b）を、エネルギーの流れと価値（電力・熱エクセルギー消費）で比較した。一の橋と同様な、RC造住宅の空間の数値（熱損失係数はQ = 2.4, 札幌）は札幌市立大学斉藤雅也教授が調査され、資料の提供をいただいた。

　「エクセルギー」は大変わかりにくい用語だが、一応概念だけ記す。エネルギーの価値や質を表し、ある熱を有効に仕事に変換利用できる部分とできない部分があり、使える部分の最大仕事量を有効エネル

---

8) 三浦秀一：研究者が本気で建てたゼロエネルギー住宅 断熱、太陽光・太陽熱、薪・ペレット、蓄電、農山漁村文化協会、11-44、2021

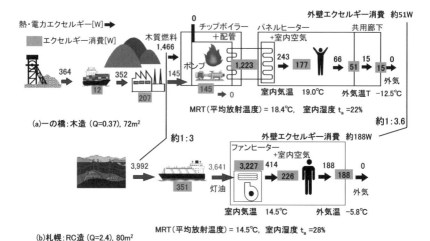

図10-5　熱・電力エクセルギー消費の比較

出所:山崎作成

ギー、エクセルギーという。そして熱エネルギーは高温になるほどエクセルギー価値は高い。

　熱（燃料）を有効に仕事に変換できる部分のエネルギーを全エネルギーで割った比「エクセルギー率」は、電気エネルギーでは1、化学反応エネルギー0.95、熱エネルギー0.1以下となり、燃料を熱として使い、かつ外気温に近い低温で使うほど価値が低いものとなる[9]。なお外気温（環境温度）はエクセルギー0として扱われる。

　建築環境学の早稲田大学名誉教授木村建一によれば[10]、例えば、暖房の場合、室温を10℃から15℃に上昇するのと、15℃から20℃に上昇させるのとでは、同じ5℃の上昇でもエネルギーの量と質が異なる。まず、外気温と室温との温度差が両者で異なるので、熱損失量が異なる。また、15℃から20℃に上昇させる方がより高い温度の熱源を必要とし、後者の方が前者よりも<u>価値の高いエネルギー</u>（高いエク

9) アベイラジー研究会 編：エネルギーの新しいものさしエクセルギー、社団法人日本電気協会新聞部、10、2010
10) 木村建一：環境にやさしい建築、国際人間環境研究所、378-379、2020

セルギー）を必要とする。省エネルギー手法によって、熱損失を極力減らすことはできるが、快適域にまで室温を上昇させることはできない。

　以下の解析には、宿谷昌則編「エクセルギーと環境の理論」[11] を参照した。

①一の橋（**図10－5（a）**参照）では、まず温水供給ポンプ用電力は、化石燃料起源のエクセルギー（364W＝12+207+145）を消費。次に暖房熱源は、木質燃料利用で、エクセルギー（1,466W）を投入し、「チップボイラー＋配管」で1,223W、「パネルヒーター＋室内」で177W を消費。部屋でのエクセルギー消費（177W）、外壁エクエルギー消費66（=51 + 15）はそれぞれ大変少なく、燃料投入量が（b）札幌の約三分の一以下になっている。

②さらに、室温、MRT（平均放射温度）とも14.5℃の（b）に比べて、MRT（18.4℃）も室温（19.0℃）とも約4℃高く保たれ、快適性が確保されている。

　一方、RC造（**図10－5（b）**参照）は、化石燃料の灯油（エクセルギー3,641W）の大量消費が前提なので、CO_2 を大量に発生し地球温暖化を促進し、化石燃料は有限で、将来価格が高くなれば持続可能でないフローである。まず、各室個別暖房機器での灯油燃焼により、直接室内空間を暖めて消費され（266W）、次に室内空間エクセルギーは、外壁でも消費され（188W）、直接屋外空間（環境温度）へ排出され0になる。

　対して（a）では、まず、ボイラーから配管の段階で、住棟（80℃）、温室（集住棟に隣接）への供給温水温度（60℃）のように、需要別の多様なエクセルギー消費が可能である。次に、室内を暖め（エクセル

11) 宿谷昌則 編：エクセルギーと環境の理論 －流れ・環境のデザインとは何か－、井上書院、92-97、2010

ギー消費し）てから、壁を通して（エクセルギー消費51W）共用（半）
廊下を経て、最終的に外気へと熱が逃げてエクセルギーは0になる。
その結果、**図10-4**での外気温が、最も低いマイナス20℃に下がっ
た時でも、共用（半）廊下は概ね0℃近くに保持され、冬季のコミュ
ニティ空間として機能できる環境である。また、一の橋バイオビレッ
ジの高断熱・高気密の室内では、できるだけ供給温水温度を低くする
ことによって、パネルヒーター放射面と室温の差が小さくなり、ファ
ンや風の不快音と部屋の温度むらがなく、快適でおだやかな環境が形
成され、かつ室内でのエクセルギー消費を小さくできる。建物に加え
て、配管の断熱性能も向上させることで、トータルにエクセルギー損
失を減らし、全体の投入木質資源量を下げて、森林資源の持続的利用
に貢献できることが、**図10-5(a)**から分かる。

　普通の断熱効果のRC造の建物の、部屋ごとに何台も設置した安価
な灯油ファンヒーターの100℃を超える温風による空間直接暖房は、
寒い部屋の中では温風が大きな浮力を持って天井に上昇し、気密の低
さと相俟って、足元がなかなか暖かくならない、現状の一般的なフロー
である。室内の温度差や、ファン・風の音がうるさく、不快なだけで
なく、時間帯、部屋ごとの温度差で、前述した風呂の事故やアレルギー
症状などの健康面でのリスクも高まる[8]。

　図10-5(a)の高断熱木造住宅は、地域循環型スマートシティ（タ
ウン）として、サスティナブルなコミュニティと居住者の利便性・快
適性と、健康な生活を担保できている。

(3) 川上から川下までのフローで見えてくる ライフスタイルとウッドチェンジ

　グローバル経済は、本来地域ごとにかたち作られていた自然・社
会・経済・暮らしの関係性と、それを成り立たせていた社会での制約、
コモンズも衰退させてしまったと、藤山は指摘している[12]。その上、
図10-5(b)のような断熱性能が高くなく快適性も充分でなく、健

康面でもリスクがある建物で、化石燃料を大量に消費して、自然（森林・川・海・生き物）、環境（空気、水）、社会（コミュニティ）、経済、食料（肥料）、エネルギー、衣食住のすべてで、地域（ローカル）は基より、地球（グローバル）にも無頓着で、持続可能性とは縁遠い、「とりあえず」の暮らしを続けてきた。

　つまり、多くの人が、自分の周囲・地域の自然、環境、社会、経済、食料、エネルギーと、暮らしが分断分離され、経済に偏向した、持続可能ではなく、心身共に健康とはいえないライフスタイルになっている。これを、生物科学者の中村桂子は[13]、「科学技術が、そしてそれに基盤を置く社会が、自然と向き合わずにきたために起きた問題は、大量生産・大量消費によるエネルギー問題や環境汚染など、日常で沢山見られ、科学技術の偏重に起因している」と話す。

　同時に、斎藤幸平は化石燃料に依存した生活について[14]、「世界的課題を、どこか遠くの人々や自然環境に負荷を転嫁し、その真の費用を不払いにする「外部化社会」が、現在の私達の豊かな生活の前提」だと指摘している。せっかく循環可能な木をエネルギーとして使っても、木質燃料ペレットが地産地消でなく、輸入率が89％（9.2）では、地域の自然、環境、社会、経済と、暮らしが切り離されたままで、化石燃料を消費する生活と同じである。また、これは結局、高度経済成長以来、「人間の都合に合わせて環境を変えた生活を続けてきた」帰結であると、江戸研究の石川英輔は述べている[15]。

　このコロナ禍後にも、次の病原菌が襲ってくる可能性がある。そして地球環境と経済の両立は厳しいという考えもある。最低限の快適性は、住む器である建物で維持し、安全、安心、持続的な暮らしを優先した、モノもエネルギーも消費が少なくなる社会形成が要るのではな

12）藤山浩：日本はどこで間違えたのか　コロナ禍で噴出した「一極集中」の積弊、河出書房新社、30-31、2020
13）中村桂子：科学者が人間であること、5、岩波書店、2013
14）斎藤幸平：人新世の「資本論」、集英社、33、2020
15）石川英輔：大江戸えねるぎー事情、22、1990、講談社

いか。

　地球温暖化や感染症、森林荒廃などさまざまな危機に直面している今、この分断された生活から、第二次世界大戦時代以前、「人新世」の前の生活の一部であった自然（森林）、環境、社会、経済、食料（肥料）、エネルギーと暮らし（人）が、「木と水」でつながり循環していた「コモンズ」のフローを手本に、ライフスタイルを見直す時が来ている。まずは、一人ひとりが「自分は生きものである」という感覚をもつことから始め、その視点から近代文明を転換する切り口を見つけ、少しずつ生き方を変え、社会を変えることが大切だ。「それには、自然エネルギーを活用する「暮らし方」が大切なのであり、その基本が「生きものである」という感覚である。」と、中村（2013）も同じような指摘をしている[16]。

　西洋では中世以降、自然は神によって人間のために創られたものであり、人間はそれを支配し自然の外にいて、客観的な観察、「外からのまなざし」で自然のしくみを解明し、自然を操作することが求められてきた。農学博士の宇根豊は、自然を見るためには、自然の外に出なければならず、人工衛星に乗って地球を見ると初めて地球が見えると述べている。それに対して日本人は、天地の中で、山川草木、お日様や雲や風、そして動物や土や水などといっしょに、天地自然の一員として、天地を内側から「内からのまなざし」で観てきた[17]（図10－6参照）。自然の外に出てしまわないで、多種多様な生き物として、自然の中にあるという原則を持ちながら、生き物としての人間に与えられた知性や、手の器用さを活かした人工物を持ち込んで築いてきた世界、その例が里山や棚田であり[18]、また内山節が指摘した「自然と人間の共同体」[19]であり、すでに1400年前の万葉集でも、森と家

16) 中村桂子：科学者が人間であること、岩波書店、38、2013
17) 宇野豊：日本人にとって自然とはなにか、筑摩書房、20-25、2019
18) 中村桂子：科学者が人間であること、岩波書店、151-155、2013
19) 内山節：増補共同体の基礎理論 内山節著作集15、農山漁村文化協会、33、182、2015

(a) 内からのまなざし
（天地が見える、日本人）

(b) 外からのまなざし
（自然が見える、西洋）

図10－6　日本人と西洋の自然の観方

出所:山崎作成

の関係が以下のように詠まれている。

　「あをによし奈良の山なる黒木もち造れる室は座せど飽かぬかも」

　飛騨白川郷の合掌集落（**写真７－１参照**）に、日本人と外国人合わせて年間 200 万人強が訪れている。「自然と人間の共同体」、「内からのまなざしで観た天地」である自然、そして井上岳一が称した「山水峡」[20] が、世界でも珍しく、貴重で、憧れを呼び、再評価されているから海外からの来訪者も増えるのではないか。来訪者は、地域の人と「内からのまなざし」を共有し、視覚、音、香り、冷たさ、温かさ、煙たさなどさまざまな感覚で、里の「様子」、「風景」[21] と履歴（歴史）を含めた空間を知覚する経験ができる[22]。合掌造り家屋の屋根の葺き替えは、人的には「結い」と呼ばれる村民の相互扶助組織に、物的には入会地としての茅場に、宇沢弘文がいわゆる「社」と称したローカル・コモンズによって支えられてきた。燃料や小屋の材料である木と、命の源の水と、糞尿やゴミを土に戻してくれる土があり、山菜やキノコ、野生鳥獣の恵みがある、天地自然の豊かな森があってこそ、

20) 井上岳一：日本列島回復論 この国で生き続けるために、新潮社、95-97、2019
21) 西村幸夫他 編 宇根豊：風景の思想 第6章農と風景 風景としての百姓仕事の発見、学芸出版社、101-116、2012
22) 西村幸夫他 編 桑子敏雄：風景の思想 第12章豊かな風景づくりの哲学 まなざしの賑わい、学芸出版社、201-210、2012

人々は暮らしていけたのであり、山の神、水の神が生活を支えていた。現代の都市に住む我々も、山の神、水の神からの食糧や水の恩恵を受けており、今こそ天地の内側から見える範囲の森林の「ニュー・コモンズ」に加わり、直接的、間接的に関わらず、天地の内側での「人と森」、「人と生き物」、「人と人」の関係を復活させなければならない。

(4) 分離の病と専門家の役割

　今は学者や一般の人が、関係なく世界共通の課題を解決する時代である。そのため、近代社会や文明をともに考え直さなければならない。しかしこれまでの学問は、往々にして自然科学と人文社会科学の分野が明確に色分けされ、学問の専門化や蛸壺化が深化してきた。土壌環境研究の陽捷行が指摘する[23]、「知と知（専門分野への没頭）」「知と行（仮想と現実、理論の構築者と実践担当者）」「知と情（科学的と生活知の分離、客観主義の徹底）」、「過去知と現在知の分離（文化の継承や歴史から学ぶ時間軸の分離）」である。「過去知」には、上記の伝統的な自然観が含まれ、「客観主義の徹底」には、自然と人間を分けて「生物多様性」のように自然を外からしか見ない「見方」（図10－6（b）参照）が含まれる。この分離の病のため、環境問題、経済格差問題やエネルギー問題など、感染症を含め人類が直面する課題の全体像をつかみ問題の本質を明らかにすることができず、時代に即応した思想、哲学、文明、新社会を示すことができなかった。ここで求められるのは、既存の専門の下位に従属する知識ではなく、現代社会が直面する課題を克服するための思考力、新しい時代の「高度な教養」であると、哲学者の桑子敏雄は指摘している[24]。これからは「分離の病」を克服し、分野横断的な思考、教養を軽んずることなく、バランスの取れた総合、統合的な社会が形成されなければならならない。

---

23) 陽捷行：農医連携論、養賢堂、6、2012
24) 桑子敏雄：何のための「教養」か、筑摩書房、77-79、2019

ウッドチェンジは、新たなローカル、リージョナル、グローバルの
コモンズとして、環境・社会・経済を俯瞰的に見直す機会も与えてく
れる。そこでは、専門にとらわれず、農学、生物学、森林学、建築学、
機械工学、エネルギー工学、土木工学、インテリア学などの自然科学
系と、社会学、経済学、法学、文学、哲学などの人文社会科学系を包
含する多様な専門分野を横断的・俯瞰的な視点でとらえる、新たな知
の世界が求められる。また、社会の方向転換が、専門家の力だけでな
し得ないことは明らかで、高度の専門的内容そのものの本質を語るた
めには、聞く側の人がすぐに飲み込める、「見える化」が求められる。
　一方、目指すべきは地域の社会・経済に貢献し、地域と都市が結び
ついたニュー・コモンズ、コミュニティが結成され、資源の持続可能
性が担保され、環境・自然とのつながりを取り戻し、「人間が自然、
環境に合わせて生活する」スマートなライフスタイルである。
　地球も森林も「コモン」であり、世界で共有され、管理されるべき
富である。これを、どのように環境、経済、社会、地球全体へ活かし、
持続可能な社会につなげていき、新しい緑の世界をつくるのかが、我々
の課題ではないか。

第 11 章

森林資源における SDGs・ESG 投資の社会

11.1　SDGsについて

　世界では「環境問題、気候変動による被害、生態系の毀損、不平等などの社会劣化、そしてグローバル経済の拡大化につれて生じた貧困、格差、金融の歪み」などによる地球・環境・社会システムの崩壊ないし危機的な状態と認識されるようになった。

　「持続可能な開発目標、通称SDGs（Sustainable Development Goals）」は、2000年の国連サミットでのミレニアム開発目標（MDGs）の後継である。MDGsは一定の成果を上げたが引き続きさらに発展させるべく、2015年の国連「持続可能な開発サミット」において、奇しくもCOP21のパリ協定と同年にSDGsは誕生した。

　SDGsは一言でいうなら、全世界の人々が子から孫、曾孫、玄孫その先の雲孫などと何世代にもわたり「安心して持続して住み続ける」ことのできる世界をどう構築するのか？いま取るべき行動、未来への行動の目標は何かを掲げたものといえる。

　その構成には、危機的状況を「**環境（市場外部性）・社会（地域内外との関係性）・経済**」という三つの側面から考え、それらについて**包括的に解決を図る**とし、かつ社会の**レジリエンス**（強靭性、回復力）をもたせるとされている。具体的には、

①「全世界共通で、最優先で解決すべき課題」を抽出し

②「望ましい将来像」を明示し、それに向けて

③世界共通の最重要項目として「17のゴール（達成目標）と目標を具体化する169のターゲット（下位目標）、さらに、進捗状況をモニタリングするための232のインジケータ（指標）」を設定し、

④「2030年度」に目標を達成

すると定めた。

　また人類同士、国家間、各国内での不平等解消が基盤であることも強調されており、これまでの国連では見られなかったことである。こ

の流れについては第7章7. 2項コモンズの再定義に書かれているが、
簡単には、国連ブルントラント委員会報告書の「将来世代が、その望
むところを損なうことなく、また現世代の欲求をも満たす」、これが
SDGsの理念基盤となっている。目指すところは、あらゆる面での健
全で持続可能な開発である。

　17の目標のなかで国の文字が入っているのはSDG10「国内及び国
家間の不平等を是正する」だけであり、後は人間そのものの幸せ、社
会の改革を願うものとなっている。しかも理念は78億人の「誰一人
取り残さない－ No one will be left behind」という画期的なもので、
全人類が渇望し、解決せねばならぬ究極ともいえる目標がSDGsに凝
縮されている。

　世界の約200の国や団体により批准された17の目標の概要とは、

　1. 貧困をなくそう
　2. 飢餓をゼロに
　3. すべての人に健康と福祉を
　4. 質の高い教育をみんなに
　5. ジェンダー平等を実現しよう
　6. 安全な水とトイレを世界中に
　7. エネルギーをみんなにそしてクリーンに
　8. 働きがいも経済成長も
　9. 産業と技術革新の基礎をつくろう
　10. 人や国の不平等をなくそう
　11. 住み続けられるまちづくり
　12. つくる責任つかう責任
　13. 気候変動に具体的な対策を
　14. 海の豊かさを守ろう
　15. 陸の豊かさも守ろう
　16. 平和と公正を全ての人に
　17. パートナーシップで目標を達成しよう

というものである。

　しかしこの 17 項目は見事で凄いとしか言いようがない。だが、単に人類の願望を表しただけのものとも言えなくはない。なぜなら、全世界の個人も、企業も、国も本当に一丸となり、火急に持続可能な世界へと全速で走っているのだろうか。そうあって欲しいとは望むが、努力もせず、半分諦めていると疑問符を付けざるを得ないからだ。

　その訳は世界最大課題の温暖化対応をみても、世界では少数の家庭や企業や役所しか再生可能エネルギーを導入していない。圧倒的にガソリン車が走り、化石系資源による火力発電所や鉄鋼・セメント生産工場が稼働している。企業人は SDGs のバッジを襟に付け、企業もメディアへ SDGs による行動指針を発表しているが、世界のエネルギー起源 CO_2 排出量は 2014 年度の 324 億 t から 2019 年度約 340 億 t へとどんどん増え続けている。しかも中国、米国、インド、ロシア、日本のたった 5 カ国で排出量の約 6 割を占める構図が続いている。つまり、SDGs は企業の諸々のアリバイ作りの象徴のようなものだとも言われ始めている。日本企業のさまざまなサステナビリティ指数は圧倒的に低いと名指しされている。そして、世界の温暖化についていえば、2050 年カーボンニュートラルにすると世界の各国や企業は目標数値を発表するが、そこへの明確な道筋、プロセス、具体性が見えない、曖昧なプログラムだ。

　17 課題を本当に他人事ではなく、自分事としてとらえ 78 億人が本気で、理念を唱えるだけではなく、行動として取り組まなければならない。以下の記述を、その意味からもしっかり読み実践へ取り組みが望まれる。

🌳 11.2　SDGs構成と社会

　SDGs の構成は三つに分けることができる。それは、**図 11 − 1**に見るように、「環境・生存圏」「社会」「経済」となる。そして人

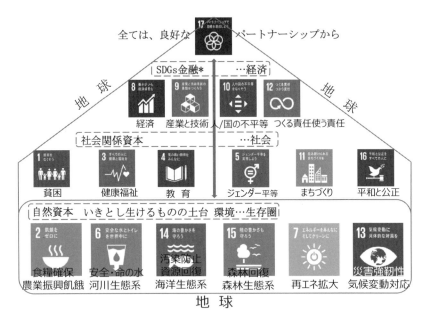

全ては、良好な　　　　　パートナーシップから

SDGs金融*　　　…経済

経済　産業と技術　人/国の不平等　つくる責任使う責任

社会関係資本　　　　…社会

貧困　健康福祉　教育　ジェンダー平等　まちづくり　平和と公正

自然資本　いきとし生けるものの土台　環境…生存圏

食糧確保　安全・命の水　汚染防止　森林回復　再エネ拡大　災害強靭性
農業振興飢餓　河川生態系　資源回復　森林生態系　気候変動対応
　　　　　　　　　　　　　海洋生態系

地　球

地　球

地　球

図11-1　SDGs三つの世界

出所:竹林作成

類が必要とする最低限の基本解決目標は、「**環境・生存圏**」の六つの
SDGs「食と農業、水と河川、海洋、森林と陸域、そして再生可能エ
ネルギー、気候温暖化対応」である。それらは密接かつ強く相互に関
係し、生存条件そのもので、生きとし生けるものすべてが共通自然資
本を持続的に活用せねばならない。人類は、知恵と労力とお金を出し
合い一体となり自然資本を適切に維持管理する責務を担う。

　そこで生物種のなかの一種にしかすぎぬ人間も、地球のすべての生
態系と共存・共生がかなう。これが基本であり基盤であり土台である。

　人間界にあっては図の最上位にある「全世界の人類、国、地域など
とのパートナーシップ」が発揮されてこそ、それは成し遂げられ、こ
れにすべてが掛かっているともいえる。

　その最上位のパートナーシップと環境・生存圏との間に、「社会と
経済」があり、その二つは環境・生存圏に支えられて成立している。

つまり環境・生存圏が成り立たねば、社会も経済もあったものではない。またこの土台のなかに、「SDG7 エネルギー」を入れたのは、「暮らしに、運輸に、産業に」欠かせず、いまでは、人間にとり空気、水、食料と同じほどの生存与件になった。

そして「SDG7 エネルギー」と「SDG13 気候変動対応」はコインの裏表の関係にあり、温暖化、気候異常（危機）による「大洪水、旱魃、飢餓、森林火災、水不足、感染症の増大、海流変動と海面の上昇と温度上昇、気候変動難民」などこれらすべてが複雑に絡み合い世界崩壊への道を辿っている。これを称して、気候変動のドミノ倒しという人もおり、エネルギーの対応いかんがこの世界的難局を阻止し改善へ向かうかどうかの鍵を握っている。

21 世紀以前は大多数の世界の人々が無関心で他人事としていた気候変動が、水、食料、生態系へも大きな影響を及ぼし、人類を二重、三重にも苦しめる事態となりつつある。

本書でこれまで述べてきた諸々のグリーンリカバリーと第3章3.5の便益と環境・生存圏、社会、経済からの切り口からのSDGsの世界とを重ね合わせて整理してみる。

環境・生存圏（自然資本、地球）
* 森林資源による土木・建設での CO_2 固定貯蔵、そして燃料・熱・電力などの生産利用により化石燃料を減らし地球温暖化への貢献
* 上記の森林関連事業が路網整備、間伐の促進、林地残材の搬出、植林増進などの森林整備を促進し、結果持続可能な生態系の回復保全へつながり、生態系の恵みが得られる
* 山林に手が入り、炭酸ガスの吸収固定量が増え、水の保水浄化や水量確保と乾燥化防止、そして酸素生産と空気の浄化、河川と海洋での環境価値をあげ、さらに景観が優れ、魚付き林の役割を高め、漁場の再生と海面温度上昇や赤潮などの環境改善につながる
* 治山・治水・利水などが生態系サービス機能の増大維持に貢献これらは、すべて自然資本の増大へとつながり、人間を含めた生

物の幸せに、かつ治山と治水は防災対応となる

社会（地域社会全体、社会関係資本）

＊地域木質自立分散エネルギーは、エネルギーを安定供給する社会的責任と自分達のことは自分達で決めるという民主主義の根幹があり、民主主義を地域住民の手に取り戻すという意義がある。そして、地域に欠かせぬ社会資本、公共財と考える

＊山仕事は地域のお年寄り仲間の「生き甲斐作りと健康維持」ともなり、NPO、住民、都会からの方などによる参加もまたコミュニティ形成、自助・共助・公助ネットワークの構築に、さらに山林管理を地域社会全体の課題と解決事項として認識される

＊上の２項などから、炭素ゼロエミッション社会構築を考え、発言や行動へとさらに広がる

＊頻繁に襲われる気候災害の対応構築には、常時非常時に切り替え活用可能な木質熱電併給施設を公的機関へ配備することが大きなレジリエンスとなり、安心安全を住民に与える

＊森林資源の豊富な地域（ローカル・コモンズ）は、資源の不足する近隣地域（リージョナル・コモンズ）へエネルギーや用材などを供給し、逆に金融面やソフト・人材支援などを受けるような相互関係を結びながら双方の互恵、地域価値を高める「地域循環環境共生圏」の社会構築となる

＊耕作放棄地などでの早生樹（ヤナギ、コウヨウザン、センダンなど）の植林が土地荒廃を防ぎ、燃料ともなり環境改善に寄与

＊環境教育、研修、森林セラピーと観光、雇用などの場となる
森林活用による木造建築、橋、そしてエネルギー生産は、AI、ITなどの活用とあわせ新しいまちづくり、ニューコモンズ形成とつながる

経済（ESG投資　金融）

＊化石燃料から木質燃料への転換によるエネルギー費用の海外流出を削減

＊日本としては、木材の輸入や、チップ・ペレットの輸入を減らし、可能な限り国産化により、お金を地域に戻す

＊今後、木質エネルギー利用の地域は、J-クレジットや現在の温対税289円/CO$_2$tなどを改正する炭素税や排出量取引によるカーボンプライシング導入で、有利な地域となる

＊林産業関連拡大やリモートワークによる移入人口増での地域内経済の循環効果の向上

＊地域活性化へつながる市民・企業による木造構築物関連、エネルギー生産への市民投資とそれによる配当効果

＊木造低中層建築、木材エネルギー化、まちづくりなどは地域内での部材調達建設工事などに要する資金は中央大手金融ではなく、地域金融との連携が地域内経済乗数効果を高める

＊他、間伐作業への小規模山林所有者とNPOなどの参加は地域通貨利用、森林資源を活用した地域ブランド商品の地域外販売による産業振興、木質活用事業で得た利益の一部を地域の森林管理整備や環境保全に、またスポーツや図書館などへの寄付支援による地域振興などがある

これらすべての基本は、良好なパートナーシップや人間の関係性が成立してこそ、である。また、森林に関わるすべての事業は便益も考慮し、かつ利益も確保するCSV（共通価値創造）に合うものとして認識、努力し、実効をあげる。

11.3 ESG投資とサーキュラーエコノミー

この10年程、世界のビジネス界ではSDGsとあわせて、ESG投資（金融）が大きな課題となっている。ESG投資とは、財務的側面に加え「Environment 環境、Social 社会、Governance 企業統治」に企業は配慮しているかの点に関して基準を定めて企業を選別して投資を行うことだ。これは「論語とそろばん」で渋沢栄一が唱えた道理と事実

と利益とは必ず一致する、これに通ずるものと考える。

　このESG投資への流れは、2008年のリーマン・ショックを契機として、急速に広がった。これまでの短期的な利益を目指す投資社会への批判が世界で噴出してきたことによるものだった。

　その大本は、国連で提唱された「責任投資原則（Principles for Responsible Investment；PRI）である。金融機関は受益者のために長期的視点から良好な環境を育成保持し、地域社会での公的利益や公平性などの側面、そして企業統治面を重視し、責任ある投資を行うよう明示され、その責任を果たすための意思決定ポイントとしてESG投資が反映されている。

　従来の投資は、企業の利益額や利益率などの財務情報のみで投資判断してきたが企業の将来的企業価値を財務面からだけでは判断しにくい社会となり、新たにESGという非財務情報と併せて投資判断されるようになった。ESG評価の高い企業は財務諸表評価や事業への環境配慮も高く、社会的な意義、将来性や持続性などにも優れた企業特性を持っている。

　図11−2に、ESGとSDGsとの関係、そして具体的な環境、社会、企業統治のそれぞれに当たる項目を記した。またESGとSDGsはリンクしているといえ、事業展開、新規開発における関連性、指標を明示した。

　ここまで種々述べてきたが、森林関連での大きな項目は、「地球温暖化、森林破壊、森林事業サプライチェーン、組織」での阻止、配慮、適切な対応などがなされているかが問われるだろう。

　また、ESG投資と近い関係にあるのが、サーキュラーエコノミー（Circular Economy：CE循環型経済）である。これも社会が抱える経済面、資源面、エネルギー面での歪みの是正というか単なる利潤を追求する経済ではない。

　それは限りある資源や製品を、経済活動の生産・消費・廃棄などの段階で「モノの循環」と同時に地域内での「経済の循環」とを併せて

財務

ESGが財務の源泉

Environment(環境)
＊地球温暖化対策…CO₂削減
[Cool Choice推進]
[省エネ・設備高効率化・創エネ]
[間伐・植林 (造林)]
[木の家具・木の家・木のビル]
[生物多様性の保護]

ESG投資

Social (社会)
＊エリアエネルギーマネージメント
[地域冷暖房・地域熱供給]
[地域内電力送配電管制・VPP]
[地域運輸管制]
[スマートコミュニティー]

Governance (統治)
[法令順守]
[社外取締役の設置]
[ステークホルダーへの責任]
[情報開示]

SDG7・SDG13・SDG15がすべてをサポート

＊CSVとは、Creating Shared Value
の略称、「共通価値の創造」

図11−2　ESGとSDGs

出所:竹林作成

生み出し、さらに「最小の環境影響をも同時に達成」し、資源や製品の価値を減ずることなく、「付加価値を付けて持続的に再生再利用」し続けることを意味する。

　グローバルエコノミーはどちらかと言えば、勤労者、家庭およびコミュニティなどの弱者を混乱と不確実性リスクに晒した。そして国民経済を越え、行き過ぎたグローバリゼーションは、その負の影響といえる効率性重視の直線（ワンウェイな資源掘削、製品製造、使用、廃棄）型の大量生産大量廃棄文明を生み出し、地球温暖化による気候変動や海洋プラスチック汚染、熱帯雨林や生物多様性の破壊などの抑制、制御もできず、大きな社会不安を生んだ。

　それに対し、サーキュラーエコノミーは、これまでのバリューチェーンやサプライチェーンを見直し、もっといえば、人間中心の経済から、自然と人を併せた自律的な調整機能を有する生態系（エコシステム）

経済といえる。

「資源とエネルギーの両面で、省資源、省エネや製品ライフサイクルを考え、時間・資産・資金運用などのすべてにわたり無理、無駄はないか」などの課題を、改革・改善を行うのが循環型経済活動であり、その経済価値は2050年で2,700兆円ともいわれている。

生産現場で、原材料選定や製品設計製造の段階から資源の回収や部品の再利用を前提にモノづくりを考え、省資源、廃棄ゼロを目指す。

具体的には可能な限りバージン素材の利用を避け、使用済み製品を回収してリユースやリサイクルが容易に行えるよう解体を前提にしたモジュール化を図り、修理や部品交換などを通して製品の長寿命化を図るなどの取り組みを行うことである。簡単にいうなら、製品・部品・資源・エネルギーを最大限に活用し、省資源、省エネによりそれらを目減りさせずに永続的、持続的に可能な限り再生や再利用し続けることを目指すビジネスモデルと考える。

その点では森林資源、木造構造物、木質エネルギーは、**図11－3**に示すようにサーキュラーエコノミーに則した事業といえ、環境負荷を抑え経済成長も狙える持続可能な成長モデルといえる。

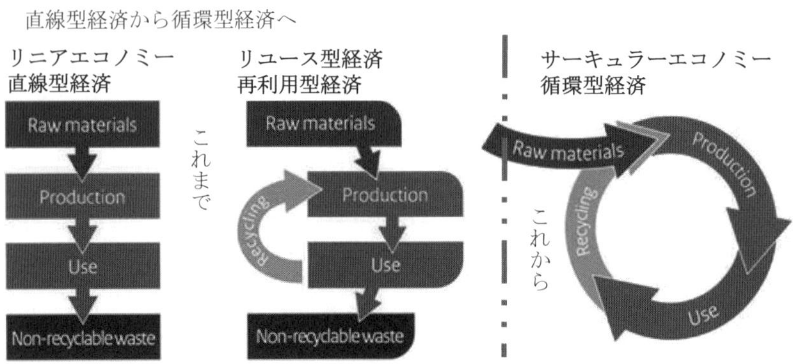

直線型経済から循環型経済へ

リニアエコノミー
直線型経済

リユース型経済
再利用型経済

サーキュラーエコノミー
循環型経済

図11－3　サーキュラーエコノミー

出所:オランダ政府資料「From a linear to a circular economy」

11.4　森林資源と気候変動対応とSDGs

　現代ではエネルギーの無い世界はあり得ないが、そのエネルギーには大きな問題がある。これから豊かさを目指し化石燃料需要が増大すると想定される多くの新興国があり、いまだに大量な化石燃料を使うCO_2排出上位 15 カ国の動向が気候変動へ大きな影響を及ぼす。これからも事と次第により、化石燃料取得での大きな紛争も想定される。

　SDG7 のエネルギー目標には、「安く信頼できる現代的エネルギーサービスへの普遍的アクセスの確保」そして「再生可能エネルギーの割合を大幅に拡大」することに加えて、エネルギーの利用効率改善を倍増することやエネルギーに関しての国際協力、技術への投資推進などが謳（うた）われている。この点でも、森林大国日本が世界モデルを早く構築、開示し、普及させることが望まれる。これらは全世界に共通し、日本は世界に先駆けて危機に対応した社会開発を行い、それを世界でのソーシャルビジネスへと展開せねばならない。

　11. 2 項で生存圏における六つの SDGs を説明したが、もう一歩進め、環境・生存圏のなかの「森林資源と気候変動と SDGs」の関係を見てみよう。

　図 11 － 4 は、SDG7 と SDG13 と SDG15 の三つが深く緊密に関係していることを示している。つまりこれらは三つを一つとして見るセットの関係にある。この関係が崩れることのないように、適切で、科学的な、調和の取れた森林整備に始まり、森林資源の循環活用システムが重要な鍵を握る。これは森林がエネルギーと気候変動を支えているといえる。この三つの SDG のバランスが崩れることなく、持続的に循環維持されていくことが大変重要であり、それに向かって人類はいっそうの努力をする必要がある。

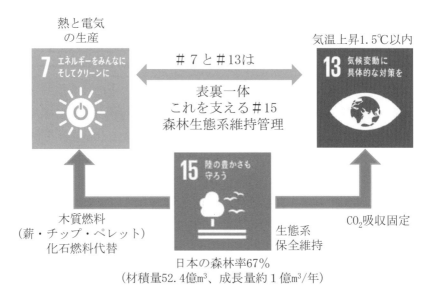

図11-4　SDG三つの相関図

出所:竹林作成

🌳 11.5　森林資源における地域活性化と SDGs

　森林を活かし、コミュニティにおける市民、NPO、企業、地元金融、自治体などが連携し、木材利用によるエネルギー化事業を行うと、「人・まち・経済・産業」がどのようになるかを図にしたのが、**図11-5**である。

　森林では、山林業者、土木業者が一体となり路網整備をし、山主は無論、NPOや都会からも温暖化を憂い、また山を楽しむ人が伐採に、漁師もまた魚付き林にと植林へと山に上る、厳しい夏場の下草刈りには素人は来ないかもしれないが間伐などにはリモートワークに飽きた人々も時折助っ人に入る。

　荒唐無稽かもしれないが、高校生の修学期間を４年制にし、３年進

図11-5　SDGsと森林活用によるエネルギー事業化と地域循環経済

出所:竹林作成

級時の１年間、全生徒が農業、林業、漁業へと散らばり１次産業の実務と座学、加えて教養を身につけることにしてはどうか。全額の約１兆円強が国の負担となろうが、生徒も地域も、地元１次産業関係者も、無論国にも先々回り回って、さまざまな効用が出ると考える。山の場合は、労働の中から生物多様性、生態系サービス、循環再生などなどが絵空事ではなく、実地で体感できる。その先長い人生で必ずモノの考え方、生き方に役立つと考える。そして、森林と地球温暖化の関係、山林業を通して実体経済、いやそれ以上に労働、生きるとはどういうことか、自分の特性などがおぼろげながらの気づきもあるはずだ。

　脇道にそれたが、エネルギー事業を含めた幅広い林業カスケード、加えて木質エネルギー利用、身の丈にあったシイタケ栽培、野菜温室、魚類養殖などによる幅広い事業展開を進めることが可能である。その結果、雇用は増え、コミュニティの復活、インフラ再整備などで地域

の魅力が生まれ、経済の域内循環が生まれ、その裾野はさらに広がり人口減少にも歯止めが掛かり、好循環となる可能性もでてくる。

　それらの中で大きな役割を果たすのが、低質木材利用によるエネルギー事業である。熱はさまざまな場面で使われ、電力は地域内の業者が自営線を張り地域内で自在に活用できる。詳細は第3章3.4項に記述したとおりである。

　熱と電力のエネルギーネットワーク化は、他事業も含め面的な広がりがでてくる。ゆくゆくは、「エネルギーとまち」の地域マネージメントを行うことが「省エネ＋創エネ＋地域活性化」へのよりいっそうの効率的な地域の進化となる。統合された「地域マネージメント」が行政の一部を代行し市民生活、産業へ大きな利便性と生産性を上げ、地域力を増す。

　これからは縮む税収、縮む公共サービス（上下水道、図書館、プールなど）に成り代わり官民連携による業務、施設管理の時代である。

　これらが絡み合い重層的に効果を発揮し、まちの「環境・経済・文化の好循環」を生む転換へと発展していく。これが、森林活用による地方創生での都会では真似のできない大きな特徴となろう。

　山林、エネルギー事業の達成に向け「地域住民、地元企業、地域金融が力を合わせ連携」することが重要で、そこに向けて自治体がそっと手を添え政策支援することにより域内で人々が自律的に行動し、自立分散型エネルギー生産の供給体制が整う。これにより地域のさまざまな関係者へお金が廻り地域の好循環が形成されていく。域外へ流出していたガソリン、灯軽油、電気代は大幅に節減できるであろう。無論地域材を用いた木造3，4階建てビル、防災拠点、橋や土木工事もでてくると考える。

　これこそが、SDGs金融、地域ESG投資であり、環境省が旗を振る「地域持続循環経済」が形成されてくる。これらのことがすべて相乗効果をもたらし、市民の一層の理解・共感・協働が得られるものとなると思う。

地域発の温暖化ガス削減が、「気候変動に対する強靭な対応」ともなり、また環境教育の場、人材育成、環境ツアーなどへと広く環境面での効果があがり、併せて、新たな地元特産品創出などへもつながる。

　図11－5には、SDGsのロゴマークが14個紐づけされている。森林を活用しエネルギー生産事業を行うと、これだけ広範囲に「持続可能な開発目標SDGsと連繋関連」することが分かる。

　一例として、図の右下の森林関連分野についてだけを考えても、まず日本が認められている森林での炭酸ガス吸収量は4,800万tであり、そのためにはしっかり森林の整備・伐採・植林などを行うことでSDG13の地球温暖化防止となり、さらにSDG15では豊かな森、生態系の維持管理が進み、洪水や土石流などの土砂災害防止の役割が強化され、SDG6では保水、水質浄化機能が促進され、SDG7においては、エネルギーシステムへの燃料の供給源となる。

　SDG3の健康関係では森林において塵埃の混じる町中の空気ではなく、おいしい空気を吸い、癒しや心の平穏を得、それ以上に薬草や食物、土壌細菌からの医薬品を得るなどの保健衛生面でも大きな役割を果たし、魚付き林のある海岸地区ではSDG14の海洋生体系の豊かな海が育まれる。

　冒頭の図11－1で示すような、生きとし生けるものの生存土台…環境・生存圏の六つの持続可能なSDGs目標のいくつもの種が地方にこそ多くあり、都会には無いものだ。いま、社会システムがガラッと切り替わる潮目、帰去来の帰りなんいざ、田園将に蕪れなんとす、ベートーベンも交響曲田園で晴れやか、楽しい、喜ばしいと作曲し、英国のハワードも1世紀以上前に、都市と農村の結婚といっていた。もう地方で暮らし、仕事ができるニューノーマルである。自然を守り、共生社会構築には田園、森林はまたとない地ではないか。

　過疎化など全く恐れるに足りぬこと、今はITによるSociety5、第6世代移動情報通信システム（6G）の時代で、テレ（リモート）ワークの普及もあり、何処で住もうが仕事も情報も教育も医療も行える時

代が、すぐそこまで来ている。いまでは、勤め人の7割が自宅での勤務を要請されるコロナ社会である。

　森林のエネルギー活用は地方創生で中核をなし、情報系インフラとともに大きな役割を果たす。地域が持続可能な開発目標SDGs達成に向けて動くということは、即、地方の創生・活性化へと向けて走り出すことそのものである。

　そして言うまでもなく「気候変動による危機」が、「カーボンディスクロージャー（CDF）、企業会計原則や企業の社会的責任（CSR）、気候関連財務情報開示タスクフォース（TCFD）やサステナブル金融、引いてはSDGsによるサステナブル社会構築」などにまで広く社会へ影響を及ぼしている。

　地方においてこそ、人が人らしく精神的、環境的に豊かな生活が得られるのではないだろうか。しかし市民は、森林問題、エネルギー問題、地球温暖化問題を「自分ごと」として一歩踏み出し行動せねば解決はしない。

　最後に「SDGsと木質エネルギー」に関する関係性を**図11－6**に示す。

　図の中心には、SDG15の「陸の豊かさも守ろう」を中心に据えた。この意味は、これまでもこれからも、暮らしや産業にも無くてはならないものが森林で、社会の心柱ととらえても良いほどのSDGと思うからだ。多くの地方自治体には、50〜90％もの森林がある。47の都道府県中、森林率が50％以下は東京、中部、大阪地区の2割の10の都府県だけである。

　図には、SDG15を中心に8個のSDGが取り巻いており、それらはすべて関係性を持ち、特にSDG7（エネルギー）とSDG11（建築）とは密接にSDG15とつながっている。また、SDG9、SDG12もSDG7の木質燃料生産という点で関連している。

　SDG15とSDG7、SDG9は量的にも質的にも整合性が取れた生産システム関係であるなら、治水治山も海の豊かさも生態系保全維持もな

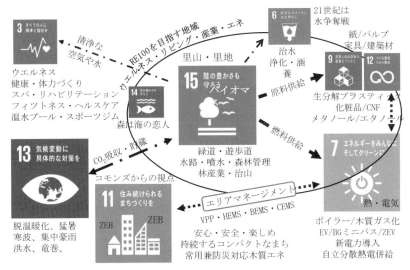

図11－6　SDGsと木質エネルギー

出所:竹林作成

されると考える。さらに大きな点は、その関係性の上にSDG13が関係し、気候変動対応の善し悪しをも決めるともいえる。

　このような、SDGでの関係性をしっかり考え、地域の特性を活かしながら、森林の活用をはからなければいけない。

森林活用による持続可能な社会

環境省事務次官
中井徳太郎氏 ✕
林野庁木材利用課長
長野麻子氏 ✕
東京大学教授
藤田 壮氏

2020年10月シン・エナジー株式会社にて収録

森林という資産の活用の観点で、
中井氏には、環境問題、生物多様性、地域循環共生について
長野氏には、森林と木質によるエネルギーと建築などについて
藤田氏には、まちづくりとグリーン・エコインダストリーパークについて、
語っていただいた。

「地域循環共生圏」の確立で「気候危機」を克服する

——— 本日は、環境行政の要である環境省事務次官、林野行政で木材利用の最前線で指揮を執る木材利用課長、そして循環型社会の構築を長年実地に研究されてきた都市工学科教授という3人の方にお集まりいただきました。

　まずはそれぞれの守備範囲で、森林という資産の活用の観点から、起きていることについて、その概要をお伺いしたいと思います。

中井　今、新型コロナウイルス危機の真っただ中で、同時に気候危機といわれる状況にあります。ハリケーンや森林火災に加え、気温もヨー

ロッパで46℃、カリフォルニアで54℃、シベリアで38℃といったあり得ない状況が世界で発生し、日本でも2019（令和元）年は台風15号、19号の大きな被害が、また2020（令和2）年は梅雨時の九州での豪雨災害、夏場には深刻な熱中症の多発など、異常気象や災害が出ています。

　政府も令和2年度版の環境白書に、この状況は「気候危機」ともいえると記しました。環境白書は正式な政府文書で、6月12日に閣議決定して即座に公表し、小泉進次郎大臣が環境省として「気候危機宣言」を出しました。

　コロナ危機と気候危機、この二つの危機の中で、今、世界も日本も大変な状況ととらえています。そんな中、私たちの行きつくべき道筋として、環境省は2018（平成30）年に出した第5次環境基本計画の中で、「地域循環共生圏」という構想を出しています。これは、2015（平成27）年の「国連持続可能な開発サミット」で採択されたSDGs[(1)]、あるいは同年の「気候変動枠組条約第21回締約国会議」で採択されたパリ協定[(2)]以来の大きな世界的な動きの中で、持続可能な社会経済の姿、災害にも強いレジリエントな姿を示したものです。森林資源や水や空気や食べ物、観光資源を地域の資源としてとらえ直し、それをなるべくその地域で自立して回していこう。そういう地産地消型の発想に立つ構想です。

　ただ、そうは言っても人口集中の大きな都市空間ができ、一方、農山漁村では人口が減少するという現象がこれまで続いてきています。そんな中、それぞれが地域の資源を見直して自立しようという意識の覚醒をもって臨んでも、それぞれがすべてをまかなうことは難しいことです。

　例えば、人口300万人の横浜市で、2050年までの30年でゼロカーボン（脱炭素）を目指すとしても、横浜の中だけでは必要とするエネルギーを満たすことができません。そこで、連携する東北の市町村から風力やバイオマスのエネルギーを導入する。こうした広域連携を行

う必要があります。そのための動きはすでに一部は始まっています。

　生命活動を支える基盤が、うまく循環していく持続可能な社会。生き物すべてが折り合いをつけ循環共生する社会。環境省としては、この構想を究極なものとして政策を打っています。

　今、地球を一個の生命体として人間の体に例えると、病気の状態です。お酒を飲み過ぎて肝臓に負担がかかった状態。そこで週末はお酒を抜いたり、自制する。そうすれば元へ戻ることができる。地球も産業革命以降、便利さ、快適さを求める中で、大量生産、大量消費、大量廃棄を続けてきました。化石燃料を休むことなく使い続け、一方で森林、熱帯雨林を毀損し続けて光合成をする"肺の機能"を毀損して都市空間を作ってきました。

　こうしたことを恒常的に続けていることで、すでに地球は肝硬変に近い症状に至っています。すでに病気の症状は出ています。病状と付き合いながら、根本的な体質改善を図るしかない状態なのです。

　そのためにはパリ協定で謳われるように、人為的な温室効果ガスの排出と吸収源による除去の均衡に資する緩和政策が必要です。同時に、地球温暖化、熱帯化に伴う農産物の品質の悪化への対策など、変化に適応する政策も必要になります。

　環境省も脱炭素社会、循環経済、分散型社会への移行、小泉大臣が「三つの移行」と呼ぶ、こうした社会への移行を通じ、よりサスティナブル（持続可能な）な社会の実現を目指しています。

　この「三つの移行」により、「地域循環共生圏」を実現し、地球は病気から健康体へ移行します。こうして実現する社会を、環境省は「環境・生命文明社会」と呼んでいます。

　2020（令和2）年10月26日、菅義偉首相は所信表明演説の中で、国内の温室効果ガスの排出を2050年までに実質ゼロとする「2050年カーボンニュートラル」を宣言しました。

　この宣言は少々衝撃的ではありましたが、この機会に人と森林との付き合い方を、脱炭素という文脈でとらえなおす必要があると思いま

す。

　先日、宗像国際環境会議 [3] に出席し、常若産業宣言を出しました。常若は、式年遷宮のサイクルを言い表しています。常に生まれ変わり、みずみずしく生き生きとしている。常につないで生まれ変わっていく持続性は、日本の文化の背景にある自然観でもあります。

長野　日本の国土の７割は森です。木も森も往古よりなじみ深い存在で、スギやヒノキの名は、最初の歴史書である日本書紀にも用途とともに記されています。日本は、言わば木とともに歩み、森に育まれた文明を築いてきたわけです。

　その長い歴史が、戦後一変しています。鉄、コンクリート、プラスチック、いずれも大変便利なものですが、すべてがそこへ置き換わってしまいました。そんな中、森や木は忘れられてしまいつつあります。

　"木を失った社会"は、"木が木かない"社会かもしれませんが、鉄筋コンクリートの校舎の中で育つ子供たちは、そのことに"木がつきません"。

　今、気候危機をめぐって感じることは、自然との付き合い方を間違え、自然の一部である人間の活動が肥大化し過ぎて、自然の回復スピードを超える影響を与えてしまったということです。

　繰り返しになりますが、日本は７割が森です。日本の昔ながらの暮らし方、技術を用いていくことで、本来一番身近であるはずの森とつながっていき、"木がつく社会"にしていく必要があります。

　水を育み、酸素を生み、食物を育み、生き物を育む森の多くは、植林を通じて先人たちが苦労して築き上げ、脈々と守り続けてきたものでもあります。戦後の拡大造林は、建材に適したスギやヒノキを多く植えたことで、花粉症を引き起こすという副作用もありましたが、その木々は、今、半数以上が50年生を超え、切って使われるのを待っています。

　ところで一度人手を入れた森は、ずっと手を入れ続けないと維持できません。手を入れて、森をもっと上手く使う必要があります。

環境省事務次官：

中井 徳太郎（なかい とくたろう）

1985年東京大学法学部卒業。同年大蔵省（現財務省）入省。同省広報室長、東京大学医科学研究所教授、財務省理財局計画官、主計局主計官、環境省大臣官房会計課長、秘書課長、大臣官房審議官、廃棄物・リサイクル対策部長、総合環境政策統括官などを経て2020年より現職。

これまで林野庁は、森や木の重要性を訴えかけてきましたが、なかなか訴求力のない状態が続いてきました。それが今、SDGsの動きの広がりから、経済界にも届きつつあります。

都市に木材を使う、建物はじめ、いろいろなものに木を使うことは、都市に炭素を固定する第二の森林をつくることになり、脱炭素に効果的です。"木がきく社会"にしていくことを、今から進めていかなければいけないと思います。

農林水産省は、「農林水産業の2050年 CO_2 ゼロエミッション」の達成を打ち出し、先ごろ、環境省との連携強化を大臣間で合意しました。中井次官のお話にもあった「地域循環共生圏」も連携の対象です。

"木って、使って、また植える"ことで循環させていくことを林野庁として進めていますが、その用途には、建築物のマテリアル（素材）のほか、プラスチックの代替としてのリグニンやセルロースの利用も始まっています。また、端材は紙にする、バイオ燃料にするなど、先人が育て、太陽の恵みを受けた木を、より効率的に利用することも進めています。

森との付き合い方を、木の使い方を通じて見直すことは、脱炭素社会の実現のための解決策の一つであると考えています。

藤田 私は学生に授業をする際、気候変動は成人病、だから特効薬は

ないと話します。みなさんはまだ実感できないだろうけど、高血圧や脂肪肝になったら、生活のシステムを変革しないとだめだ。手術も特効薬もないと。

　気候変動というのも、それと同じようにしくみを変えないといけない。それは一朝一夕にはできないことだから、今、この時代に変えないといけないのだ、緊急的、不可避的なことだと説明すると、学生は納得してくれます。

　私もかれこれ20年、30年と教鞭を執っていますが、1997（平成9）年の京都のCOP3 [(4)] のときよりも、今のほうが学生は危機感を持っています。

　気候変動に対しては、産業界、林業界、それから市民も合わせて改革をしようという機運はあります。果たしてどこから手を打つかということが課題です。その中で重要なリソースとなるのが森林であろうと思います。森林の重要さは3点ほど挙げられます。

　まず1点目は、森林は再生資源です。枯渇することが無い。この点は太陽光や風力と同じです。

　2点目は、ゼロカーボンでなくマイナスカーボンであること。2050年にゼロカーボンを目指す場合でも、その時点で化学産業を含めて化石燃料を消費、燃焼させる必要は残念ながらあるかと思います。その場合、どこかでカーボンマイナスである必要があり、分離・貯留炭酸ガスと太陽光発電とで作る水素を合成して燃料や化学品を生産するCCUS [(5)] か、森林、農業で炭酸ガスを直接使うか化学合成農薬などとしてCCR（Carbon Capture & Reuse）活用のほうが、現実的ではないか。実はそれを福島県でそういうプラントができないかという話を、今、化学メーカーとの間でしているところです。

　3点目は、森林は地域になじみがあるということです。都市計画を専門にする立場としては、申し訳ないが太陽光は屋根付きでないと、ブラックホールができるようなもので迷惑施設であると思います。また、洋上風力にしても陸上風力にしても、景観上の問題がある。それ

に対して森には我々は親和性を持っています。それが里山であろうが人工林であろうが、我々がその文化的な恵みを受けるということで、それを活用する意味が、よりいっそうあると思います。

　では、どのように活用するかということを研究の立場から考えると、いろいろなものを複合化、統合化しないといけないのではないだろうかという気がします。福島県新地町で実際に地域エネルギーの事業に小さなコージェネレーションシステム（CGS：Cogeneration System 熱電併給システム）を入れましたが、コロナ時代に入ったことで需要がぐんと下がってしまいました。元来そんなに儲かるものではないので、この事業をどうやって維持するかということになりました。

　やはりエネルギーとして使うよりも、建設系の製材として使うほうが10倍近くの価値があるようです。森林白書を拝見すると、外材に対して価格競争力がかなり出てきている。実際に製材として使いながら、なおかつ外材と競争力を持つような地域材を使った地産地消の仕組みをつくる。そしてエネルギーも活用し、端材も使うような、森林・エコインダストリーパークのようなものを作る。それを持続的工業団地として考えることは、林野庁的な政策も必要ですし、産業政策も必要。また需要との連携でいえば環境省、国交省の政策も必要。そういうグリーン・エコインダストリーパークを考えていくことが鍵だと思います。

　それは都市から離れたところにあるのでなく、その周りに都市を立地させる。フィンランドやスウェーデンが行っているような形です。グリーン・コンパクトタウンのような発想で、森林に都市を寄せていく。これを20年、30年の戦略で考えると空間も制御できる。

　そうした産業と森林と都市を融合するような空間を、ぜひとも一つでも二つでも実現させることが鍵だと思います。

森の中で働くと人間性が回復する

—— 次に、より具体的な事柄に入っていきたいと思います。今、この時点でそれぞれの現場の動きはいかがでしょうか。

中井 菅政権になって、縦割りの打破、悪しき前例の踏襲の打破という号令がかかっています。先ほど触れた「地域循環共生圏」も、エネルギーから衣食住、ありとあらゆるものとつながっている。それをやろうとすると環境省だけではできなく、経産省、国交省、林野庁なども関係してきます。縦割りではできない。

今回の所信表明では、「脱炭素社会の実現に向けて、国と地方で検討を行う新たな場を創設する」としています。国も地方もシームレスに、また官民合わせてやっていく。地域や産業が連携し、"病気"の症状が改善していると実感できる実態を作っていく。その成果として、例えばグリーン・エコインダストリーパークも是非やっていきたいなと思います。

木が使われると、より脱炭素になる。そのためにはまず、都市空間で森林資源を活用することは、こんなにいいことですよと可視化することが必要です。

長野 オンラインの利用で、企業がオフィスを地方に分散しようという動きがあります。

このシン・エナジー社のオフィスは素晴らしく、生産性が高まります。こういう木のオフィスでは、自然素材に触れることで生理機能が高まり、ストレスが下がる、コミュニケーションが増えるといった利点があります。

今、こうした内装を木質化したオフィスの効果を実証する事業も行っており、CO_2の固定量などに加えて、働く人や企業の経営者にとっての木材利用の経済的な価値についても実験して出していきたい。研究室レベルでは、スギのにおいの効果といったものは出ているが、働

いてみてどれくらいの効果があるのかは実証されていないので、今年度やっています。

そうしたことを実験しながら、私たちの先祖がなぜ木を使ってきたかを、データを集めて人々に「見える化」したい。今は計測も低コストでできるようになっているので、人の生理機能への働きなどについてもエビデンスをとっていきたい。

また、森の中で働くと人間性が回復します。IT企業など、電脳空間で働いている人たちが、一週間森での研修も始まっており、受け入れる地域側にも雇用を生みます。木材以外に森林を有効に活用する森林サービス産業を盛り上げていき、都市と山村の間にもそういう良い循環ができるようにしていきたい。

こうしたことも林野庁もいろいろ発信はしていますが、なかなかうまく皆さんにお伝えしきれていないので、環境省などと一緒に時代の流れに乗せていきたい。

中井　環境省は、気象庁と連携して「熱中症警戒アラート（試行）」を出しています。これは最初には首都圏でしたが、次年度は全国に広げる予定です。

ワーケーション[6] は環境省も、国立公園、自然公園でやりましょうと提唱しています。小泉環境大臣も磐梯朝日国立公園で体験しましたし、環境省の職員も率先して試みています。

今、環境省ではESG[7] 金融ハイレベル・パネルの旗振りをやっています。金融機関は事業性評価の方法など、いろいろな金融ツールの研修を行いますが、それこそパソコンとにらめっこです。そういう研修を川遊びでするような場でやると良い。実際に京都信用金庫では、京都府の笠置町の森林で実現させています。そうすれば金融機関も、半沢直樹のような血の通ったお金の流しかたをする気になる（笑）。

都市の緑化や都市の中での木材利用は、間違いなく健康効果やCO_2削減など、さまざまな利点があります。加えて自然の片鱗に触れることで、自然の大事さを知ることができます。これまでは国から声をか

けた動きでしたが、今度の新型コロナウイルスの問題で、3密回避のためのリモートワークの動きが出たことで、ワーケーション的なことは、むしろボトムアップ型で可能性が出てきた。ここが押しどころだと思います。

グリーン・エコインダストリーパークの可能性

藤田　コロナ問題が都市の規模を変えるのではないかという期待と不安の両方があります。国立公園などもワーケーション的なところですが、都市のフリンジ（外辺）も重要です。我々がいきなり熊本県の阿蘇や新潟県の佐渡にサテライトオフィスを持てるかというと自信がありませんが、栃木県の宇都宮郊外や日光に持ちたいという発想なら、都心に集中しようとする経済的圧力が分散していきます。これは、不動産会社は認めたがらないので、我々も"都市工（都市工学）"的には言えないのですが、その可能性はあります。都市のフリンジの価値がもっと出てくるということです。

　文化的価値、生態的保存価値についても都市の住民はすでに価値を認めていると思いますが、同時にエネルギー生産価値や資材生産価値などについても、もっと実感することが重要です。グリーン・エコインダス

東京大学教授：

藤田　壮（ふじた つよし）

1984年東京大学工学部都市工学科卒業。博士（工学）。大成建設㈱勤務を経て、1991年米国ペンシルベニア大学大学院都市計画修士課程修了。大阪大学大学院工学研究科環境工学専攻助教授、国立環境研究所水環境質研究長などを経て2020年より現職。

トリーパークを、そこに使えないかと思います。

　今までは職住近接が実現できませんでしたが、それは公害があったからです。環境汚染が無くなってくれば、職住はもっと隣接していい。10万人規模がそこに集まり、その中心的なグリーン・エコインダストリーパークには、製材所も住宅工場もあって、食品工場もある。また素材産業もある。そこで要するエネルギーは、バイオマスエネルギーと複数の自然エネルギーを組み合わせて提供する。

　実はこのグリーン・エコインダストリーパークというのは、世界で日本が一番進んでいる分野であり、ヨーロッパでもそのように認識されています。そもそもグリーン・エコインダストリーパークは1990（平成3）年ころに始まった概念で、当初はアメリカが先行していましたが、ブッシュ政権時代に政策上なくなりました。一方、日本では、1996（平成9）年度に環境省と経済産業省の連携事業として始まったエコタウン事業⁽⁸⁾が、現在26地域承認されています。それを見た中国は最近、生態系工業団地という政策を打ち出しています。また2015（平成27）年からはG20⁽⁹⁾でもインダストリアルシンビオシス（産業共生）やインダストリアルエコロジーの部会ができています。私のところにもスコットランドやイタリア、フィンランドから、日本の産業共生の事例を知りたいという問い合わせがきています。このエコタウン事業を、今もう一度活用していくのも方法です。

　あらためて木材について資材の供給と需要の関係を産業連関表などで見ると、東京、横浜に圧倒的な需要があり、それをまかなうためには青森まで供給圏を広げても間に合わない。だからと言って北海道まで広げるのは現実的ではない。だから東京、神奈川は外材も使う。一方、福島、栃木、群馬、埼玉、山梨でグリーン・エコインダストリーパークを組む。距離を離すとコストは上がります。我々の調査では生ゴミは20km、貴金属では100km以上。そこで50km圏のエリアに需要と供給を集めて、最初のショーケースとして日本発のイノベーションを産官学合わせて見せる。見せるための事業、研究とする。また、東

大ラボが地元大学といっしょに産学連携の拠点にする。そんな発想と
ワーケーションがつながれば発信力が上がるような気がします。

中井　ぜひ具体化したいですね。

長野　SDGs 未来都市 ⁽¹⁰⁾ など、いろいろな取り組みが具体化すると
ころにきていますから。そういうアイディアをたくさん持ち込んでい
きたいですね。

藤田　SDGs 未来都市については、先日 30 都市のヒアリングを半分
リモートでやったところです。合計 90 が指定され、30 がモデル事業
都市。三分の一は森林バイオマスを活用する内容です。ただ、中には
昔は有名だったけれども疲弊しているところもなくはない。内容は
ワーケーションでも観光でも、あるいは資源循環でもいいから、トッ
プランナーをつくる時期にきているような気がします。

ワーケーションから社会保障費削減へ

──── さまざまな取り組みが、今、像を結ぼうとしていることがよ
く分かりました。ただ、具体化していくに際しては、それぞれ障害や
問題点も付き物だと思います。また、逆に取り組みがもたらす副産物
もあろうかと思いますが、その点はいかがでしょうか。

長野　木は伐っても 50 年に 1 回しかお金が入りません。現状の製材
価格だと利益が出るようにするには、バイオなどさまざまな手段を加
えてもギリギリぐらいのため、なかなか森の仕事をする人もいない。
そのため、伐るのと並行して、ワーケーションや森林セラピー、ある
いはキノコや山菜採りなど、空間を利用した森林サービス産業を行う
ことで収入が入るようにする。こうしたアクティビティーが提供でき
るようにしたらいいと思います。

　健康になると社会保障費が減ります。病気になってたくさんお金を
かけて治すより、病気になる前に、少しお金をかけて健康である方が、

みんなにとって良いことです。森林セラピーなどのアクティビティーは、こうしたことにも貢献できます。医療費に保険金を支払う立場の関係する生命保険会社などともいっしょにやれたらいい。実際、太陽生命は、会社の健保から費用を負担する形で森林セラピーなどのアクティビティーへの参加を奨励しています。

増大する社会保障費、その一部が森に来ることで、かえって社会保障費の縮減にもつながるような未来を期待しています。

中井 少子高齢化の中、医療費、年金、介護と、みな国庫負担があります。その増大による圧迫から、日本はバブル崩壊以後、ほとんど国家的投資をせずにきています。森林の活用などへの投資の結果、医療費も介護費用も抑えられる、そういう国を目指すしかないですね。

藤田 最近都市計画にも、ヘルスタウンなど健康の概念が入ってきています。筑波大学がイニシアティブを取るスマートウェルネスタウンなどがあり、新潟県見附市などで進められています。ウォーカブルタウン（シティ）[11] を目指して健康を保ち医療費を減らそうという試みです。そこまで含めてコンサルティングをしています。

ただし、都市と健康というものではあっても、その先に気候変動への適応や、森林をどう生かすかといったところまでの展望は開けていません。

東京大学には現在、都市工学科に教授は20人いますが、森林が分かる人は緑地学の横張真さんひとり。そしてエネルギーは私だけです。街づくりを変えていくためには、しくみを変えていかないといけません。国交省が進める立地適正化計画[12] がボトムアップで森林活用タウンに変わるとは考えにくく、エネルギーの話にしても需要の立地をまったく考えていない。

森林と都市と健康、これらを組み合わせるとなると、ほとんどの省庁が網羅されることになる。そういう中で分かりやすいビジネスモデル、しかも30年くらい先まで見すえたものを示していかないといけない。その中で、例えば最初の5年間で森林と健康を具体化して進め

ていく必要があり、具体的なアクションを起こしていかないといけません。

　私は30年間、環境に携わっていますが、環境というテーマにはブームがあります。私が経験したブームは3回あり、最初はCOP3のとき、2回目は美しい星50 [13] のとき、それから今回です。私が助手になったときにも「公害はブームがあるから気をつけろ」と言われましたが、その通りでした。

　環境は生活必需財でなく、長期財なので、一定のサイクルがあります。日本は今のブームを逃すと、デファクトスタンダード（事実上の標準）を韓国と中国に全部握られてしまうかもしれません。そうなると関連するものを外国からすべて輸入しないといけなくなります。産業界にはそういう逼迫感もありますから、それをうまく形にできるといいと思います。

中井　繰り返しになりますが、10月26日の所信表明演説で菅首相が「2050年カーボンニュートラル、脱炭素社会の実現を目指す」と宣言し、「脱炭素社会の実現に向けて、国と地方で検討を行う新たな場を創設する」としました。環境省は、これに深く関わっていきます。そのアウトプットとして、グリーン・エコインダストリーパークなども作りこみしたいですね。完全な政策動員型で、シームレスでね。

長野　自分たちがどう進めていくか、見せないと分からないですからね。

不可欠な林業DX

藤田　もうひとつ、森林の賦存度（潜在的可能性）が豊かになってきているということがあります。以前は木造住宅のLCA [14] などをやっても、マーケットと乖離が大きかった。それが最近ではマーケット的に勝負できるようになってきた。あとは規制緩和だけでどこまで流通できるか、それ以外の手当てを打つかというところです。

林野庁木材利用課長：

長野 麻子 (ながの あさこ)

1994年東京大学文学部フランス文学科卒業。同年農林水産省入省。フランス留学、バイオマス・ニッポン総合戦略検討チーム企画官、㈱電通出向、食料産業局バイオマス循環資源課食品産業環境対策室長などを経て2018年より現職。
「日本の森林を次世代につなぐべく、各地でウッド・チェンジを叫んでいる」

現状では木材利用は低層住宅では8割、低層ビルでもそれ以外の建物は3％という状態です。工場なども鉄骨やプレハブだけでなく、備品や什器への木材の使用を誘導することが必要でしょう。おそらく法律上の制限が解除された木造15階建てを実現するより、そちらの方が、リアリティがあるでしょう。

長野 林野庁では今、そのようないろいろなものを木に代える「木づかい運動」、「ウッド・チェンジ」というものを進めています。お施主さんたちにも入ってもらっています。そういう人たちの方が、お客さんのためにどういう店舗づくりができるかと考えていますから感度が高い。マクドナルドの店舗を木造で建てていただきましたが、鉄骨よりも国産の木材の方が軽いので基礎への負担も少なく、工期も短く人件費も安くなり、全体のコストが下がったそうです。今度はセブンイレブンにおいても木造で建てる予定があります。

　ただし木造といっても、例えば住宅の場合では現在外材を利用したものが半分を占めています。これには強度の問題もあるのですが、この点はほぼ克服できてきています。ただ、ハウスメーカーに話を聞くと、それ以外に大量の需要に対する安定供給の問題があるといいます。

中井 それができるようになるには、製材工場などがネックになりますね。

長野　今、IT が進んできていますから、需要データを事前に山側に共有できれば良いと考えています。需要と山を直接つなぎ、山で在庫を管理するようにして、建築確認にかかる準備期間に切って製材・乾燥する、そういうマーケットインの方法を検討しています。生鮮品と違い腐りませんから、私はこれが可能だと思っています。そのための林業 DX（デジタルトランスフォーメーション）⁽¹⁵⁾ を進めていこうと思っています。

　また、日本でも無断伐採の問題があり、トレーサビリティのシステムも必要です。産地を登録・確認できるようにすることで、消費者と直接つながり、付加価値を高めていけると思っています。

藤田　木材はそれぞれカーボンの背景が違いますから、プロファイルしてラベリング化する。DIY の店には、それを表示させる。GPS トラッカーなども安くなっていますから、かなり高精度に把握できます。

長野　昔だと専用の管理端末を使わないといけなかったものが、今ではスマートフォンでできますからね。

藤田　ある程度の動きは衛星で見えますから違法伐採は外から監視できます。製材化する際にはトラッカーを渡して動きを追う。そうすると、例えば宮崎で切った木を博多で使うなら輸送コストはあまりかかっていないが、大阪まで行っていると輸送コスト的に良くないといった判断もできるようになります。

長野　国交省の建築部門では、ビルディングインフォメーションモデリング（BIM）⁽¹⁶⁾ を導入して建材をデータ化して簡素化を図ろうとしています。鉄鋼などはデータ化が進んでいるのですが、木材はまだです。データ化していないことで選択されなくなっては困るので、なんとか実現したいと考えています。

藤田　鉄鋼はミルシートで、どこで作ったどのような質のものか、把握できるようになっていますね。木材はそれが無いのですか。まずは DX よりデータ化からですね。

長野　データ化することで、山での在庫管理ができるようになり、合

法性が確認された木材しか流通できないようにしていく必要があります。

藤田 流通の管理、DX は、林業のサプライチェーンのためというより、日本サプライチェーンのためだ、そのモデルプロジェクトの一つが林業だとしていくといいと思います。

統計には出ていませんが、プレカット材のウェイトが増えていますね。そうすると注文生産、注文設計でなく、ある程度規格品化できる。それにスマート情報を入れると、きわめて効率的にサプライチェーン管理ができる。そうなると３割ぐらいコストを下げることができる。実現すれば外材に対して優位が出てくる。そういうサプライチェーンを確実に維持しようというのが大事なところです。それが実際の需要とつながるように誘導する。

さらにそこへワーケーションや子供たちが親しめるような工夫を加えた総合政策でやれるところを、ぜひ始めていただけると、地域も地方も元気が出ます。

長野 外材については、高度成長の時に木が育っておらず木材が足らず、輸入自由化して入れた経緯があります。外材のサプライチェーンが構築されました。先祖が残してくれた資源があるのですから、これから国産材のサプライチェーンを作り上げるところです。

藤田 ストック量から、茨城、名古屋、広島の供給量が多い。そこが輸入材の拠点になり、プロダクトチェーンができている。悪い言葉で言うと、そこを効率的に不利益にしてしまえばいいわけです。適正なサプライチェーンをつくるということは、菅首相の言葉にもありました。資源循環がレジリエンス（復元）につながるという話にしないと、廃棄物の再利用だけだと、どうしても分別のコストが合わないなどの問題を抱えてしまいますから。木材を適切にストックに組み込んでいくことはどうしても必要です。

企業で進む木質化への取り組み

───　やはり目標に向かって民間を導き、その主体的な動きを手助けする政府の取り組み、舵取りが重要になりますね。民間の側、企業の側の具体的な動きはいかがでしょうか。

長野　木材が使いやすいように建築基準法の改正を進めていただいたことで、今では中高層のビルも木造で建てることができます。鉄骨と木をハイブリッドで使うことで現在、銀座で12階建ての木造ビルの建築が進んでいます。また純木造の7階建てのビルももうすぐ完成します。ある程度規格化し量産できるようになると、サプライチェーンもつながっていくと期待します。

藤田　そういうモデルを類型化、パターン化してほしいと思います。そして大都市で、あるいは中核都市で、地方で何ができるか、その面的な効果を林野庁や環境省で予測してほしい。そしてターゲットとしての2030年、2050年へ向けたロードマップを描くことと合わせると、菅首相の宣言が非常に具体的な道筋として現れてきます。国民の理解が違うレベルに変わってきます。

　所信表明で触れたせいでしょう、テレビのワイドショーでパリ協定の話が出ているのを見ました。これは感慨深いことで、明らかにCOP3のときより国民の脱炭素への危機感が上がっていることの表れでもあると思います。国民の脱炭素への意識を、健康に対する意識ぐらいのところまで転換させていく誘導していくことが同時に必要な気がします。

中井　2019（令和元）年にコクヨが「環境省グッドライフアワード環境大臣賞」を企業部門で受賞しました。什器もみな木質化に取り組んでいます。一部上場企業が、求める品質クオリティに耐えられるものを探したところ、高知県四万十町の製材所があった。その森の循環系まで含めて企業が間伐までフルコミットして十数年かけて実現し

た。そういうストーリーのあるビジネスモデルです。

長野　銀座で 12 階建ての木造ビルを建てているヒューリックは、も
しビルが建たなかった場合には社債の利率を上げるという内容のサス
テナビリティ・リンク・ボンドを発行して建設計画に臨んでいます。
また、植林も同時に行っています。そういう企業が増えていくと、実
直に森を引き受けてきた人たちも元気が出ると思います。

　林業従事者は労働条件も良くありません。そのため、伐り出す人も
足りません。給与も安全性も確保したうえで増やしていかないといけ
ない状況にあります。山を引き受ける人にきちんとお金が入る良い循
環ができるといいなと思います。

七つの重点目標

――　まとめとしまして、今回の鼎談のテーマである、森林活用に
よる持続可能な社会の実現へ向けて必要なこと、そして掲げるべき目
標としては、どのようなものが挙げられるでしょうか。

藤田　資源がどのように供給側で循環するかという話と、先ほどの例
でいえば、マクドナルドは分かりやすいショーケースになると思いま
す。加えて、そこが再生エネルギーを託送し、ネットワーク事業でゼ
ロカーボンの再生エネルギーを使う。そして交通もローカーボンにな
る。こうしたことを次から次に、木材からエネルギーに、あるいはエ
ネルギーから木質へと進んでいく。そういう道筋を示していただきた
いですね。

　私は、ヨーロッパの研究者と、SDGs 都市の比較研究を年に 1 回、
定期的に行っています。ヨーロッパとアジアのショーケースを比較し
ようということです。そうすると SDGs の 17 項目を全部網羅してい
るかという勝負ではなくて、いかにシナジティック（作用、連携）に
しくみをつくっているかというところになります。

気候帯も違いますから、森林の活用という点ではアジアの有利性があります。世界のデファクトスタンダード（事実上の標準）のSDGs、それからポストSDGsに展開できるという意味では、今まさに脱カーボンの実践を行っていくことの意義は大きいと思います。

長野　今、街づくりを考える時期にきていると思います。人口が減少した中で、どう街をつくっていくかを考えないといけない。そのとき、人が住むにはエネルギーが必要なので、それもいっしょに考えることが大事です。安ければどういう電気でもいいというわけではなく、再生可能エネルギーを使っていく。そうすれば再生可能エネルギーの価格も安くなっていくわけですから。その時々に身近で使える資源を考えることは、地域でお金が循環し、森から街にエネルギーがつくられていく方向へつながっていくのだと思います。

藤田　ドイツ人の方と10年ぐらい前に議論した際に、ドイツではバイオマスは調整電源に使っていると聞きました。地熱と太陽光と風力で変動があるので、その変動のピークに対してバイオマスを使っていると。ダメだったら化石燃料をボイラーで燃やす。日本もバイオマス発電をするものが、周辺の風力、太陽光と有効につながる必要があります。経産省もアグリゲーションとおっしゃっていますが、具体的に需要家とエネルギーと森林と組み合わせるところが必要です。道筋とエンジニアリング的な方向性は、我々が技術者といっしょにつくりますが、それを認証して最後に検証するという作業が3年ぐらいの期間でやれると形になります。これに10年かかると、需要家も我々も疲れてしまう。環境疲れみたいなことを感じてしまいます。

長野　木質バイオマスは、FIT⁽¹⁷⁾で発電に偏ったのですけど、我が国のエネルギー需要全体では、電気は4割ぐらいで、残りは主に熱で、半分以上を占めています。木質バイオマスの優位は、おっしゃるとおり、太陽光と違って天気に左右されずにシステムがあれば使えることです。それらがうまくミックスできればいいですね。

藤田　技術的な議論だと、再生可能エネルギーは蓄電池が要るという

ことになりますが、
複数のエネルギーを
ミックスする、需要
側もうまく組み合わ
せて平準化する。ま
たEV（電気自動車）
を本当に普及させた
場合、クラウド化で
きるはずです。その

場合、大きな蓄電池を用いるようになります。

　一方、熱は残念ながら10kmは運べません。以前は日本では1kmまで
といわれていましたが、断熱をすれば5〜10kmの範囲までなら大丈
夫です。これは実例もあります。

　そうすると、グリーン・エコインダストリーパークの周りにコンパ
クト化都市を持ってくる意味が出てくると思います。

長野　北海道下川町や岩手県紫波町のように、街をデザインするとき
に熱循環を入れるというのもあるし、熱が運べないなら、チップかペ
レットで運ぶという方法もあります。需要地の近くに小さいものでも
熱供給施設を置いてシステム化するというのもいいですね。

藤田　下川町は24軒しか熱供給は広がっていません。なにしろ人口
が2,400人ですから難しい。もう少し人口が大きい旭川市とか、紫波
町でももう少し宮城県仙台市に近いところなら可能かもしれません
が。既存の需要もそうですが、気候変動に対応する土地利用の変更、
立地適正化計画もあり、エネルギー供給計画でも土地利用に言及する
といわれています。そのようにバラバラにやってしまうよりも、国民
の第一目標である気候変動に向けた空間改良を、エビデンス（根拠）
をもっていえることが望ましいでしょう。

　そのためには森林活用が必要です。森林活用により持続可能な社会
を実現するために、なにか重点的な七つのアクションといった目標が

必要かもしれません。今日話題に上ったものから挙げると、「ワーケーション、木材のサプライチェーンの適正化、エネルギーの地産地消、グリーン・エコインダストリーパーク、コンパクト都市、それに健康、IT」を入れた七つでしょうか。

用語解説

（1）SDGs

2015（平成27）年、国連本部で開かれた「国連持続可能な開発サミット」で採択された、貧困をなくす、飢餓をゼロになどの17の目標と169の達成基準からなる国連の持続可能な開発目標。

（2）パリ協定

2015（平成27）年にパリで開催された第21回気候変動枠組条約締約国会議（COP21）で採択された気候変動抑制に関する多国間協定。各国の温室効果ガス排出削減目標を作成、提出、維持する義務、その目的を達成するための国内対策を取る義務を負う。気候変動枠組条約に加盟する196カ国が参加。のち、アメリカの離脱などを経て187カ国が批准している。

（3）宗像国際環境会議

2014（平成26）年から福岡県宗像市で毎年開催されている「海の鎮守の森」構想を掲げ、玄界灘の海水温度の上昇による沿岸部の磯焼け、漂着ごみなどの問題を中心に扱う。

（4）COP3

第3回気候変動枠組条約締約国会議。1997（平成9）年、京都で開催され、CO_2（二酸化炭素）をはじめとする温室効果ガスの原因物質の排出抑制のため、先進国に削減目標を定めた京都議定書を採択した。

（5）CCUSとCCR

CCUSはCarbon dioxide Capture Utilization and Storageの略であり、分離・貯留したCO_2とゼロエミッション型水素を使い化学品や燃料などを作り出すカーボンリサイクル技術。簡略化しCCR（Carbon Capture & Reuse）ともいう。CO_2を炭素資源としてとらえ、回収して炭素化合物として再利用（リサイクル）すること。

（6）ワーケーション

リゾート地などでのリモートワーク。

（7）ESG

「Environmental（環境）」「Social（社会）」「Governance（企業統治）」
環境・社会・ガバナンスの三つの観点での配慮すること。また、それによる企業経営。ESG観点から判断して行う投資をESG投資と呼ぶ。2006（平成18）年、当時のアナン国連事務総長が金融業界に向けて提唱した「責任投資原則」（PRI）を実践する際の指標である。

（8）エコタウン事業

1996（平成9）年に創設された環境省と経済産業省の連携事業。「ゼロエミッション構想」（ある産業から出るすべての廃棄物を新たに他の分野の原料として活用し、廃棄・排出物をゼロにする構想）を地域の環境調和型経済社会形成のための基本構想として位置づけ、環境調和型まちづくりを推進することを目的とした事業。自治体、民間団体の申請を受け、両省が承認、助成などの支援を行う。現在までに26地域が承認されている。

（9）G20

サミット（主要国首脳会議・G7）参加7カ国に中国、インド、ブラジルなど11の新興国を加えた主要20カ国。1999（平成11）年より財務大臣・中央銀行総裁会議を、また2008（平成20）年からは首脳会議を開催している。2019年は大阪で開催された。

（10）SDGs未来都市

SDGsの実現へ向け、優れた取り組みを提案した都市を選定する事業。2017（平成29）年に閣議決定された「まち・ひと・しごと創生総合戦略」では、SDGs達成へ向けた取り組みを行う地方自治体を全体の30%以上とすることが求められ、2020（令和2）年までに、その選定を行うとされた。

（11）ウォーカブルタウン

自分の足で歩いて暮らせる町。

（12）立地適正化計画

国土交通省が進める、医療・福祉施設、商業施設や住居等がまとまって立地し、高齢者をはじめとする住民が公共交通によりこうした生活利便施設等にアクセスできるような、都市全体の構造を見直す計画。

（13）美しい星50

2007（平成19）年、国際交流会議「アジアの未来」で日本の安倍晋三首相が提唱した。京都議定書以降の世界全体のCO_2排出量削減のための長期戦略を示した。

（14）LCA

ライフサイクルアセスメント（Life Cycle Assessment）。製造、輸送、販売、使用、廃棄、再利用までの各段階における環境負荷の検討。

（15）デジタルトランスフォーメーション（DX）

ITの活用による事業やビジネスモデルの抜本的な変更。農業、林業においても活用が進んでいる。

（16）ビルディングインフォメーションモデリング（BIM）

建設工程および施設管理を含む、建物のライフサイクル全体を表現する情報をデジタルデータベース化し、可視化する仕組み。

（17）FIT

再生可能エネルギーで発電した電気を電力会社が一定価格、一定期間買い取ることを国が保証する固定価格買取制度。Feed-in Tariffの略。

まとめ
〜無限の経済成長より、 まず安心安全な暮らしから〜

（1）グリーンリカバリー ー「環境・社会・経済」からの整理

◎環境

1. 域内グリーンリカバリーにより CO_2 のいっそうの削減を図り温暖化防止、災害やコロナ禍のようなことを防ぐ役割を果たす。

2. 森林の整備維持管理が促進され、優良森林となり、水源涵養と水質浄化、空気浄化、山津波・土砂流出とそれによる災害、洪水、獣害や山火事などを防ぐ。

3. 2項以外の食料や文化などと多様な生態系サービスの整備、保全、維持管理に役立つ。

4. しかし、無料で無限に生態系サービスを利用できるものではない。そこで市民環境教育の場とし、健康増進兼ねほぽすべての住民が森林整備維持管理に関わり、生態系サービスの恩恵を体感的理解・認識へ導く。名古屋で 2010 年開催の生物多様性条約第 10 回締約国会議での TEEB（The Economics of Ecosystems and Biodiversity 生態系と生物多様性の経済）報告では、世界でのそのサービス市場は 2020 年推計で約 2,000 兆ドルと発表している。生物多様性の保存維持拡大とその働きを高め、サービスの多大な恩恵をもたらす。

◎社会

1. 災害対応では、木質エネルギー活用が地域レジリエンス（強靱化、回復力）向上となり、その木質燃料や電力や熱の生産・供給がもたらす責任ある行動が、地域へ安全と安心を与え地域社会の関係性が良好となる。これは地域全員の公益であり、人に応じた持てる力を出すことになる。

2. まちづくりでのAI, IT 等デジタル化整備により、森林資源と環境の管理となり、さらに地域内の廃棄物やエネルギー、水などの環境負荷の低減・管理、循環資源管理を行い、地域統合マネージメントがなされ持続的地域力・環境力向上につながる。

3. 市民活動での山仕事や地域内循環資源などの管理に携わることは、地域のことは地域で決め実施するという民主主義の根幹へとつながり、ゼロ炭素社会構築を自分事としてとして捉え、同時に「生き甲斐」、「健康維持」「環境意識」「住民一体感を生む」とともに「行動変容」へと押し進める。

◎経済

1. 化石資源から木質資源転換により、化石系エネルギー費や建築構造物資材費などの域外、海外への流出費用の削減に寄与。

   木質エネルギーや木造建築の地域内建設などによる収益が地域内で循環する。近い将来のさまざまなカーボンプライシングによる経済効果も想定される。一例、水源税、森林環境税を整理し、もっと幅広い生態系サービス維持保全に重点を置きつつ治水治山を含めた目的税へ検討・組替えも考えられる。

2. 森林クラスターの整備再構築が経済を生む。サプライチェーンの各セクターが頑張り、価値向上や生産効率をあげ、加えて熱電併給事業の投資により地域全体の経済の底上げになる。また、森林ウエルネス・観光事業、ワーケーション併せての新規事業を加速

させると地域内経済循環効果も高められる。

3. さらに地域木質ブランド創出工芸品、特徴ある食品関連の地域外販売による地域活性化事業などに地域市民や企業が目に見える身近な事業への投資を行うことで配当効果も生じる。

4. 将来的な私的見解だが、今後脱炭素社会を迎え、それに向け確実に産業分野の設備更新とグリーンインフラ投資が行われると考える。その際に木材活用製品や工事の採用には、従来品より単位当たりの CO_2 量が少ない点を評価し、入札優遇、価格面での何らかの支援も考えられる。これによる寄与が地域内経済を上げることになろう。ただし、その制度設計、財源等の議論はあるので十分な検討は必要。

(2) 今後の課題

　森林のさまざまな持続的活用が地域住民全体へ、等しく環境・倫理・公益などの面での「便益」を提供し、これを地域の人々へ「分かりやすく見える化」し、示すことが必要である。それは住民のさまざまな努力が目に見え、経済的、直感的に便益を確実に実感されないとグレタ・トゥンベリの望む社会を変える「行動変容」は起きない。

　第3章に述べた「便益」は、貨幣価値への換算があまり進んでいないため、「経費と利益」からの判断とは異なる性質である点をどのように市民に理解していただくのか宿題もある。

　便益は回り回って地域循環経済圏の輪を大きくし、生活の質や産業の振興、利便性、地域文化などのさまざまな総合的な価値の向上をもたらす。そして森林資源活用から生ずる「意義」と「便益」を成果として「社会的影響評価」、「地域内乗数効果」向上により、事業や活動における市民を含めた利害関係者の入と出の双方で、社会的事業の中長期的な有効性、事業拡大と継続性の検証結果の共有が図れる。そして、それらの事柄を具体的に地域全員に示すことがポイント。

もう一つは2050年脱炭素社会とする方策で、FIT制度による太陽などの自然エネルギー発電と木質系熱電併給事業を一律に扱うのは問題が多くあり、まったく別物で分けて制度設計が必要である。

　自然系は燃料不要、電気のみの発生でお天気任せである。一方、小規模分散木質熱電併給は、燃料購入費が発生するが熱も電気も同時生産し24時間稼働、発停自在である。また森林産業サプライチェーン、カスケード利用のなかで重要な役割を果たす視点が抜けている。無論熱利用のないエネルギー総合利用効率の悪い木質発電は制度から外して再制度設計が必要ではないか。

　また、エネルギー以外の森林活用のウッドチェンジによる世界、グリーンリカバリーを推進するには、ハード、ソフト含めた明確な目標とスケジュールや具体的制度、組織、政策、開発、普及が必要である。無論国民が納得する財源調達も検討が必要である。要は森林資源を深く広く見直し、「構造素材、エネルギー面、生態系サービス面」などからどうあるべきかの総合的議論が欠けている。

　余談だが石炭火力から「炭素回収・貯留（CCS）」「炭素回収・有効利用・貯留（CCUS）」に掛かる開発期間、費用や用地問題と、木質からの地域熱供給とガス化熱電供給システム開発でのそれを比較すると、普及速度、費用対効果から見て森林活用にもう少し力を入れても良いのではないか。また水素社会はできるなら将来達成はしたい。しかし海外で褐炭からの水素輸入では化石燃料輸入と同じこと。再生可能エネルギーから水素生産も妙な話で、価値ある電力はそのまま熱、電力利用が良いと考える。

（3）目指す森林資源による地域社会

　無尽蔵と勘違いし化石資源に依存した世界。「無限」のパワーを手にしたと錯覚した人類。人、モノ、コロナまでが縦横無尽に世界を駆け巡るようなグローバル化、それらが幾つもの致命的問題を生み、も

はや産業資本主義時代は終焉の時を迎えている。さまざまな産業と深い関係にある莫大なCO_2排出量の無機系原料を扱う「エネルギー、鉄鋼、セメント、運輸」などの産業は、今後急速にCO_2削減を求められる。建築でも、法隆寺などを代表とする高度木質建築技術がありながら、有機系森林資源活用は否定されてきた。CO_2排出量の少ない森林、有機物系資源原料は今新たな技術により再度復活、よみがえり、陽が射してきた。

森林は豊富な資源で再生循環利用が行える有用なものだ。世界に広く分布し、特に日本は森に恵まれ、それを忘れ、見捨て、放置してきた。これからの世界は、建築などの構造物、エネルギー、化石化学品代替素材分野で、有機資源への転換で里山循環資本主義が始まる。

グリーンリカバリーによるコミュニティをどう早くつくるかである。地域で消えかかったローカル・コモンズを再生し、その先のリージョナルなコモンズとの復活と連携が重要と考える。さらにそのまた先では、一つしかない有限な地球において文化を互いに認め合い、資源をコモンズの悲劇とならぬようグローバル・コモンズとして分配・共有していくような社会システの構築をどう構築するか。

言い換えると「短期的利益追求のグローバル・産業・株式の資本主義」から、地球資源を持続可能に管理し「長期的視点で、人や自然や企業含めた利害関係者全般に貢献・有用な利益をもたらす地域社会形成を諮る公益資本主義」への世界的な転換が必要な時代となった。

菅首相は2020年10月の所信表明演説で、同年11月のG20サミットでも「50年までに温室効果ガス排出を実質ゼロ」にすると宣言した。これを受け、2020年12月末、2050年には発電量の約50〜60%を再生可能エネルギーで賄うことを参考として、議論を深めるとした。

環境省推進の「ゼロカーボンシティ」による2050年二酸化炭素排出実質ゼロ表明自治体は、約290自治体、人口規模で約1億人だ。また、環境省や全国知事会や経済同友会は、2030年に再生可能エネルギー発電比率40%超を目指す提言もあった。

今、国民も不要なエネルギーのスイッチ切るようなことをすぐ手がけたいものだ。そして日本は、化石燃料の調達にこの10年間平均で年約20兆円を海外へ支払っている。再エネ導入で2割減らし、その減額分4兆円を地域へ環流させるなら、「木質バイオマスワールド」が広がり、地域活性化につながる。まずは本書がそのようなことに、車座で膝突き合わせ皆で話し合うきっかけとなれば幸いである。

謝　辞

　日本にとり最大の資源は「人材と森林と海洋」だと考えます。

　古来より日本は、森林と折り合いを付け山に神を見つつ、森林文化や暮らしやコモンズのなかで木を薪炭に、建築や家具の用材として利用してきた長い歴史がありました。

　一度は見捨てられた森が、今、気候変動などのもと再度見直されています。いち早く温暖化を憂え森林活用と地域の活性化を考える皆様の声に押され、その幅広い資源と地域内経済の二つの循環の参考となればと多くの方々の協力とご指導を賜わり執筆に至りました。

　特に、群馬県上野村の神田前村長、黒澤村長、佐藤課長補佐、串間市大生黒潮発電所堀口社長、南那珂森林組合の皆様、内子町バイオマス発電所内藤所長、内子町森林組合、津軽バイオマス発電所奈良社長、東かがわ市五名集落の木村様、NPO法人活エネルギーアカデミー、高山市役所、東かがわ市役所、下川町役場、梼原町役場の皆々様方、貴重な写真と資料をご提供いただいた梼原まろうど館、坂茂建築設計、澤秀俊設計環境、竹中工務店宮崎部長ほか関係者、銘建工業、艸建築工房、資料をご提供いただいた森林総研、日本CLT協会、岩手大学原科准教授、ご指導を仰いだ東京大学恒次准教授、北里大学陽元副学長、他各地の大勢の自治体や地元の方々に感謝致します。

　巻末の締めともなる鼎談においては、環境省中井事務次官、林野庁長野木材利用課長、東京大学大学院都市工学専攻藤田教授には大変多忙な中、鼎談を快諾いただき、それぞれの広い見識よりの活発な対話をいただき、ここに謝意を表します。

　また、井上匡子前所長はじめ神奈川大学法学研究所の関係者の皆様とシン・エナジー株式会社の乾正博社長にはさまざまな場面で、ご理解とご支援をいただきました。

そして、里山資本主義、地域への暖かい眼差しから、グリーンリカバリーによる地域の新しい進化する地域を推薦の言葉としていただいた日本総合研究所 主席研究員藻谷浩介氏に深謝申しあげます。

　最後となりましたが、本書の刊行に際しては化学工業日報社の安永俊一氏、増井靖氏に対して無理なお願いなどを含めてご協力をいただき感謝申し上げます。

著者略歴

竹林 征雄 (たけばやし まさお)　　[全体編集：はじめに、第1章、第3章、第11章、まとめ、謝辞]

(一社) 日本サステイナブルコミュニティ協会顧問
(株) 荏原製作所、横浜市立大学、大阪大学、国際連合大学、委員会活動を通し「ゼロエミッション、循環型社会」について活動。その他アミタホールディングス(株)、(株)エンビプロホールディングス、シン・エナジー (株)、オリンピア工業 (株) などにおいてエネルギー関連のアドバイスを行った。他 NPO 法人バイオマス産業社会ネットワーク、農都会議で木質エネルギー関係の啓発普及活動に注力。編共著 10 冊。

山崎 慶太 (やまざき けいた)　　[第2章、第6章、第8章、第9章、第10章]

株式会社竹中工務店 技術研究所
岩手大学理工学部客員教授 (2015 年 4 月〜)。神奈川大学法学研究所研究員。東京都市大学環境学部客員教授 (2014 年 11 月〜 2018 年 3 月)。建築環境工学専攻で修士論文研究テーマは「民家の熱環境工学的研究」、「微弱磁界計測用磁気シールドルームの開発」で 1998 年早稲田大学博士(工学)、いずれも木村建一教授の指導を受ける。最近の研究テーマは「夏季建設現場における熱中症対策」、「里山の生態系、水浄化グリーンインフラ機能」、「森林資源の持続的利用と地域循環システムを促進する社会・経済的取組」 など。

谷渕 庸次 (たにぶち ようじ)　　[第4章、第5章]

高山バイオマス研究所 代表 (コンサルティング事業)、飛騨高山グリーンヒート合同会社 代表社員 (バイオマス発電事業)
三重大学大学院生物資源学研究科生物生産工学専攻　研究課題「木質バイオマスガス化発電システムの研究」1997 年卒業。大学院卒業後関西産業株式会社勤務。バイオマスリサイクルプラントの営業・設計などに従事し 2005 年退職。2002 年よりバイオマスの普及を目的とした NPO 法人森と地域・ゼロエミッションサポート倶楽部理事就任、現在に至る。

東郷 佳朗 (とうごう よしろう)　　[第7章]

神奈川大学法学部准教授　法社会学専攻

早稲田大学大学院法学研究科博士課程単位修得退学。日本学術振興会特別研究員(PD)、神奈川大学専任講師を経て現職。主要論文として、「国家の法と社会の法―法社会学における法の概念」『神奈川法学』39 巻 2·3 号 (2007 年)、「法と動物―動物の比較法社会論のために」『神奈川大学法学部 50 周年記念論文集』(2016 年) など。近年、神奈川大学法学研究所のプロジェクト型共同研究の一環として、「コモンズの新しいかたちを求めて」「持続可能な地域づくりのために―コモンズの観点から」 などのテーマに取り組む。

森林資源を活かした グリーンリカバリー

地域循環共生、新しいコモンズの構築

竹林 征雄　編著

2021年4月27日　初版1刷発行
2022年9月13日　初版2刷発行

発行者　佐　藤　　　豊

発行所　化学工業日報社

〒103-8485　東京都中央区日本橋浜町3-16-8

電話　　　03（3663）7935（編集）

　　　　　03（3663）7932（販売）

振替　　　00190-2-93916

支社　大阪　**支局**　名古屋、シンガポール、上海、バンコク

URL　https://www.chemicaldaily.co.jp/

印刷・製本：平河工業社

DTP・カバーデザイン：創基

ISBN978-4-87326-735-7　C3033